普通高等院校机电工程类规划教材

塑料成型工艺与模具设计

（第2版）

主　编　王雷刚　康红梅　吴梦陵
副主编　邹光明　毕凤阳

U0224055

清华大学出版社

北京

内 容 简 介

本教材共9章,第1章为概论,介绍塑料工业和塑料模具的重要性和塑料成型模具的发展趋势,塑料的环境经济性分析;第2章为塑料成型技术基础,介绍塑料的性能、分类与应用;第3章为塑料制件设计,介绍塑件的尺寸精度和表面质量,塑件形状和结构设计,塑件缺陷分析;第4章为本书的主要内容,介绍注射成型工艺与模具设计;第5章为注塑成型新工艺与新技术,介绍了注射成型的新工艺、新结构和新技术;第6章为塑料挤塑成型模具设计,介绍了挤塑成型的原理、工艺和成型机头设计;第7章为压缩成型模具和发泡成型模具,介绍了压缩成型工艺与模具设计以及发泡成型工艺和模具设计;第8章为中空吹塑和热成型工艺与模具设计;第9章为压注成型模具设计。第2~9章均详细说明该章的重点和难点及知识扩展,并配有思考与练习。部分章节配有数字资源,并以二维码的形式在书中呈现。

本教材强调实用性和可读性,并具有一定的创新性,可作为高等学校机械类和材料成型专业的教学用书,尤其适合应用型本科院校的相关专业,也可以作为重点大学独立学院相关专业教学用书,同时可作为近机类专业的学生及工程技术人员参考用书。

图书在版编目(CIP)数据

塑料成型工艺与模具设计/王雷刚,康红梅,吴梦陵主编. —2版.—北京:清华大学出版社,2020.7
(2021.12重印)
普通高等院校机电工程类规划教材
ISBN 978-7-302-54886-7

Ⅰ.①塑… Ⅱ.①王…②康…③吴… Ⅲ.①塑料成型-工艺-高等学校-教材②塑料模具-设计-高等学校-教材 Ⅳ.①TQ320.66

中国版本图书馆 CIP 数据核字(2020)第 022943 号

责任编辑:冯 昕
封面设计:傅瑞学
责任校对:赵丽敏
责任印制:丛怀宇

出版发行:清华大学出版社
   网 址:http://www.tup.com.cn,http://www.wqbook.com
   地 址:北京清华大学学研大厦 A 座   邮 编:100084
   社 总 机:010-62770175   邮 购:010-62786544
   投稿与读者服务:010-62776969,c-service@tup.tsinghua.edu.cn
   质量反馈:010-62772015,zhiliang@tup.tsinghua.edu.cn
印 装 者:涿州市京南印刷厂
经 销:全国新华书店
开 本:185mm×260mm 印 张:18.5   字 数:448千字
版 次:2011 年 8 月第 1 版 2020 年 7 月第 2 版 印 次:2021 年 12 月第 2 次印刷
定 价:55.00 元

产品编号:082410-02

第 2 版前言

本教材第 1 版是普通高等教育"十二五"规划教材,自 2011 年出版以来,受到广大读者的普遍欢迎。随着塑料工业的进步以及适应新工科人才培养要求,有必要对第 1 版进行修订和完善。

主要修订原则和内容如下:

(1) 完善和更新了相关内容和思考题,简化了不常用和过时的知识;

(2) 为了便于读者理解模具结构,增加了典型的三维模具结构图和实物图;

(3) 适应新教材建设要求,增加了扫描二维码观看视频和动画功能;

(4) 根据塑料行业的发展和专业认证的要求,增加了塑料环境经济性分析;

(5) 为了满足国际化人才培养要求,增加了塑料成型模具常用名词中英文对照表。

第 2 版由江苏大学王雷刚教授、中国地质大学康红梅副教授和南京工程学院吴梦陵教授任主编,邹光明教授(武汉科技大学)、毕凤阳教授(黑龙江工程学院)任副主编,参编的老师有:黄瑶副教授(江苏大学),王鑫副教授(南京工程学院),全书由福建工程学院俞芙芳教授审阅。部分章节配有数字资源,并以二维码的形式在书中呈现。需要先扫描书后的防盗码刮刮卡获取权限,再扫描书中的二维码即可获取。

由于编者水平有限,书中难免存在不当和错误之处,恳请使用本书的教师和广大读者批评指正。

编者

2020 年 3 月

第1版前言

　　本教材是普通高等院校"十二五"规划教材,是应用型本科材料成型及控制工程专业和机电类相关专业的规划教材之一。本教材是为了满足我国高校从精英教育向大众化教育的重大转变阶段中,社会对高校应用型人才培养的要求,为面向全国普通高等院校精品课程的需要而编写的。

　　本教材在介绍塑料成型技术的基础上,较详细地分析了塑料成型工艺、塑料成型模具的结构及零部件设计,并介绍注塑成型新技术,包括无流道注射模、气体辅助注射成型、精密注射成型、双色注射以及计算机技术在注塑模中的应用,分析了塑料、塑料制品设计、模塑工艺、塑料模具、塑料成型设备之间的关系。本书内容翔实丰富,力求适应应用型本科教学的要求。

　　本教材的总体特色有:

　　(1) 从专业的人才培养目标出发,在编写内容、结构以及思考题和习题的选择等方面体现应用型教育的特点,内容清晰、结构紧凑、实用性强;

　　(2) 反映近年来科技发展的新内容、新技术,注重系统性与实用性相结合;

　　(3) 开发了与教材配套的多媒体教学课件和全书的模具图动画。

　　本书由福建工程学院俞芙芳教授主编,江苏大学王雷刚教授、中国地质大学康红梅副教授任副主编,参编的老师有:曹延欣副教授(长春工程学院),邹光明副教授(武汉科技大学),吴梦陵讲师(南京工程学院),毕凤阳讲师(黑龙江工程学院),全书由福州大学戴品强教授审阅。

　　由于编者水平有限,书中难免存在不当和错误之处,恳请使用本书的教师和广大读者批评指正。

编　者

2011 年 5 月

目　　录

第1章 概 论

本章介绍塑料成型及模具在塑料工业中的重要性、塑料成型技术的发展趋势、塑料成型工艺、塑料环境经济性分析等,使学生对塑料成型模具设计和模具技术发展有初步的了解。

1.1 塑料成型在塑料工业中的重要性及发展

1. 塑料工业的生产过程及应用

塑料是以树脂为主要成分的高分子有机化合物,简称高聚物,在一定的温度和压力下具有可塑性,可以利用模具成型为一定几何形状和尺寸的塑件。塑料的其余成分包括增塑剂、稳定剂、增强剂、固化剂、填料及其他配合剂。

塑料制品是以塑料为主要结构材料经过成型加工获得的制品,又称为塑件。

在塑料工业生产中,从原料到塑料,又从塑料到塑件的生产流程如图 1-1 所示。图中(a)和(b)两部分属于塑料生产部门;(c)部分属于塑件生产部门。

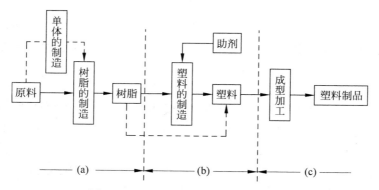

图 1-1 从原料到塑料制品的生产过程

由此可见,塑料工业包含两个系统:

(1) 塑料生产(包括树脂和半成品的生产);

(2) 塑料制品生产(也称为塑料成型加工)。

没有塑料的生产,就没有塑料制品的生产,但是如果没有塑料制品的生产,塑料就不能成为生产或生活资料,所以这两个系统是相互依存的。

由于塑料具有质量轻、机械强度高、透明度好、导热性小、电绝缘性能好、化学稳定性好、色彩鲜艳、美观等优点,以及品种多、成型加工容易、原料来源丰富等特点,塑料工业获得了迅速的发展。塑料不单是一种代用材料,目前它已经成为解决现代工业和尖端科学技术中很多复杂技术问题的重要材料。可以说,塑料工业是现代工业的重要组成之一。

塑件的应用很广泛,特别是在电子仪表、电器设备、通信工具、生活用品等方面得到大量应用。如各种受力不大的壳体、支架、机座、结构件、连接件、传动件、装饰件等,建筑用各种塑料管材、板材和门窗异型材,塑料中空容器和各种生活用塑料制品等,如图 1-2 所示。

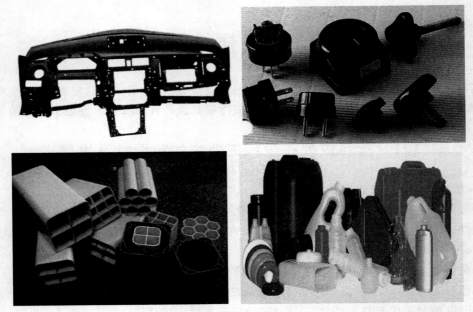

图 1-2　塑料制品

随着现代材料技术和模具加工技术的飞速发展,塑料以其优异的加工性和品种功能的多样性,已成为当前人类使用的材料(金属、木材、皮革及无机材料等)中发展最快的一类,已成为各个部门不可缺少的一种化学材料。

2. 塑料模具的重要性与要求

塑料的成型加工,是利用各种模具来使塑料成为具有一定形状和尺寸的制品。成型塑料制品的模具称为塑料模具,是型腔模的一种类型。在塑料加工工业中,广泛使用着各种各样的模具。

现代塑料制品生产中,合理的加工工艺、高效的设备、先进的模具是必不可少的三项重要因素。尤其是塑料模具对实现塑料加工工艺要求、塑件使用要求和造型设计起着重要作用。由于塑件的品种和产量需求量越来越大,也对塑料模具提出了更高的要求,从而又推动了塑料模具的不断发展。目前,塑料成型技术正朝着精密化、微型化和超大型化方向发展。

根据塑料成型工艺方法的不同,通常将塑料模具分为注射模具、压缩模具、压注模具、挤塑模具、中空吹塑模具、热成型模具等。

对塑料模具设计的要求是:

(1) 能生产出在尺寸精度、外观、物理性能、力学性能等各方面均能满足使用要求的优质塑件;

(2) 在模具使用时,力求生产效率高、自动化程度高、操作简便、寿命长;

(3) 在模具制造方面,要求结构合理、制造容易、成本低廉。

塑料模具的结构、性能、质量均影响着塑件的质量和成本。

3. 塑料成型模具的发展趋势

从塑料模具的设计、制造及材料选择等方面考虑,塑料模具技术的发展趋势可归纳为以下几方面。

1) 理论研究不断深化

由于对塑料成型原理的研究不断深入,且塑件向大型化、复杂化和精密化方向发展,模具的制造成本也越来越高。模具设计制造已由传统的经验设计转向理论设计、数值模拟的方向发展。目前,模具产品继续向着更大型、更精密、更复杂的方向发展,技术含量将不断提高,模具制造周期不断缩短;模具生产将继续朝着信息化、数字化、精细化、高速化和自动化方向发展,塑料成型原理和模具设计制造理论也将不断深化和发展。

2) CAD/CAM/CAE 技术的应用

先进国家在此方面的技术在 20 世纪 80 年代中期已进入实用阶段,利用 CAD/CAE 技术显著提高了模具设计的效率,减少了模具设计过程中的失误,提高了模具和塑件的质量,缩短了生产周期,降低了模具和塑件的成本。

目前,美国、日本、德国等 CAD/CAE/CAM 技术应用普及率已很高,我国不少企业也已引进 CAD/CAM 软件和 CAD/CAE/CAM 集成软件,这部分软件在生产中发挥着积极的作用。

同时,我国许多高等院校和科研院所在这方面也开展了大量研究和开发工作,并取得了一定成果;但我国在该技术的应用和推广方面与外国相比还存在一定差距,有待进一步改进和提高。

除了 CAD、CAM 和 CAE 外,CAPP、PDM、PLM、MES、ERP 及电子商务和网络等技术也将在模具企业中得到较为广泛的应用。

3) 塑料模具标准化

模具标准化程度及其标准零件的制造规模与范围,对于缩短模具制造周期、节省材料消耗、降低成本、适应大规模批量化生产具有重要意义。

目前我国模具标准化程度为 $20\% \sim 30\%$,远不及工业发达国家模具制造的标准化程度。在各种塑料模具中,只有注射模具有关于模具零件、模具技术条件和标准模架等国家标准。一些模具制造企业根据企业模具生产类型和规模,为提高生产效率、降低成本,亦制定了企业标准或采用了相应的行业标准。

目前,塑料模具标准化的研究方向有:热流道标准元件和模具标准温控装置;精密标准模架、精密导向件系列;标准模板及模具标准件的先进技术和等向性标准化模块。

4) 塑料模具专用材料的研究与开发

塑料模具材料选用在模具设计与制造中占有重要地位,直接影响模具成本、使用寿命及塑件的质量。针对各类塑料模具的工作条件和失效形式,为了提高模具使用寿命,并获得良好的切削加工工艺性能,国内外模具材料工作者进行了大量的研究工作,已开发出较为完善的系列化塑料模具专用钢,具体可分为 5 种类型。

(1) 基本型。如 55 钢,其使用硬度小于 20HRC,切削加工性能好;但模腔表面粗糙度高,使用寿命低,现已被预硬型钢所代替。

(2) 预硬型。如在中、低碳钢中加入适量合金元素的低合金钢,其淬透性高,加工性能好,调质后硬度为 $25 \sim 35$HRC,是目前应用较为广泛的通用塑料模具钢。其典型品种为

3Cr2Mo 或美国的 P20 钢。

（3）时效硬化型。如在中、低碳钢中加入 Ni、Cr、Al、Cu、Ti 等合金元素的合金钢，其耐磨性和耐蚀性优于预硬型钢，经时效处理后，硬度可达 40～50HRC。其典型品种为 25CrNi3MoAl 或美国的 P21 钢、日本的 NAK55 钢等，多用于复杂、精密塑料模具，或大批量生产长寿命塑料模具。

（4）热处理硬化型。这类塑料模具钢经淬火和回火处理后，使用硬度可达 50～60HRC；模腔能达到很高的镜面程度，并可进行表面强化处理。其典型品种为 Cr12MoV 或美国的 D2 钢等。

（5）马氏体时效钢和粉末冶金模具钢。此类钢适用于要求高耐磨性、高耐腐蚀性、高韧性和超镜面的塑料模具。如 06Ni6CrMoVTiAl 马氏体时效钢或美国的 PS、日本的 ASP 等粉末冶金模具钢。

5）模具加工的新技术与发展

为了提高加工精度、缩短模具制造周期，塑料模成型零件的加工已广泛应用仿形加工、电加工、快速成型制造、数控加工及微机控制加工等先进技术，同时，也应用到坐标镗、坐标磨和三坐标测量仪等精密加工与测量设备中。模具加工技术与设备的现代化发展，推进了模具行业企业向着技术密集、专业化与柔性化相结合、高技术与高技艺相结合的方向发展。

1.2　塑料成型工艺

塑料成型工艺主要有注射成型、压缩成型、压注成型、挤塑成型、中空吹塑成型、热成型等。

1. 注射成型

注射成型又称注射模塑或注塑成型，如图 1-3 所示，是热塑性塑料制品成型的一种重要方法。几乎所有的热塑性塑料均可用此法成型塑件。注射模塑可成型各种形状、满足众多要求的塑件。注射模塑现已成功地应用于某些热固性塑件，甚至橡胶制品的工业生产中。

图 1-3

图 1-3　塑料注射成型示意图

注射成型的过程是，将粒状或粉状塑料从注射机的料斗送入加热的料筒中，经加热塑化成熔融状态，由螺杆（或柱塞）施压而通过料筒端部的喷嘴注入模具型腔中，经冷却硬化而保持模腔所赋予的形状，开模取出塑件。

由于注射成型具有成型周期短，能一次成型外形复杂、尺寸精确、带有金属或非金属嵌件的塑件；对各种塑料均有良好的适应性；且生产效率高，易于实现全自动化生产等一系列优点，因而注射成型是一种技术经济先进的成型方法。

2. 压缩成型

压缩成型又称压制成型、压缩模塑或模压成型。压缩成型技术主要用于成型热固性塑料制品，也用于热塑性塑料制品的热料冷压；或将原料放在模内，施以一定的压力，先加热后冷却定型；还可用于粉料的冷压成型等。压缩成型示意图如图 1-4 所示。

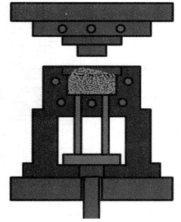

1）热固性塑料压缩成型工艺

先将模具加热并保持在成型温度上，然后开启模具，将原料直接加入压模型腔的加料室，然后以一定的速度和压力将模具闭合，塑料在热和压力的作用下呈黏流态，迅速充满整个型腔，在高温高压下树脂与固化剂等发生化学反应，并逐步交联成体型结构。开启模具取出制品。

原料可以是粉状、粒状、面团状、碎屑状、纤维状等树脂和填料的复合物。

2）热塑性塑料压缩成型工艺

模具需同时具有加热和冷却两种功能。先将塑料加

图 1-4　压缩成型示意图

入模具型腔，逐渐加热施压，塑料转变成黏流态并充满整个型腔后停止加热，开启冷却装置，待塑料冷却到热变形温度以下时开启模具，取出制品。

由于需交替地加热和冷却，故成型周期很长，只适于对塑件有特殊要求的场合。用此法成型的塑件内应力很低，成型面积也可达到很大，此法还适用于熔体黏度很高、注射成型时难以流动的热塑性塑料，如聚酰亚胺、超高分子量聚乙烯等塑料制品。

3）压缩成型的优缺点

压缩成型的优点是工艺成熟可靠，模具和设备比注射成型投资少，适用于流动性差的塑料和大型制品，且压缩制品的分子和填料取向较注射制品小（对同种塑料同一制品而言），各向性能比较均匀。

缺点是生产效率低、成型周期长、劳动条件差、难以自动化，同时制品尺寸精度较差，特别是施压方向的高度尺寸。压缩模具在操作中所处的条件较注射模具恶劣，寿命也相应较短，一般仅 20 万～30 万次。

3. 压注成型

压注成型又称为传递成型或压铸成型，用于成型热固性塑料制品。模具具有单独的加料室，成型时先将型腔闭合，并预热到成型温度，将热固性塑料加入模具的加料室，利用压柱施压，塑料在高温高压下转变成黏流态并以一定的速度通过浇注系统，进入型腔，经保温保压一段时间塑料交联固化，当达到最佳性能时即开模取出塑件。

4. 挤塑成型

挤塑成型也称挤出成型或挤出模塑。它在热塑性塑料加工领域中，是一种变化多、用途广、占比重颇大的加工方法。挤塑成型是将塑料在旋转的螺杆与料筒之间进行输送、压缩、熔融塑化、定量地通过处于挤塑机头部的口模和定型装置，生产出连续型材的加工工艺。

挤塑成型示意图如图 1-5 所示。

挤塑成型原理是将熔融的塑料自模具内以挤压的方式往外推出，而得到与模口相同几何形状的流体，冷却固化后，得到所要的零件。

图 1-5

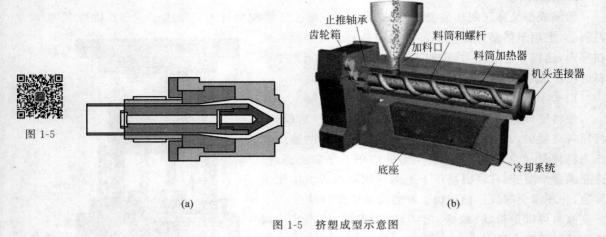

(a)　　　　　　　　　　　　　　　(b)

图 1-5　挤塑成型示意图

在挤塑机头部配以各种不同类型的机头及其相应的定型装置与辅机,便可生产出棒材、管材、各种异型材、板材、片材、薄膜、单丝、纸及金属片的涂层、电线电缆覆层、发泡材料及中空制品等诸多型材和制品。

5. 中空吹塑成型

中空吹塑成型工艺是将热塑性的管状或片状的型坯在高弹态时夹在吹塑模具内,用压缩空气充入型坯之中吹胀、冷却使之得到与模具型腔形状相同的制品。中空吹塑成型示意图如图 1-6 所示。

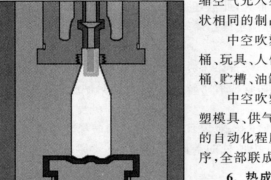

图 1-6

图 1-6　中空吹塑成型示意图

中空吹塑模具可用来生产各种塑料瓶子、水壶、提桶、玩具、人体模型、汽车椅背、汽车左右内侧门、啤酒桶、贮槽、油罐等中空塑料制品。

中空吹塑设备包括塑化挤出机、吹塑型坯机头、吹塑模具、供气装置、冷却装置等。目前中空吹塑成型机的自动化程度相当高。从吹塑成型、彩印装饰到灌装工序,全部联成一体化的生产线。

6. 热成型

热成型是以热塑性塑料片材为原料来制造塑件的一种成型方法。成型时,先将裁切成一定尺寸和固定形样的片材夹持在设定的框架上,并将其加热至热弹态,而后凭借施加的压力使其贴近模具型面,从而取得与型面相似的形样,待冷却定型后从模具中取出,经过适当的修整,便成为热成型制品。在此成型过程中所施加的压力,主要是靠片材两面的气压差,但也可借助于机械压力或液压力。

热成型制品的特点是壁薄,用作原料的片材厚度一般只有 $1\sim2mm$(少数特殊制品用材竟薄至 $0.05mm$),而最终制品的厚度总是比这个数值小。如果需要,热成型制品的表面积可以很大(单个制品面积可达 $3\times9m^2$)。不过热成型制品均属半壳形(内凹外凸),且其深度有一定的限制。热成型制品不允许有任何侧凹或侧孔,任何必需的侧孔或侧凹,须在成型后加工,通常采用模头切削或冲制而成。

热成型制品生产工艺和设备简单，模具造价低廉，生产效率高，经济效益好。对于几何尺寸和形状要求不甚严格的塑料制品生产，是一种值得优先考虑的成型方法。

1.3　塑料制品环境经济性分析

1. 塑料制品经济性分析

塑料集无敌的功能与低廉的成本于一身，已经成为现代生产中无处不在的主要材料，"以塑代钢""以塑代木"大势所趋。

（1）塑料来源广泛，品种繁多，原材料价格低廉，生产成本低。通过结构优化与简单化，合适的产品质量要求等可以进一步降低成本。

（2）塑料易于流动成型，成型过程容易实现自动化，生产效率高。通过一模多腔成型、叠层模具成型、自动转模成型、模内装饰多工艺组合成型、快速开合模、自动化去废料、随型水道冷却、热流道等可大幅提高生产自动化程度和生产效率。

（3）塑料成型工艺先进，塑料与金属汽车保险杆的工艺方案比较，具有如下四大优点：①质量轻，省油；②缓冲保护行人；③容易成型和造型多变；④维修方便。

20 年前，轿车前后保险杠是以金属材料为主，用厚度为 3mm 以上的钢板冲压成 U 形槽钢，表面镀铬处理，与车架纵梁铆接或焊接在一起，与车身有一段较大的间隙，好像是一件附加上去的部件。随着汽车工业的发展，汽车保险杠作为一种重要的安全装置也走向了革新的道路上。今天的轿车前后保险杠除了保持原有的保护功能外，还要追求与车体造型的和谐与统一，追求本身的轻量化。出于多种原因考虑，最终汽车厂家们找到了更好的替代方案——塑料保险杠。

2. 塑料制品环境性分析

塑料工业的蓬勃发展必然带来环境污染，众所周知，普通塑料制品的主要成分是聚乙烯、聚丙烯和聚氯乙烯等稳定物质及少量添加剂，而以这些原料生产的塑料制品不易分解，现在主要是通过填埋和焚烧处理，塑料废物的处理使得塑料产品饱受争议，"白色革命"变成"白色污染"。

据相关统计，仅塑料袋这一种塑料制品，每年人均使用 200 个以上，如果通过垃圾填埋，需要 100～400 年才能降解。因此怎样解决塑料的污染问题，让塑料对环境的可持续发展起到积极的作用是从业者当前面临的最大挑战。同时提高人们的环保意识，尽量少用、重复使用、不用塑料包装，加大塑料分类回收。

目前，全球只有 14% 的塑料包装得到回收，加上处理中的损耗，最终被有效回收的只有10%。另外 30% 的塑料包装（按重量计算）的设计归宿就是填埋、焚烧或能量回收。

未来 20 年塑料需求量还要翻一番，如果我们无法改变废物的处理方式，那就意味到2050 年海里的塑料将比鱼还多。

为解决塑料制品给环境造成的严重污染问题，近年来，人们一直试图研制和完善各种可生物降解塑料。但就目前而言，世界各国生产的可生物降解塑料所使用的原料不一，有的含有纤维素，有的含有淀粉和人造聚合物，还有的含有亚麻、大麻、椰子壳等天然纤维。然而，不管怎样，这些所谓的可生物降解塑料都不能 100% 降解，而且降解程度和降解所需时间均与周围温度、湿度、土质等有直接关系。同时可降解塑料的成本是普通塑料的 2～3 倍。

"新塑料经济"是塑料工业在循环经济理论基础上探索出的全新理念,即通过设计恢复和再生工业系统来实现塑料工业的可持续发展。新塑料经济的三个主要目标是:①通过提高回收、再利用和塑料应用品的降解控制,创造一个有效的塑料用后经济;②大大减少塑料渗透到自然系统(特别是海洋)和其他负面延展;③减少循环损失和非物质化,探索和采用可再生来源的原料,逐渐将塑料与化石原料分离。

综上所述,塑料制品经济性好,环境性差。

1.4　课程的任务与要求

塑件主要是靠成型模具获得的,其质量好坏与成本高低取决于模具的结构、质量和使用寿命。随着各行各业对大型、复杂、精密、美观、长寿命成型模具需求的日益增长和计算机技术在现代模具工业的广泛应用,模具行业向着理论知识深化、学科知识复合、技术更新活跃的方向发展,这对模具设计工作提出了更高的要求。模具作为重要的工艺装备,其设计、制造和技术开发方面人才的培养已引起国内外普遍重视。"塑料成型工艺与模具设计"课程是模具设计与制造方面人才培养的重要内容,是其人才培养体系的主干课程之一。

本书系统地介绍了塑料成型工艺的基本理论和工艺知识,紧密结合模具技术的新发展,阐述了模具设计的理论、方法和技术。塑料成型加工及其模具技术是一门不断发展的综合学科,不仅随着高分子材料合成技术的提高、成型机械与设备的革新、成型工艺的成熟而进步,而且随着计算机技术、数值模拟技术等在塑料成型加工领域的渗透而发展。

通过本门课程学习,应达到如下目的:

(1) 了解塑料模具的分类及其发展。

(2) 了解聚合物的物理性能、流动特性,成型过程中的物理、化学变化以及塑料组成、分类及其性能。

(3) 掌握塑料成型的基本原理和工艺特点,熟悉成型设备对模具的要求。正确分析成型工艺对塑件结构和塑料模具的要求。

(4) 掌握典型塑料成型模具结构特点与设计计算方法;通过训练,能够结合工程实际进行模具设计。

(5) 初步掌握运用计算机进行塑料模具设计与分析的能力。

(6) 初步掌握分析、解决现场成型问题的能力,包括初步掌握分析成型塑件缺陷产生的原因和提出解决措施的能力。

"塑料成型工艺与模具设计"是一门实践性很强的课程,其主要内容都是在生产实践中逐步积累和丰富起来的,因此,学习本课程除了要重视基本理论知识学习外,特别强调理论联系实际,进行现场教学、实践教学。教学过程中,应进行 4h 的实验课程;课程结束后,应进行 2~3 周的课程设计,以强化塑料模具的设计能力和技巧。

思考与练习

1. 塑料成型的常见方法及用途有哪些?
2. 塑料模具的重要性及发展方向有哪些?
3. 如何发挥塑料的经济性,改善塑料的环境性?

第2章 塑料成型技术基础

塑料是以高分子聚合物(树脂)为主要成分的物质。本章介绍塑料的组成和特性、分类和应用以及塑料的工艺性能和成型性能,使学生了解高分子聚合物热力学性能和工艺特性以及掌握塑料的工艺性能和成型性能。

2.1 塑料的组成和特性

2.1.1 塑料的组成

塑料主要由以下成分组成。

1. 树脂

塑料的主要成分是树脂。树脂是一种高分子有机化合物,其特点是无明显的熔点,受热后逐渐软化,可溶解于有机溶剂,不溶解于水。树脂分天然树脂和合成树脂两种。从松树分泌出的松香、从热带昆虫分泌物中提取的虫胶、石油中的沥青等都属于天然树脂。天然树脂不仅在数量上,而且在性能上都远远不能满足工业产品的生产需要,于是人们根据天然树脂的分子结构和特性,用化学合成的方法制取了各种合成树脂。

合成树脂既保留了天然树脂的优点,同时又改善了成型加工工艺性和使用性能等,因此在现代工业生产中得到了广泛应用。目前,石油是制取合成树脂的主要原料。常用的合成树脂有聚乙烯、聚丙烯、聚氯乙烯、酚醛树脂、氨基树脂、环氧树脂等。

2. 添加剂

在工业生产和应用上,单纯的聚合物性能往往不能满足加工成型和实际使用的要求,因此,需加入添加剂来改善其工艺性能、使用性能或降低成本,并由此构成了以聚合物(树脂)为主体的高分子材料——塑料。在塑料的组成中,树脂也起黏结作用,故也叫黏料。塑料的类型和基本性能(如名称、热塑性或热固性,物理、化学及力学性能等)取决于树脂。塑料中常用的添加剂及作用如下所述。

(1)增塑剂,指能改善树脂成型时的流动性和提高塑件柔顺性的添加剂。其作用是降低聚合物分子之间的作用力。如普通聚氯乙烯只能制成硬聚氯乙烯塑件,加入适量增塑剂后,可以制成软聚氯乙烯薄膜或人造革。

对增塑剂的要求是:与树脂有较好的相容性,性能稳定,挥发性小;不降低塑件的主要性能,无毒、无害、成本低。常用的增塑剂有甲酸酯类、磷酸酯类和氯化石蜡等。

增塑剂的使用应适量,过多会降低塑件的力学性能和耐热性能。

(2)稳定剂,指能阻缓塑料变质的物质。其添加的目的是阻止或抑制树脂受热、光、氧和霉菌等外界因素作用而发生质量变异和性能下降。对稳定剂的要求是:能耐水、耐油、耐化学药品,并与树脂相溶;在成型过程中不分解,挥发小,无色。常用的稳定剂有硬脂酸盐、铅的化合物及环氧化合物等。稳定剂可分为光稳定剂、热稳定剂、抗氧剂等。

(3) 固化剂,指能促使树脂固化、硬化的添加剂,又称硬化剂。它的作用是使树脂大分子链受热时发生交联,形成硬而稳定的体型网状结构。如在酚醛树脂中加入六亚甲基四胺,在环氧树脂中加入乙二胺、顺丁烯二酸酐等固化剂,均可使塑料成型为坚硬的塑件。

(4) 填充剂,又称填料,是塑料中一种重要但并非必要的成分。在塑料中加入填充剂可减少贵重树脂含量,降低成本。同时,还可起到增强作用,改善塑料性能,扩大使用范围。

例如:在酚醛树脂中加入木粉后,既克服了它的脆性,又降低了成本;在聚乙烯、聚氯乙烯等树脂中加入钙质填充剂后,可成为刚性强、耐热性好、价格低廉的钙塑料;在尼龙、聚甲醛等树脂中加入二硫化钼、石墨、聚四氟乙烯后,其耐磨性、抗水性、耐热性、硬度及机械强度等会得到改善。用玻璃纤维作塑料填充剂,能大幅提高塑料的机械强度。

对填充剂的一般要求是:易被树脂浸润,与树脂有很好的黏附性,本身性质稳定,价格便宜,来源丰富。填充剂按其形态有粉状、纤维状和片状三种。常用的粉状填充剂有木粉、大理石粉、滑石粉、石墨粉、金属粉等;纤维状填充剂有石棉纤维、玻璃纤维、碳纤维、金属须等;片状填充剂有纸张、麻布、石棉布、玻璃布等。填充剂的组分一般不超过塑料组成的40%(质量分数)。

(5) 着色剂,在塑料中加入有机颜料、无机颜料或有机染料时,可以使塑件获得美丽的色泽,提高塑件的使用品质。对着色剂的要求是:性能稳定,不易变色,不与其他成分(增塑剂、稳定剂等)起化学反应,着色力强;与树脂有很好的相容性。日常生活用塑料制品应注意选用无毒、无臭、防迁移的着色剂。

有些着色剂兼有其他作用,如本色聚甲醛塑料用炭黑着色后可防止光老化;聚氯乙烯用二盐基性亚磷酸铅等颜料着色后,可避免紫外线的射入,对树脂起着屏蔽作用,因此,它们还可提高塑料的稳定性。在塑料中加入金属絮片、珠光色料、磷光色料或荧光色料时,可使塑件获得特殊的光学性能。

塑料添加剂除上述几种外,还有润滑剂、发泡剂、阻燃剂、防静电剂、导电剂和导磁剂等,塑件可根据需要选择适当的添加剂。

2.1.2　塑料的特性

塑料特性包括使用性能、加工性能和技术性能,其中技术性能是物理性能、化学性能、力学性能等的统称。塑料品种繁多,性能、用途也各不相同,其主要特性如下所述。

1. 密度小、质量轻

塑料的密度大约是铝材的 1/2,钢材的 1/5。塑料质量轻的这一特点,对于需要全面减轻自重的车辆、飞机、船舶、建筑、宇航工业等具有特别重要的意义。由于质量轻,塑料还特别适合制造轻巧的日用品和家用电器零件,在日用工业中所用的传统材料,如金属、陶瓷、玻璃、木材等正逐步被塑料所代替。

2. 电绝缘、绝热、隔声性能好

塑料具有优良的电绝缘性能和耐电弧性,常用塑料的电阻通常在 $10^{14} \sim 10^{16} \Omega$ 范围之内。大多数塑料都有较高的介电强度,无论是在高频、还是在低频;在高压、还是在低压下,绝缘性能都十分优良。且耐电弧性好,介电损耗极小,所以被广泛用于电机、电器、电子工业中做结构零件和绝缘材料。

塑料的热导率比金属低得多,一般为 $0.17 \sim 0.35 \mathrm{W}/(\mathrm{m} \cdot \mathrm{℃})$;而钢的热导率为 $46 \sim$

70W/(m·℃),利用热导率低的特点,塑料可以用来制作需要保温和绝热的器皿或零件。塑料还具有良好的绝热保温和隔声吸声性能,所以广泛用于需要绝热和隔声的各种产品中。

目前,采用先进的工艺技术,可将塑料制造成半导体、导电和导磁的材料,它们对电子工业的发展具有特殊的意义。

3. 比强度、比刚度高

塑料的强度相对金属要差,刚度与木材相近,但由于塑料的密度小,所以按单位质量计算相对的强度和刚度,即比强度和比刚度(强度与相对密度之比称为比强度;弹性模量与密度之比称为比刚度)比较高。尤其以各种高强度的纤维状、片状或粉末状的金属或非金属为填料的增强塑料,如玻璃纤维增强塑料,其比强度比一般钢材(约为 160MPa)要高得多。通常,塑料的比强度接近或超过普通的金属材料,因此可用于制造受力不大的一般结构件。一些玻璃纤维、碳纤维增强塑料的比强度和比刚度相当高,甚至超过钢、铁等金属,已在汽车、造船、航天和国防工业中应用。

4. 化学稳定性能好

一般塑料均具有一定的抗酸、碱、盐等化学腐蚀的能力。有些塑料除此之外还能抗潮湿空气、蒸汽的腐蚀作用,在这方面它们大大地超过了金属。其中最突出的代表是聚四氟乙烯,它对强酸、强碱及各种氧化剂等腐蚀性很强的介质都完全稳定。另外,聚氯乙烯可以耐90%浓度的硫酸、各种浓度的盐酸和碱液等,因而常被用作耐腐蚀材料。

由于塑料具有优越的化学稳定性,因此在化工设备和其他腐蚀条件下工作的设备及日用工业中应用广泛,如制作各种管道、密封件、换热器和在腐蚀介质中有相对运动的零部件等。

5. 减摩、耐磨性能优良,减振消声性好

塑料的摩擦系数小,具有良好的减摩、耐磨性能。某些塑料的摩擦副、传动副,可以在水、油和带有腐蚀性的溶液中工作;也可以在半干摩擦、全干摩擦条件下工作,具有良好的自润滑性能。这一性能比一般金属零件要好。

同时,一般塑料的柔韧性比金属要大得多,当其受到频繁机械力冲击与振动时,因阻尼较大而具有良好的吸振与消声性能,这对高速运转的摩擦零部件以及受冲击载荷作用的零件具有重要意义。如一些高速运转的仪表齿轮、滚动轴承的保持架、机构的导轨等可采用塑料制造。

6. 良好着色性,一些塑料具有良好的光学性能

塑料通过添加不同着色剂,改变基体色彩,可生产出五颜六色、琳琅满目的塑件,而且塑件表面还可以通过喷、镀、涂、印刷等多种表层处理工艺,改进塑件的性能,提高塑件的美观性。

有些塑料具有良好的透明性,透光率高达 90%以上,如有机玻璃、聚碳酸酯、聚苯乙烯等都具有良好的透明性,它们可用于制造光学透镜、航空玻璃、透明灯罩以及光导纤维材料等。

此外,塑料还具有良好的成型加工性、焊接性、可电镀性。但与其他材料相比,塑料也有一定的缺陷:如塑料成型时收缩率较高,有的高达 3%以上,并且影响塑料成型收缩率的因素很多,这使得塑件要获得高的精度难度很大,故塑件精度普遍不如金属零件;塑件的使用温度范围较窄,塑料对温度的敏感性远比金属或其他非金属材料大,如热塑性塑件在高温下

易变软产生热变形;塑件在光和热的作用下容易老化,使性能变差;塑件若长期受载荷作用,即使温度不高,其形状也会产生"蠕变",且这种变形是不可逆的,从而导致塑件尺寸精度的丧失。这些缺陷,使塑料的应用受到了一定限制。

2.2　塑料的分类与应用

2.2.1　塑料的分类

塑料的品种很多,分类的方法也很多,常用的塑料分类方法有以下两种。

1. 按照合成树脂的分子结构和热性能分类

(1)热塑性塑料。这种塑料中的树脂都是线型或带有支链线型结构的聚合物,因而受热变软并熔融,成为可流动的黏稠液体。在此状态下具有可塑性,可塑制成一定形状的塑件,并可经冷却定型;如果再次加热,又可变软并熔融,可塑制成另一形状,如此可以反复进行多次。热塑性塑料在成型加工过程中,一般只有物理变化,因而其变化过程是可逆的。简而言之,热塑性塑料是由可以多次反复加热而仍具有可塑性的合成树脂制得的塑料。聚乙烯、聚丙烯、聚苯乙烯、聚氯乙烯、有机玻璃、聚酰胺、聚甲醛、ABS、聚碳酸酯、聚砜、聚四氟乙烯等塑料均属热塑性塑料。

(2)热固性塑料。这种塑料的树脂是带有体型网状结构的聚合物,在加热之初,因分子呈线型结构,具有可熔性和可塑性,可塑制成一定形状的塑件;当继续加热时,温度达到一定程度后,分子呈现网状结构,树脂变成既不熔融也不溶解,形状固定下来不再变化。如再加热,也不再软化,不再具有可塑性。在这一变化过程中既有物理变化,又有化学变化,因而其变化过程是不可逆的。属于热固性塑料的有酚醛塑料、氨基塑料、环氧树脂、有机硅塑料、不饱和聚酯塑料、硅酮塑料等。

2. 按塑料的应用范围分类

(1)通用塑料。通用塑料主要指产量大、用途广、价格低的塑料。其中聚乙烯、聚丙烯、聚苯乙烯、聚氯乙烯、酚醛塑料合称五大通用塑料。其他聚烯烃、乙烯基塑料、丙烯酸塑料、氨基塑料等也都属于通用塑料。它们的产量占塑料总产量的一大半以上,构成了塑料工业的主体。

(2)工程塑料。工程塑料是指在工程技术中作为结构材料的塑料。这类塑料的力学性能、耐热性、耐腐蚀性、尺寸稳定性等均较高,在变化的环境条件下可保持良好绝缘介电性能。工程塑料一般可作为承载结构件、耐热件、耐腐蚀件、绝缘件等使用。由于工程塑料既有一定的金属性能,又有塑料的优良性能,它在机械、轻工、电子、日用、宇航、导弹等工程技术领域得到广泛应用。几乎所有的塑料都可作为工程塑料使用,但实际上目前常用的工程塑料仅包括聚酰胺、聚甲醛、ABS、聚碳酸酯、聚砜、聚酰亚胺、聚苯硫醚、聚四氟乙烯等几种。

(3)特种塑料。特种塑料又称功能塑料,指具有某种特殊功能的塑料,如用于导电、压电、热电、导磁、感光、防辐射、光导纤维、液晶、高分子分离膜、专用于减摩耐磨用途等的塑料。特种塑料一般是由通用塑料或工程塑料用树脂经特殊处理或改性获得的,但也有一些是由专门合成的特种树脂制成的。

另外，按聚合物分子聚集状态，塑料亦可分为两类：一类是无定形塑料；另一类是结晶型塑料。塑料按组成与结构还可分为模塑粉、增强塑料和发泡塑料三种。

2.2.2　常用塑料及其主要应用

1. 热塑性塑料

常用的热塑性塑料有聚氯乙烯（PVC）、聚苯乙烯（PS）、聚乙烯（PE）、聚丙烯（PP）、聚酰胺（PA）、ABS 塑料、聚甲基丙烯酸甲酯（PMMA）、聚甲醛（POM）、聚碳酸酯（PC）、聚砜（PSU）、聚苯醚（PPO）、氯化聚醚（CPT），以及包括聚四氟乙烯（PTFE）、聚三氟氯乙烯（PCTFE）、聚全氟乙丙烯（PEP）等的含氟塑料，常用的热塑性塑料的使用性能与用途见二维码附表 A.1。

2. 热固性塑料

常用的热固性塑料有酚醛塑料（PF）、氨基塑料、环氧树脂（EP）、不饱和聚酯树脂（UP）等。

常用热固性塑料的使用性能与用途见二维码附表 A.2。

3. 发泡塑料

在热固性树脂和热塑性树脂中，添加适量的发泡剂、添加剂，可得到发泡塑料。能够制作发泡塑料的有酚醛树脂、脲醛树脂、环氧树脂、聚氨酯树脂、聚苯乙烯、ABS、聚乙烯、聚丙烯、聚氯乙烯、聚酰胺、丙烯酸树脂、乙烯-醋酸乙烯树脂等。

（1）酚醛树脂。酚醛树脂发泡塑料，具有优越的耐热性、阻燃性、耐药品性和隔声性等，主要用做保温冷藏装置、建筑结构的隔热保温材料、工艺品、装饰品等。

（2）脲醛树脂。脲醛树脂发泡塑料，具有优越的保温、阻燃性、无毒无味，主要用于建筑物的夹心保温墙系统以及工业管道，储罐，冷库等保温构造。

（3）环氧树脂。环氧树脂发泡塑料主要应用于要求质量轻、强度高的多层结构材料，包装材料，吸声材料，降噪声材料等。

（4）聚氨酯树脂。聚氨酯树脂软质发泡塑料，主要用于家具、床具、床垫、汽车车辆等的坐垫、家庭用品等方面。聚氨酯树脂硬质发泡塑料，用于制作车辆、船舶、冷冻、冷藏库、救生用品、浮力和浮标等浮力材料、缓冲包装材料、家庭用品、保温材料等。

（5）聚苯乙烯。聚苯乙烯树脂发泡塑料，主要使用在隔热材料、结构材料、缓冲材料、包装材料、漂浮材料、布纸代用材料、装饰用材料、浇注用材料等方面。

（6）ABS。ABS 树脂发泡塑料主要用作蜂窝结构材料。如通过挤出成型设备得到复合制品的板、型材，可制造高尔夫球杆、手柄，电视机、收音机、录像机的机壳等。

（7）聚乙烯。聚乙烯树脂发泡制品，主要用作隔热材料、缓冲材料、包装材料、漂浮材料、绝缘材料，厨房、卫生间的防滑垫、容器，汽车的仪表板、转向盘等。

（8）聚丙烯。聚丙烯树脂发泡塑料，主要应用于绝缘包覆层、桌子、椅子、机壳、风扇叶罩、容器等方面。

（9）聚氯乙烯。聚氯乙烯树脂发泡塑料，主要用作缓冲材料、发泡人造革、隔热材料、蜂窝夹层结构材料的芯层、包装材料、漂浮材料等方面。

（10）聚酰胺。聚酰胺发泡塑料，主要用作人造假肢，绝缘体和弹性密封垫等。

（11）丙烯酸树脂。丙烯酸树脂发泡塑料，主要用作飞机舱盖、风挡，也可用作织物、皮革等。

（12）乙烯-醋酸乙烯树脂。乙烯-醋酸乙烯树脂发泡塑料,主要应用在缓冲材料、包覆材料（滑轮部分、滑板）、日用品（地板砖、搅拌器、衬垫）、玩具、隔热材料、渔业用浮漂、衬垫等方面。

2.3　塑料的工艺性能

2.3.1　聚合物的热力学性能与加工工艺

1. 聚合物的热力学性能

聚合物的物理、力学性能与温度密切相关,当温度变化时,聚合物的受力行为发生变化,呈现出不同的力学状态,表现出分阶段的力学性能特点。图 2-1 为线型无定形聚合物在恒应力作用下变形量与温度的关系曲线,也叫热力学曲线。此曲线明显分三个阶段,即线型无定形聚合物常存在的三种物理状态：玻璃态、高弹态和黏流态。

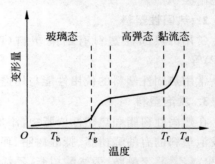

图 2-1　线型无定形聚合物的热力学曲线

在温度较低时（低于 T_g 温度）,曲线基本上是水平的,变形量小,而且是可逆的；但弹性模量较高,聚合物处于此状态时表现为玻璃态。此时,物体受力的变形符合胡克定律,应变与应力成正比,并在瞬时达到平衡。当温度上升时（在 $T_g \sim T_f$ 之间）,曲线开始急剧变化,但很快趋于水平。聚合物的体积膨胀,表现为柔软而富有弹性的高弹态（或橡胶态）。此时,变形量很大,而弹性模量显著降低,外力去除后变形量可以回复,弹性是可逆的。如果温度继续上升（高于 T_f 温度）,变形迅速发展,弹性模量再次很快下降,聚合物即产生黏性流动,成为黏流态。此时变形是不可逆的,物质成为流体。这里,T_g 为玻璃态与高弹态间的转变温度,称为玻璃化温度；T_f 为高弹态与黏流态的转变温度,称为黏流温度。在常温下,玻璃态的典型材料是有机玻璃,高弹态的典型材料是橡胶,黏流态的典型物质是熔融树脂（如胶黏剂）。

聚合物处于玻璃态时硬而不脆,可作结构件使用。但塑料的使用温度不能太低,当温度低于 T_b 时,物理性能发生变化,在很小的外力作用下就会发生断裂,使塑料失去使用价值。通常称 T_b 为脆化温度,它是塑料使用的下限温度。当温度高于 T_g 时,塑料不能保持其尺寸的稳定性和使用性能,因此,T_g 是塑料使用的上限温度。显然,从使用的角度看,T_b 与 T_g 之间的范围越宽越好。当聚合物的温度升到图 2-1 中的 T_d 温度时,便开始分解,所以称 T_d 为分解温度。聚合物在 $T_f \sim T_d$ 温度范围内是黏流态,塑料的成型加工就是在这个范围内进行的。这个范围越宽,塑料成型加工就越容易进行。聚苯乙烯、聚乙烯、聚丙烯的 $T_f \sim T_d$ 范围相当宽,可在相当宽的温度范围里呈黏流态,不易分解,因而易于操作。硬聚氯乙烯则不然,它的黏流温度与分解温度很接近,而且即使在接近 T_d 的温度下,虽经高压作用,其流动性仍然很小,成型加工也很困难。

聚合物的成型加工是在黏流状态中实现的,要使聚合物达到黏流态,加热只是方法之一；加入溶剂使聚合物达到黏流态则是另外一种方式。通过加入增塑剂可以降低聚合物的黏流温度。黏流温度 T_f 是塑料成型加工的最低温度,黏流温度不仅与聚合物的化学结构有关,而且与相对分子质量的大小有关。黏流温度随相对分子质量的增高而升高。在塑料的成型加工过程中,首先要化验聚合物的黏度与熔融指数(熔融指数是指聚合物在挤压力作用下产生变形和流动的能力),然后确定成型加工的温度。黏度值小,熔融指数大的树脂(即相对分子质量低的树脂),成型加工温度可选择低一些,但相对分子质量低的树脂制成的塑件强度较差。因此,塑料的使用性能与成型加工工艺必须科学合理地选择。

以上叙述的是热塑性线型无定形聚合物的热力学性能,而常用热固性树脂在成型前分子结构是线型的或带有支链型的,成型时在热和压力的作用下可达到一定的高弹态甚至黏流态,具有变形和可成型的能力。但在热力作用下,大分子间的交联化学反应也同时进行,直至形成高度交联的体型聚合物,此时,由于分子运动的阻力很大,随温度发生的力学状态变化很小,高弹态和黏流态基本消失,即转变成遇热不熔、高温时分解的物体。因此,热固性树脂成型时,应注意成型温度和成型时间的控制。

对于线型结晶型聚合物,其热力学曲线如图 2-2 所示。图中 1 为聚合物分子量较低的完全线型结晶型聚合物的热力学曲线。温度低于 T_m 时,物体受力的变形符合胡克定律,应变与应力成正比。加热到 T_m 时开始转化为液态,其对应的温度叫做熔点 T_m,是线型结晶型聚合物熔融或凝固的临界点。对于相对分子质量较高的聚合物,通常结晶区和非结晶区共存,如图 2-2 中的 2、3 所示。加热到 T_m 时,开始熔化,至 T_f 时完全转化为黏流态,其熔化是一个温度范围,通常称结晶型塑料从开始熔融到全部熔化的温度范围为“熔限”。线型结晶型聚合物的“熔限”随聚合物的相对分子质量增大而变宽,有时 T_f 甚至高于分解温度,所以采用一般方法难以成型。例如聚四氟乙烯,由于它的黏流温度高于分解温度,在未完全达到黏流态之前就发生分解,所以一般的成型方法无法加工聚四氟乙烯,通常其制品采用高温烧结法制成。与线型无定形聚合物相比,结晶型聚合物在低于熔点时的变形量很小,因此其耐热性能较好;且由于不存在明显的高弹态,可在脆化温度与熔点之间应用,其使用温度范围也较宽。结晶型聚苯乙烯比无定形聚苯乙烯的使用温度范围宽得多。

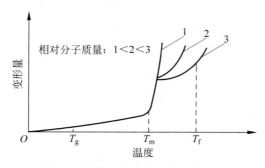

图 2-2　结晶型聚合物的热力学曲线

2. 聚合物的加工工艺

聚合物在温度高于 T_f 时为黏流态,称为熔体。从 T_f 开始分子热运动激烈,塑料的弹性模量急剧降低,其形变特点为在不大的外力作用下就能产生不可逆的黏性变形。此时,塑料在 T_f 以上不高的温度范围一般表现出类似乳胶流动的行为。这一温度范围常用来进行压延成型、某些挤出成型和吹塑成型等。比 T_f 更高的温度使分子热运动大大激化,塑料的弹性模量降低到最低值,这时聚合物熔体形变的特点是在很小的外力作用下就能引起宏观流动,其形变是更加不可逆的液态流动。这一温度范围常用来进行熔融纺丝、注射、挤出和黏合等加工。过高的温度将使聚合物的黏度大大降低,不适当地增大流动性容易引起诸如注射成型中的溢料、挤出制品的形状扭曲、收缩和纺丝过程中纤维的毛细断裂等现象。温度高到 T_d 附近还会引起聚合物分解,以致降低产品物理性能、力学性能及引起外观不良等。

2.3.2　塑料的工艺性能

塑料成型的工艺性能是指塑料在成型过程中表现出的特有性能,影响着成型方法及工艺参数的选择和塑件的质量,并对模具设计的要求及质量影响很大。

1. 热塑性塑料的工艺性能

(1)流动性。塑料熔体在一定温度与压力作用下充填模腔的能力称为流动性。所有塑料都是在熔融塑化状态下加工成型的,因此,流动性是塑料加工为制品过程中所应具备的基本特性。塑料流动性的好坏,在很大程度上影响着成型工艺的许多参数,如成型温度、压力、模具浇注系统的尺寸及其他结构参数等。在设计塑件大小与壁厚时,也要考虑流动性的影响。

为方便起见,在设计模具时,人们常用塑料熔体溢料间隙(溢边值)来反映塑料的流动性。所谓溢料间隙,是指塑料熔体在成型压力下不得溢出的最大间隙值。根据溢料间隙大小,塑料的流动性大致可划分为好、中和差三个等级,它对设计者确定流道类型及浇注系统的尺寸、控制镶件和推杆等与模具孔的配合间隙等具有实用意义。表 2-1 所示为常用塑料的流动性与溢料间隙。

表 2-1　常用塑料的流动性与溢料间隙

溢料间隙/mm	流动性等级	塑料类型
≤0.03	好	尼龙、聚乙烯、聚丙烯、聚苯乙烯、醋酸纤维素
0.03~0.05	中	改性聚苯乙烯、ABS、聚甲醛、聚甲基丙烯酸甲酯
0.05~0.08	差	聚碳酸酯、硬聚氯乙烯、聚砜、聚苯醚

(2)收缩性。一定量的塑料在熔融状态下的体积总比其固态下的体积大,说明塑料在成型及冷却过程中发生了体积收缩,这种性质称为收缩性。影响塑料收缩性的因素很多,主要有塑料的组成及结构、成型工艺方法、工艺条件、塑件几何形状及金属镶件的数量、模具结构及浇口形状与尺寸等。塑件的收缩具有方向的特征,这是因为在成型时高分子按流动方向取向,在流动方向和垂直于流动方向上性能有差异,收缩也就不一样。沿流动方向收缩大,强度高;垂直方向收缩小,强度低。同时,由于塑件各部位添加剂分布不均匀,密度不均匀,收缩也不均匀,这样必然造成塑件翘曲、变形甚至开裂。

(3)热稳定性。它是指塑料在受热时性能上发生变化的程度。有些塑料在长时间处于高温状态下时会发生降解、分解和变色等现象,使性能发生变化。如聚氯乙烯、聚甲醛、ABS塑料等在成型时,如果在料筒停留时间过长,就会有一种气味散发出来,塑件颜色变深,所以它们的热稳定性就不好。因此,这类塑料成型加工时必须正确控制温度及周期,选择合适的加工设备或在塑料中加入稳定剂方能避免上述缺陷发生。

(4)吸湿性。它是指塑料对水分的亲疏程度。据此塑料大致可以分为两种类型:第一类是具有吸湿或黏附水分倾向的塑料,例如聚酰胺、聚碳酸酯、ABS、聚苯醚、聚砜等;第二类是吸湿或黏附水分倾向极小的材料,如聚乙烯、聚丙烯等。造成这种差别的原因主要是由于其组成及分子结构的不同。如聚酰胺分子链中含有酰胺基 CO-NH 极性基因,对水有吸附能力;而聚乙烯类的分子链是由非极性基因组成,表面是蜡状,对水不具有吸附能力。材料疏松使塑料表面积增大,也容易增加吸湿性。

塑料因吸湿、黏附水分,在成型加工过程中如果水分含量超过一定限度,则水分会在成型机械的高温料筒中变成气体,促使塑料高温水解,从而导致塑料降解、起泡、黏度下降,给成型带来困难,使塑件外观质量及机械强度明显下降。因此,塑料在加工成型前,一般都要经过干燥,使水分含量(质量分数)控制在 0.5%~0.2% 以下。如聚碳酸酯,要求水分含量在 0.2% 以下,可用循环鼓风干燥箱,在 110℃ 温度干燥 12h 以上,并要在加工过程中继续保温,以防重新吸湿。

(5)相容性。它是指两种或两种以上不同品种的塑料,在熔融状态不产生相互分离的能力。如果两种塑料不相容,则混熔时塑件会出现分层、脱皮等表面缺陷。

不同种塑料的相容性与其分子结构有一定关系,分子结构相似者较易相容,例如高压聚乙烯、低压聚乙烯、聚丙烯彼此之间的混熔等;分子结构不同时较难相容,例如聚乙烯和聚苯乙烯之间的混熔等。

塑料的相容性俗称为共混性。通过塑料的这一性质,可以得到类似共聚物的综合性能,是改进塑料性能的重要途径之一。例如聚碳酸酯与 ABS 塑料相容,在聚碳酸酯中加入 ABS 能改善其成型工艺性。

塑料的相容性对成型加工操作过程有影响。当改用不同品种的塑料时,应首先确定清洗料筒的方法(一般用清洗法或拆洗法)。如果是相容性塑料,只需要将所要加工的原料直接加入成型设备中清洗即可;如果是不相容的塑料,就应更换料筒或彻底清洗料筒。

常用热塑性塑料成型特性见二维码附表 A.3。

2. 热固性塑料的工艺性能

热固性塑料同热塑性塑料相比,具有塑件尺寸稳定性好、耐热和刚性大等特点,所以在工程上应用十分广泛。热固性塑料的热力学性能明显不同于热塑性塑料,所以,其成型工艺性能也不同于热塑性塑料。

(1)收缩性。同热塑性塑料一样,热固性塑料也具有因成型加工而引起的尺寸减小。

影响热固性塑料收缩性的因素主要有原材料、模具结构、成型方法及成型工艺条件等。塑料中树脂和填料的种类及含量,会直接影响收缩率的大小。当所用树脂在固化反应中放出的低分子挥发物较多时,收缩率较大;放出低分子挥发物较少时,收缩率较小。

在同类塑料中,填料含量多,收缩率小;填料中无机填料比有机填料所得的塑件收缩小,例如以木粉为填料的酚醛塑料的收缩率,比相同数量无机填料(如硅粉)的酚醛塑料收缩率大(前者为 0.6%~1.0%,后者为 0.15%~0.65%)。

凡有利于提高成型压力、增大塑料充模流动性、使塑件密实的模具结构,均能减少塑件的收缩率。例如,用压缩成型工艺模塑的塑件比注射成型工艺模塑的塑件收缩率小。凡能使塑件密实、成型前使低分子挥发物溢出的工艺因素,都能使塑件收缩率减少,例如成型前对酚醛塑料的预热、加压等。

(2)流动性。流动性的意义与热塑性塑料流动性类同,但热固性塑料通常是以拉西格流动性来表示的,而不是用熔融指数表示。

每一品种塑料的流动性分为三个不同的等级,其适用范围如表 2-2 所示。

表 2-2　热固性塑料流动性等级及应用

流动性等级	适宜成型方法	适宜塑件
一级(拉西格流动性值 100～130mm)	压缩成型	形状简单,壁厚一般,无嵌件
二级(拉西格流动性值 131～150mm)	压缩成型	形状中等复杂
三级(拉西格流动性值 151mm 以上)	压缩、传递成型;拉西格值在 200mm 以上,可用于注射成型	形状复杂、薄壁大件或嵌件较多的塑件

流动性过大容易造成溢料过多,填充不密实,塑件组织疏松,树脂与填料分头聚积,易黏模而使脱模和清理困难,早期硬化等缺陷;流动性过小则填充不足,不易成型,成型压力增大。影响热固性塑料流动性的主要因素有:

① 塑料原料。组成塑料的树脂和填料的性质及配比等对流动性都有影响。树脂分子支链化程度低,流动性好;填料颗粒小,流动性好;加入的润滑剂及水分、挥发物含量高时,流动性好。

② 模具及工艺条件的影响。模具型腔表面光滑,型腔形状简单,采用有利提高型腔压力的模具结构和适当的预热、预压、合适的模温等,都有利于提高热固性塑料的流动性。

③ 水分及挥发物含量。塑料中水分及挥发物的含量主要来自两方面:一是热固性塑料在制造中未除尽的水分或储存过程中由于包装不当而吸收的水分;二是来自塑料中树脂制造时化学反应的副产物。

适当的水分及挥发物含量在塑料中可起增塑作用,有利于成型和提高充模流动性。例如,在酚醛塑料粉中通常要求水分及挥发物含量为 1.3% 时合适;若过多,则会促使流动性过大,导致成型周期延长,塑件收缩率增大,易发生翘曲、变形、出现裂纹及表面粗糙,同时,将会使塑件性能,尤其是电绝缘性能有所降低。

④ 固化特性。在热固性塑料的成型过程中,树脂发生交联反应,分子结构由线型变为体型,在成型工艺中把这一过程称为固化。

固化速度与所用塑料的性能、预压、预热、成型温度和压力的选择有关,采用预热、预压、提高成型温度和压力时,有利于提高固化速度。固化速度必须与成型方法和制品大小及复杂程度相适应。对于注射成型,要求在塑化、充模阶段化学反应要慢,而在充满型腔后则应加快固化速度。结构复杂的制品,固化速度过快,则难以成型。

热固性塑料成型工艺性能除上述指标外,还有颗粒度、比体积、压片性等。成型工艺条件不同,对塑料的工艺性能要求也不同,可参照有关资料和具体成型要求进行选择确定。

常用热固性塑料加工性能见二维码附表 A.4。

本章重难点及知识扩展

塑料是以树脂为主要成分,适当加入添加剂,可在加工中塑化成型的一类高分子材料。

不同品种、牌号的塑料,由于选用的树脂及添加剂的性能、成分、配比不同,以及生产工艺不同,则其使用及工艺特性也各不相同。

要正确设计塑料成型模具,必须了解塑料的性能和特点,研究塑料的成型工艺,掌握聚合物的热力学性能等。

　　塑料的流变特性、流动特点、成型过程的物理化学变化等聚合物成型工艺及理论相关知识可参阅相关书籍。

思考与练习

　　1. 塑料的定义、组成及作用、主要特点是什么？

　　2. 塑料的分类方法有哪几种？简述常见塑料的性能特点及用途。

　　3. 影响塑料流动性、收缩性的因素有哪些？

　　4. 画出热塑性线型无定形聚合物的热力学曲线，并用文字简述热塑性线型无定形聚合物的热力学性能。

　　5. 画出结晶型聚合物的热力学曲线，并用文字简述结晶型聚合物的热力学性能。

第 3 章　塑料制件设计

塑料制件的设计,除了合理选用塑件的原材料外,还必须考虑塑件的结构工艺性。良好的塑件工艺性是获得合格制品的前提,只有塑件结构设计满足成型工艺要求,才能设计出合理的模具结构。在进行塑件的结构工艺性设计时,要遵循以下几个基本原则。

(1) 在设计塑件尺寸时,应考虑原材料的成型工艺性,如流动性、收缩率等。

(2) 在设计塑件形状和结构时,应考虑其模具结构实现的可能性、制造的难易程度、模具的经济性要求。

(3) 在保证塑件性能的前提下,力求结构简单,壁厚均匀,使用方便。

(4) 当塑件结构复杂、外观要求较高时,应先通过三维造型,再转为二维设计,然后完成塑件设计。

塑件结构工艺性设计的主要内容包括尺寸和精度、表面质量、塑件形状、壁厚、斜度、加强筋、支承面、圆角、孔、螺纹、齿轮、嵌件、文字、符号及标记等。

3.1　塑件的尺寸精度和表面质量

3.1.1　塑件的尺寸精度

1. 塑件尺寸设计注意事项

(1) 注射成型和传递成型中,流动性差的塑料,其塑件的尺寸不能设计得过大。

(2) 壁薄的塑件尺寸不能设计过大,因为当塑料还没有充满型腔前就已经固化,即使勉强能充满也不能很好地熔合而形成接缝,这样就影响了外观和强度。

(3) 压缩成型塑件的尺寸受到压力机最大压力和工作台面最大尺寸限制。

(4) 注射成型塑件尺寸受到注射机的注射量、锁模力和模板尺寸的限制。

2. 塑件尺寸精度

塑件尺寸精度指所获得的塑件尺寸与图纸的符合程度,即塑件尺寸的准确度。影响塑件尺寸精度的因素很多,一般来说模具制造精度、塑料收缩率波动、型腔磨损等都会使塑件尺寸不稳定,因此确定塑件精度应该合理,尽可能选用低精度等级。

塑件尺寸公差应根据《工程塑料模塑塑料件尺寸公差标准》(GB/T 14486—2008)来确定,见表 3-1。表中公差等级分为 7 级,代号为 MT,基本尺寸的上、下偏差可根据塑件使用要求来分配。对于塑件上孔类尺寸的公差取单向正偏差,轴类尺寸的公差取单向负偏差,中心距尺寸及其他位置尺寸公差取双向等值偏差,即取表中数值的一半并冠以正、负号。对于受模具活动部分影响大的尺寸(如压缩成型塑件的高度尺寸),可将各个等级的公差放宽,即在原公差值的基础上再加上附加值,即表中 B 值。

表 3-1　塑件尺寸公差（GB/T 14486—2008）　　　　　　　　　　mm

公差等级	公差种类	基本尺寸												
		0 3	3 6	6 10	10 14	14 18	18 24	24 30	30 40	40 50	50 65	65 80	80 100	100 120
标注公差的尺寸公差值														
MT1	A	0.07	0.08	0.09	0.10	0.11	0.12	0.14	0.16	0.18	0.20	0.23	0.26	0.29
	B	0.14	0.16	0.18	0.20	0.21	0.22	0.24	0.26	0.28	0.30	0.33	0.36	0.39
MT2	A	0.10	0.12	0.14	0.16	0.18	0.20	0.22	0.24	0.26	0.30	0.34	0.38	0.42
	B	0.20	0.22	0.24	0.26	0.28	0.30	0.32	0.34	0.36	0.40	0.44	0.48	0.52
MT3	A	0.12	0.14	0.16	0.18	0.20	0.24	0.28	0.32	0.36	0.40	0.46	0.52	0.58
	B	0.32	0.34	0.36	0.38	0.40	0.44	0.48	0.52	0.56	0.60	0.66	0.72	0.78
MT4	A	0.16	0.18	0.20	0.24	0.28	0.32	0.36	0.42	0.48	0.56	0.64	0.72	0.82
	B	0.36	0.38	0.40	0.44	0.48	0.52	0.56	0.62	0.68	0.76	0.84	0.92	1.02
MT5	A	0.20	0.24	0.28	0.32	0.38	0.44	0.50	0.56	0.64	0.74	0.86	1.00	1.14
	B	0.40	0.44	0.48	0.52	0.58	0.64	0.70	0.76	0.84	0.94	1.06	1.20	1.34
MT6	A	0.26	0.32	0.38	0.46	0.54	0.62	0.70	0.80	0.94	1.10	1.28	1.48	1.72
	B	0.46	0.52	0.58	0.68	0.74	0.82	0.90	1.00	1.14	1.30	1.48	1.68	1.92
MT7	A	0.38	0.48	0.58	0.68	0.78	0.88	1.00	1.14	1.32	1.54	1.80	2.10	2.40
	B	0.58	0.68	0.78	0.88	0.98	1.08	1.20	1.34	1.52	1.74	2.00	2.30	2.60
未注公差的尺寸允许偏差														
MT5	A	±0.10	±0.12	±0.14	±0.16	±0.19	±0.22	±0.25	±0.28	±0.32	±0.37	±0.43	±0.50	±0.57
	B	±0.20	±0.22	±0.24	±0.26	±0.29	±0.32	±0.35	±0.38	±0.42	±0.47	±0.53	±0.60	±0.67
MT6	A	±0.13	±0.16	±0.19	±0.23	±0.27	±0.31	±0.35	±0.40	±0.47	±0.55	±0.64	±0.74	±0.86
	B	±0.23	±0.26	±0.29	±0.33	±0.37	±0.41	±0.45	±0.50	±0.57	±0.65	±0.74	±0.84	±0.96
MT7	A	±0.19	±0.24	±0.29	±0.34	±0.39	±0.44	±0.50	±0.57	±0.66	±0.77	±0.90	±1.05	±1.20
	B	±0.29	±0.34	±0.39	±0.44	±0.49	±0.54	±0.60	±0.67	±0.76	±0.87	±1.00	±1.15	±1.30

公差等级	公差种类	基本尺寸											
		120 140	140 160	160 180	180 200	200 225	225 250	250 280	280 315	315 355	355 400	400 450	450 500
标注公差的尺寸公差值													
MT1	A	0.32	0.36	0.40	0.44	0.48	0.52	0.56	0.60	0.64	0.70	0.78	0.86
	B	0.42	0.46	0.50	0.54	0.58	0.62	0.66	0.70	0.74	0.80	0.88	0.96
MT2	A	0.46	0.50	0.54	0.60	0.66	0.72	0.76	0.84	0.92	1.00	1.10	1.20
	B	0.56	0.60	0.64	0.70	0.76	0.82	0.86	0.94	1.02	1.10	1.20	1.30
MT3	A	0.64	0.70	0.78	0.86	0.92	1.00	1.10	1.20	1.30	1.44	1.60	1.74
	B	0.84	0.90	0.98	1.06	1.12	1.20	1.30	1.40	1.50	1.64	1.80	1.94
MT4	A	0.92	1.02	1.12	1.24	1.36	1.48	1.62	1.80	2.00	2.20	2.40	2.60
	B	1.12	1.22	1.32	1.44	1.56	1.68	1.82	2.00	2.20	2.40	2.60	2.80
MT5	A	1.28	1.44	1.60	1.76	1.92	2.10	2.30	2.50	2.80	3.10	3.50	3.90
	B	1.48	1.64	1.80	1.96	2.12	2.30	2.50	2.70	3.00	3.30	3.70	4.10
MT6	A	2.00	2.20	2.40	2.60	2.90	3.20	3.50	3.80	4.30	4.70	5.30	6.00
	B	2.20	2.40	2.60	2.80	3.10	3.40	3.70	4.00	4.50	4.90	5.50	6.20
MT7	A	2.70	3.00	3.30	3.70	4.10	4.50	4.90	5.40	6.00	6.70	7.40	8.20
	B	3.10	3.20	3.50	3.90	4.30	4.70	5.10	5.60	6.20	6.90	7.60	8.40

公差等级	公差种类	基本尺寸											
		120 140	140 160	160 180	180 200	200 225	225 250	250 280	280 315	315 355	355 400	400 450	450 500
		未注公差的尺寸允许偏差											
MT5	A	±0.64	±0.72	±0.80	±0.88	±0.96	±1.05	±1.15	±1.25	±1.40	±1.55	±1.75	±1.95
	B	±0.74	±0.82	±0.90	±0.98	±1.06	±1.15	±1.25	±1.35	±1.50	±1.65	±1.85	±2.05
MT6	A	±1.00	±1.10	±1.20	±1.30	±1.45	±1.60	±1.75	±1.90	±2.15	±2.35	±2.65	±3.00
	B	±1.10	±1.20	±1.30	±1.40	±1.55	±1.70	±1.85	±2.00	±2.25	±2.45	±2.75	±3.10
MT7	A	±1.35	±1.50	±1.65	±1.85	±2.05	±2.25	±2.45	±2.70	±3.00	±3.35	±3.70	±4.10
	B	±1.45	±1.60	±1.75	±1.96	±2.15	±2.35	±2.55	±2.80	±3.10	±3.45	±3.80	±4.20

注：A—不受模具活动部分影响的尺寸；B—受模具活动部分影响的尺寸。

对塑件的精度要求要根据具体情况来分析，一般配合部分尺寸精度高于非配合部分尺寸精度。塑件的精度要求高，模具的制造精度要求也高，这样会使模具制造难度加大，成本提高，废品率增加，因此应根据表 3-1 合理地选用精度等级。

对塑件的尺寸公差等级要求要根据具体情况来分析，并且依据塑料品种参考表 3-2 来选择。

表 3-2 常用材料模塑件公差等级和选用（GB/T 14486—2008）

材料代号	模 塑 材 料		公 差 等 级		
			标注公差尺寸		未注公差尺寸
			高精度	一般精度	
ABS	丙烯腈-丁二烯-苯乙烯共聚物		MT2	MT3	MT5
AS	丙烯腈-苯乙烯共聚物		MT2	MT3	MT5
CA	醋酸纤维素塑料		MT3	MT4	MT6
EP	环氧树脂		MT2	MT3	MT5
PA	尼龙类塑料	无填料填充	MT3	MT4	MT6
		玻璃纤维填充	MT2	MT3	MT5
PBTP	聚对苯二甲酸二醇酯	无填料填充	MT3	MT4	MT6
		玻璃纤维填充	MT2	MT3	MT5
PC	聚碳酸酯		MT2	MT3	MT5
PDAP	聚邻苯二甲酸二丙烯腈		MT2	MT3	MT5
PE	聚乙烯		MT5	MT6	MT7
PESU	聚醚砜		MT2	MT3	MT5
PETP	聚对苯二甲酸丁二醇酯	无填料填充	MT3	MT4	MT6
		玻璃纤维填充	MT2	MT3	MT5
PF	酚醛塑料		MT2	MT3	MT5
			MT3	MT4	MT6
PMMA	聚甲基丙烯酸甲酯		MT2	MT3	MT5
POM	聚甲醛		MT3	MT4	MT6
			MT4	MT5	MT7
PP	聚丙烯		MT3	MT4	MT6
			MT2	MT3	MT5
			MT2	MT3	MT5

续表

材料代号	模 塑 材 料		公 差 等 级		
			标注公差尺寸		未注公差尺寸
			高精度	一般精度	
PPO	聚苯醚		MT2	MT3	MT5
PPS	聚苯硫醚		MT2	MT3	MT5
PS	聚苯乙烯		MT2	MT3	MT5
PSU	聚砜		MT2	MT3	MT5
RPVC	硬质聚氯乙烯(无强塑剂)		MT2	MT3	MT5
SPVC	软质聚氯乙烯		MT5	MT6	MT7
VF/MF	氨基塑料和氨基酚醛塑料	无机填料填充	MT2	MT3	MT5
		有机填料填充	MT3	MT4	MT6

一般情况下,配合尺寸和重要尺寸选择较高的精度,无要求的尺寸按未注公差尺寸确定。塑件精度要求合理与否,直接关系到模具制造难易程度和成本、模具的成败。

3.1.2　塑件表面质量

塑件表面质量包括表面粗糙度、表观质量等。

1. 塑件表面粗糙度

塑件的表面粗糙度,除了在成型时从工艺上尽量避免冷疤波纹等疵点外,主要由模具的成型零件表面粗糙度决定。塑件的外观要求越高,表面粗糙度值越低。塑件的表面粗糙度 Ra 一般为 $0.8\sim0.2\mu m$,而模具的表面粗糙度数值要比塑件低 $1\sim2$ 级。模具成型零件需精心打磨和抛光,这样导致了加工成本提高。因此,对模具成型零件表面粗糙度的级别要求,应以刚好满足需要为佳。对于透明塑件,要求型腔和型芯的表面粗糙度相同。对于不透明塑件,模具型芯的表面并不影响塑件的外观,它的作用仅在于提高塑件的脱模性能,因此在不影响使用要求的前提下,型芯的表面粗糙度级别可比型腔的高一些。

模具在使用过程中,由于磨损而使表面粗糙度值不断加大,应随时给予抛光复原,才能保证塑件表面质量。

2. 塑件表观质量

塑件的表观质量是指塑件成型后的表观缺陷状态,如常见的熔接痕、缩孔凹陷、气孔、银纹、表面光泽不良、毛刺、飞边、欠注、顶白、顶出痕、开裂等。

塑件的表观质量影响塑件的使用性能和美观程度,特别是对于外观件,表观质量要求高。提高塑件表观质量,一般应从成型工艺条件、原材料选择及处理、模具结构及塑件结构等方面进行综合考虑。注塑产品常见缺陷分析可参见二维码附表 A.5。

3.2　塑件形状和结构设计

3.2.1　形状

塑件内、外表面形状设计应易于模塑,即在开模取出塑件时,尽可能不采用复杂的瓣合分型与侧抽芯。因此塑件要尽量避免旁侧凹陷,否则塑件的侧孔垂直于压缩方向或开模方向,塑件不能从单块模腔中脱出,为此就必须设置滑块或其他复杂的侧抽芯机构,这就造成了模具结构复杂,成本增加,制造周期延长,甚至由于模具制造不好引起塑件脱模困难等问题。因此,改进塑件结构,以简化模具结构,对缩短生产周期、提高塑件质量是非常必要的。表 3-3 所示为改变塑件形状有利于塑件成型的典型实例。

表 3-3　改变塑件形状有利于塑件成型的典型实例

序号	不 合 理	合 理	说 明
1			改变形状后,不需采用侧抽芯,使模具结构简单
2			应避免塑件表面横向凸台,便于脱模
3			塑件有外侧凹时必须采用瓣合凹模,故模具结构复杂,塑件外表有接痕
4			内凹侧孔改为外凹侧孔,有利于抽芯
5			改变塑件形状可避免侧抽芯
6			横向孔改为纵向孔可避免侧抽芯

有些侧凸、凹结构可以采用强制脱模,如图 3-1 所示。塑件内外侧的凹陷或凸起较浅且允许带有圆角,并同时具备了一定条件(塑料原料弹性好、塑料模具结构在脱模过程中有变形空间),在这种情况下侧凸、凹结构可以采用强制脱模,其他情况下则不能强制脱模,而应采用侧向分型抽芯机构来脱模。

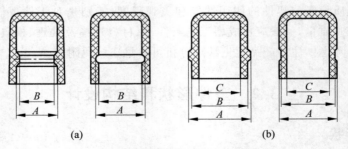

图 3-1　可强制脱模的侧凸、凹结构

(a) $\dfrac{A-B}{B}\times100\%\leqslant5\%$；(b) $\dfrac{A-B}{C}\times100\%\leqslant5\%$

3.2.2　脱模斜度

由于塑料冷却后产生收缩，塑件会紧紧包住模具型芯或型腔中凸出的部分。为了便于使塑件从模具内取出或从塑件中抽出型芯，防止塑件与模具表面黏附及塑件表面被划伤、擦毛等，塑件的内、外表面沿脱模方向都应有脱模斜度，简称斜度。脱模斜度与塑料品种及塑件形状、模具结构有关，一般情况下脱模斜度取 $1°\sim2°$，最小为 $30'$。在选择具体的脱模斜度时，应注意以下原则：

（1）一般应尽可能采用较大的脱模斜度，使塑件容易推出；

（2）在塑料收缩率大的情况下，应选用较大的脱模斜度；

（3）当塑件壁厚较厚时，因成型时塑件的收缩量大，也应选用较大的脱模斜度；

（4）较脆、较硬的塑料，塑件脱模斜度要求稍大；

（5）对于高精度的塑件，或较高、较大的塑件，应选用较小的脱模斜度；

（6）如图 3-2 所示，取斜度时，一般内孔以小端为基准，斜度由扩大方向取得；外形以大端为基准，斜度由缩小方向取得。

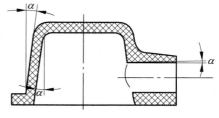

图 3-2　塑件的脱模斜度

当塑件精度要求高时（图样中应有注明），就要求 α 包括在塑件公差范围内，则塑件轴（孔）的大小端尺寸都不能超出塑件公差要求。此时大小端尺寸取极限，即可计算出 α。

3.2.3　壁厚

塑件都必须有一定的壁厚，这不仅使塑料在成型时有良好的流动状态，而且塑件在使用中有足够的强度和刚度，因此，合理选择塑件壁厚是很重要的。塑件壁厚的最小尺寸应满足如下要求：有足够的强度和刚度，脱模时能经受脱模机构的冲击与震动，装配时能承受紧固力。

一般来说，结构是决定壁厚的一个最重要因素，而模塑条件，如流动性、硬化和推出要求对选择壁厚也有影响。因此，在设计时必须综合考虑各种条件，以得到理想的壁厚。

热固性塑料的厚度一般为 $1\sim6mm$，最大不要超过 10mm。壁厚过大，会增加压塑时间，使塑件内部不容易压实，易出现气孔，收缩不均匀而出现凹痕，而且很难达到完全固化，况且其强度并不随其壁厚的增加而增加，还会造成原料的浪费。壁厚过小，则塑件刚度差，不容易承受内应力，同时卸模及放置时稍不注意即会引起变形。因此，在保证成型和使用条件下，要求有均匀的截面和最小的壁厚，以得到快速、完全的固化。

表 3-4 所示为热塑性塑件最小壁厚和推荐壁厚参考值，表 3-5 所示为根据外形尺寸推荐的热固性塑件壁厚值。

如果塑件壁厚不合理或不均匀应加以改进，否则塑件硬化或冷却速度不同引起收缩力不一致，产生内应力，导致塑件翘曲、缩孔、裂纹等缺陷。改进的方法常常是将厚的部分挖空，可参考表 3-6 的方法进行塑件壁厚设计。

表 3-4　热塑性塑件最小壁厚和推荐壁厚参考值　　　　　　mm

塑料种类	制件流程 50mm 的最小壁厚	一般制件壁厚	大型制件壁厚
聚酰胺(PA)	0.45	1.75～2.60	＞2.4～3.2
聚苯乙烯(PS)	0.75	2.25～2.60	＞3.2～5.4
改性聚苯乙烯	0.75	2.29～2.60	＞3.2～5.4
有机玻璃(PMMA)	0.80	2.50～2.80	＞4.0～6.5
聚甲醛(POM)	0.80	2.40～2.60	＞3.2～5.4
软聚氯乙烯(LPVC)	0.85	2.25～2.50	＞2.4～3.2
聚丙烯(PP)	0.85	2.45～2.75	＞2.4～3.2
氯化聚醚(CPT)	0.85	2.35～2.80	＞2.5～3.4
聚碳酸酯(PC)	0.95	2.60～2.80	＞3.0～4.5
硬聚氯乙烯(HPVC)	1.15	2.60～2.80	＞3.2～5.8
聚苯醚(PPO)	1.20	2.75～3.10	＞3.5～6.4
聚乙烯(PE)	0.60	2.25～2.60	＞2.4～3.2

表 3-5　热固性塑件壁厚参考值　　　　　　mm

塑料名称	塑件外形高度		
	＜50	50～100	＞100
粉状填料的酚醛塑料	0.7～2.0	2.0～3.0	5.0～6.5
纤维状填料的酚醛塑料	1.5～2.0	2.5～3.5	6.0～8.0
氨基塑料	1.0	1.3～2.0	3.0～4.0
聚酯玻璃纤维填料的塑料	1.0～2.0	2.4～3.2	＞4.8
聚酯无机物填料的塑料	1.0～2.0	3.2～4.8	＞4.8

表 3-6　改善塑件壁厚的典型实例

序号	不　合　理	合　理	说　明
1	(a)	(b)	
2	(a)	(b)	图(a)壁厚不均匀,易产生气泡、缩孔、凹陷等缺陷,使塑件变形;图(b)壁厚均匀,能保证质量
3	(a)	(b)	
4	(a)	(b)	
5			全塑齿轮轴应在中心设置钢芯
6			壁厚不均塑件,可在易产生凹痕的表面设计成波纹形式或在厚壁处开设工艺孔

3.2.4　加强筋与其他防止变形的结构

加强筋的作用是在不增加塑件厚度的条件下增加塑件的刚度和强度,在塑件中适当设置加强筋,可防止翘曲变形。加强筋的典型形状和尺寸如图 3-3 所示。

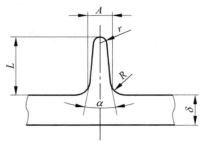

图 3-3　加强筋的尺寸

设计加强筋时,原则上要注意:

(1) 筋的厚度不应大于壁厚,否则壁面会因筋根部的内切圆处的缩孔而产生凹陷;

(2) 加强筋的高度不宜过高,以免筋部受力破损。为了得到同样的增强效果,可多设些高度较低的筋来代替较高的筋;

(3) 加强筋必须有足够的斜度,筋的底部应圆弧过渡;

(4) 如果塑件中需要设置许多加强筋,其排列应错开,以避免收缩不均引起的破裂。

表 3-7 所示为加强筋设计的典型实例。

表 3-7　加强筋设计的典型实例

序号	不　合　理	合　理	说　明
1			过厚处应减薄并设置加强筋以保持原有强度
2			过高的塑件应设置加强筋,以减小塑件壁厚
3			平板状塑件,加强筋应与料流方向平行,以免造成充模阻力过大和降低塑件韧性
4			非平板状塑件,加强筋应交错排列,以免塑件产生翘曲变形
5			加强筋应设计得矮一些,与支承面的间隙应大于 0.5mm

加强筋常常引起塑件局部凹陷,可采用如图 3-4 的结构来修饰和隐藏。

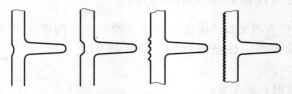

图 3-4 掩饰加强筋凹陷的结构

除采用加强筋外,薄壳状的塑件可制成球面或拱曲面,薄壁容器的塑件可通过改变容器的边缘结构来增加刚性和减少变形,如图 3-5 所示。

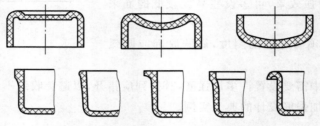

图 3-5 薄壁容器的底部和边缘的加强结构

3.2.5 支承面和固定凸台

以塑件的整个底面作为支承面是不合理的,因为塑件的整个平面不可能绝对平直,塑件稍微翘曲变形就会使底面不平。因此,通常采用凸起的边框或底脚作支承面。

凸台是用来增强孔或装配部件的凸出部分,一般情况下凸台应位于边角部位。凸台的高度不应超过其直径的一倍,并应具有足够的斜度以便脱模。固定用的凸台除应保证有足够的强度,以承受紧固时的作用力外,在转折处不应有突变。当塑件底部有加强筋时,筋的端部应低于支承面 0.5mm 左右。

通常采用凸起的边框或 3～4 个支承点或两个长台的结构作为支承面,如图 3-6 所示,图中(a)不合理、(b)和(c)结构合理。

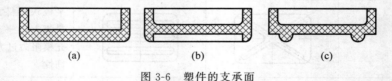

(a)   (b)   (c)

图 3-6 塑件的支承面

3.2.6 圆角

塑件除了使用上要求采用尖角外,其余所有转角均应尽可能采用圆弧过渡,以避免应力集中,提高塑件强度。同时,有利于塑料熔体在模具内的流动,易于塑件的推出。在没有特殊要求时,塑件的各连接处都应有半径小于 0.5～1mm 的圆角,一般外圆弧半径应是壁厚的 1.5 倍,内圆弧半径应是壁厚的 0.5 倍,如图 3-7 所示。塑件设计成圆角,模具型腔对应部位也是圆角,这样增加了模具的坚固性,

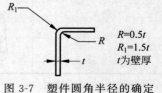

$R=0.5t$
$R_1=1.5t$
t 为壁厚

图 3-7 塑件圆角半径的确定

模具在淬火或使用时不至于因应力集中而裂开。

3.2.7 孔

塑件孔根据穿透情况分为通孔和盲孔,根据截面形状分为简单孔和复杂孔。

1. 孔径与孔间(边)距

塑件上各种孔的位置应尽可能开设在不会削弱塑件强度的部位,孔的形状也应力求不增加模具制造工艺的复杂性。孔间距、孔边距不应太小,否则装配时孔的周围容易破裂。不同孔径所对应的孔间(边)距见表 3-8。

表 3-8　不同孔径所对应的孔间(边)距　　　　mm

孔径	<1.5	1.5~3	3~6	6~10	10~18	18~30
孔间(边)距	1~1.5	1.5~2	2~3	3~4	4~5	5~7

2. 塑件上孔的成型方法

(1) 通孔成型时可直接完成(见图 3-8(a))。通孔成型型芯也可在中间对接(见图 3-8(b)),即两个型芯可分别由两端进入模具,用两端支承来成型。通常用两个型芯在中间对接起来以成型深孔,并使一个型芯比另一个型芯大 0.5mm,以补偿模具的磨损和两个型芯的偏移和不同心。这样设计的优点是型芯长度缩短了一半,增加了型芯的稳定性。通孔成型方法还可以一端固定另一端导向支承(见图 3-8(c))。

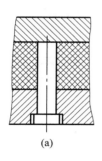 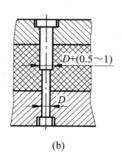 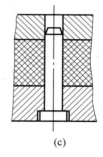

(a)　　　　　　　　　(b)　　　　　　　　　(c)

图 3-8　通孔的成型方法

通孔深度不能太大,一般应不超过孔径的 3.75 倍,否则型芯会弯曲。

(2) 太深的孔应先成型一部分,另一部分由机械加工完成。

(3) 直径小于 1.5mm 而深的孔,且中心距离要求精度高时,应以钻孔为宜。一般应在模塑时在钻孔位置压出定位浅孔,以方便钻孔,而且不需要用钻模。

(4) 对于斜孔或形状复杂的孔,可采用拼合的型芯来成型,以避免侧抽芯(见图 3-9)。

(5) 盲孔(不通孔)只能用一端固定的型芯来成型。盲孔的深度比通孔更浅,采用传递成型或注射成型时,盲孔的深度应小于 $4d$(d 为孔径);采用压缩成型时,盲孔的深度应更浅些,平行于压制方向的盲孔一般不超过 $2.5d$,垂直于压制方向的盲孔一般不超过 $1.5d$。

孔径与孔深的关系见表 3-9。

塑件上固定用孔和其他受力孔的周围可设计一凸边或凸台来加强,如图 3-10 所示。

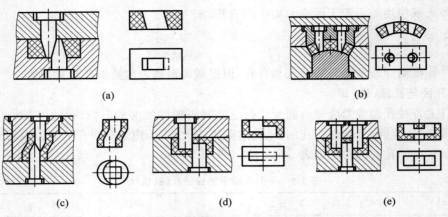

图 3-9　用拼合型芯成型特殊孔

表 3-9　孔径与孔深的关系

成型工艺		孔的深度/mm(d 为孔径)	
		通　孔	不通孔
压缩成型	横孔	2.5d	$<1.5d$
	竖孔	5d	$<2.5d$
传递成型或注塑成型		10d	$<4d$

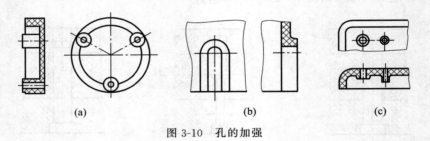

图 3-10　孔的加强

3.2.8　螺纹

塑件上的螺纹可由多种方法得到,其中最常用的方法有以下几种。

1. 模塑时直接成型

用这种方法可直接在各种结构的塑件上成型出螺纹,但不适合外径小于 3mm 或螺距小于 0.7mm 的螺纹。

2. 采用带螺纹的金属嵌件

在经常拆装或受力较大的地方,常采用带螺纹的金属嵌件,嵌件在塑件成型时或成型后压入。这种方法虽可提高螺纹强度,增加耐磨性,但提高了塑件成本,也增加了塑件成型时的工序。

3. 采用机械加工螺纹

当有下列两种情况时,应采用机械加工螺纹:当螺纹件配合时,对螺纹直径或其他螺纹配合尺寸要求较高,或成型螺纹的模具零件机械强度不高;当需要成型直径小于 10～12mm 的外螺纹和直径小于 4mm 的内螺纹时。

　　用机械加工得到的螺纹强度总是低于直接成型的同种螺纹。切削螺纹时,特别是三角螺纹时,螺纹断面的顶角处常常产生裂纹,会引起螺纹断裂,甚至引起塑件开裂。因此,塑料螺纹的直径不能太小,注射成型的不应小于 2mm,压缩成型的不应小于 3mm。如果模具螺纹的螺距没有考虑收缩,那么塑料螺纹与金属螺纹的配合长度不能太长,一般不应大于螺纹直径的 1.5 倍,否则会使连接强度降低。表 3-10 为塑件螺纹选用范围。

表 3-10　塑件螺纹的选用范围

螺纹公称直径/mm	螺纹种类				
	公制标准	1 级细牙	2 级细牙	3 级细牙	4 级细牙
8 以下	+	—	—	—	—
3～8	+	—	—	—	—
6～10	+	+	—	—	—
10～18	+	+	+	—	—
18～30	+	+	+	+	—
30～50	+	+	+	+	+

注: 表中"-"为建议不采用。

　　此外,因为一般塑料比金属的强度和刚度差,为了防止螺孔最外圈的螺纹崩裂或变形,内螺纹始端应有深 0.2～0.8mm 的台阶孔,螺纹末端也不能与垂直底面相连接,一般与底面应留有不小于 0.2mm 的距离,如图 3-11 所示。塑件的外螺纹始端也应下降 0.2mm 以上,末端不宜延长到与垂直底面相接处,如图 3-12 所示,否则易使脆性塑件发生断裂。同样,螺纹的始端和末端不应突然开始和结束,应有过渡部分 l,其值可按表 3-11 选取。

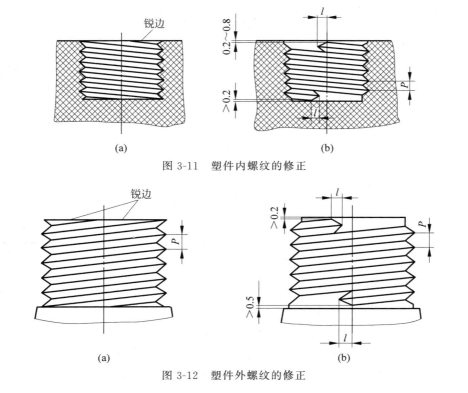

图 3-11　塑件内螺纹的修正

图 3-12　塑件外螺纹的修正

表 3-11　塑件螺纹始末部分尺寸

螺纹直径/mm	螺　距		
	<0.5	>0.5	>1
	始末部分过渡尺寸 l/mm		
≤10	1	2	3
>10～20	2	2	4
>20～34	2	4	6
>34～52	3	6	8
>52	3	8	10

注：始末部分长度相当于车制金属螺纹时的退刀长度。

　　另外,同一个塑件上直径不同的两段螺纹,它们的旋转方向必须相同、螺距必须相等,如图 3-13(a)所示,否则无法将塑件从螺纹型芯或型环上拧下来。当螺距不相等或旋转方向不同时,就要采用两段型芯或型环组合在一起,成型后分段拧下,如图 3-13(b)所示。

　　塑件内螺纹 M6 以下最好采用"自攻螺纹"的结构,如图 3-14 所示,塑件只需做出底孔,其尺寸可参考表 3-12 设计。

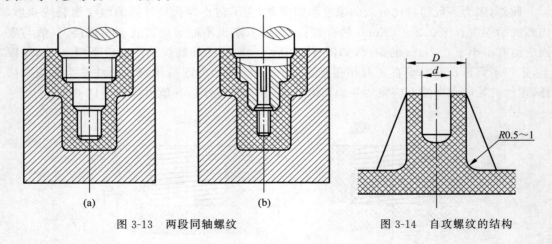

图 3-13　两段同轴螺纹　　　　　　图 3-14　自攻螺纹的结构

表 3-12　塑件自攻螺纹尺寸　　　　　　　　　　　　　　　mm

螺纹直径	底孔 d	外径 D
M3	$\phi 2.4 + 0.1$	≥$\phi 6.5$
M4	$\phi 3.5 + 0.1$	≥$\phi 7.8$
M5	$\phi 4.4 + 0.1$	≥$\phi 8.5$

3.2.9　嵌件

　　塑件内嵌入其他零件形成不可拆卸的连接,所嵌入的零件即称嵌件。

　　塑件中镶入嵌件的目的是增强塑件局部的强度、硬度、耐磨性、导电性、导磁性等,同时可增强塑件尺寸和形状的稳定性,并可降低塑料的消耗。用作嵌件的材料主要有金属、玻璃、木材、已成型的塑料,其中金属嵌件用得最为普遍。

1. 嵌件的形式

图 3-15 为几种常见的金属嵌件,图(a)为圆筒形嵌件,以带螺纹的最为常见,主要用于经常拆卸或受力较大场合的螺纹连接;图(b)为圆柱形嵌件,有光杠、丝杠等;图(c)为片状嵌件,常用于塑件内的导体、焊片等;图(d)为细杆状贯穿嵌件,常用于汽车方向盘塑件中,加入的金属细杆可提高方向盘的强度和硬度。

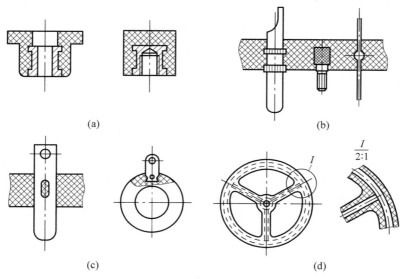

图 3-15　常见的金属嵌件

为了使嵌件牢固地固定在塑件中,防止嵌件受力时在塑件内转动或脱出,嵌件表面必须设计有适当的凸状或凹状部分。图 3-16 为各种金属嵌件在塑件内的固定方法。图(a)为最常见的菱形滚花,无论从抗拉还是抗扭方面来看,固定是令人满意的。图(b)为直纹滚花,这种滚花在嵌件较长时可允许嵌件在塑件中作少许的轴向滑移,以降低这个方向的内应力,但嵌件上必须开有环形沟槽,以免在受力时被拔出。图(c)为六角形嵌件,因其尖角处容易产生应力集中,目前采用比较少。图(d)所示的为孔眼,用切口或局部折弯来固定片状嵌件。薄壁管状嵌件也可用边缘折弯法固定(见图(e)),针状嵌件可采用砸扁其中一段或折弯固定(见图(f))。

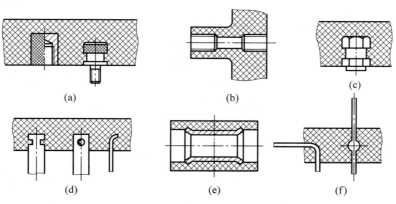

图 3-16　金属嵌件在塑件内的固定

2. 嵌件的设计原则

金属嵌件设计的基本原则如下所述。

(1) 嵌件应尽可能采用圆形或对称形状,这样可保证收缩均匀。

(2) 嵌件周围的壁厚应足够大。由于金属嵌件与塑件的收缩不同,因此会使嵌件的周围产生很大的内应力而造成塑件开裂,但金属嵌件周围的塑料壁厚越大,则塑件开裂的可能性越小。金属嵌件周围塑料厚度见表 3-13。

表 3-13　金属嵌件周围的塑料层厚度　　　　　　mm

金属嵌件直径 D	顶部塑料层最小厚度 h	周围塑料层最小厚度 c
4 以下	0.8	1.5
>4~8	1.5	2.0
>8~12	2.0	3.0
>12~16	2.5	4.0
>16~25	3.0	5.0

(3) 金属嵌件嵌入部分的周边应有倒角,以减少周围塑料冷却时产生的应力集中。

(4) 嵌件必须可靠定位。

(5) 嵌件自由伸出长度不应超过其定位部分直径的 2 倍,否则应在模具内设置支柱,以免嵌件弯曲。

(6) 生产带嵌件的塑件会降低生产效率,不容易实现自动化,因此在设计塑件时应尽可能避免使用嵌件。

3. 嵌件的定位

模具内的嵌件在成型的过程中受到高压料流的冲击,可能产生位移或变形,同时塑料还会挤入嵌件上预留孔或螺纹线中,影响嵌件使用,因此嵌件必须可靠定位。嵌件定位的方式很多,一般有下列几种:

(1) 圆柱形嵌件一般插到模具的孔内定位。为了防止塑料挤入螺纹线中,常采用图 3-17 中所示的几种办法:图(a)采用光杆与模具孔的间隙配合,图(b)采用凸肩,图(c)采用凸出的圆环。

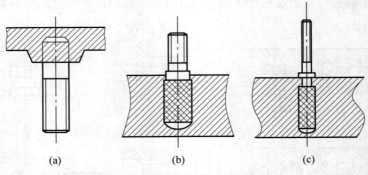

(a)　　　　　　(b)　　　　　　(c)

图 3-17　圆柱形嵌件在模内定位

(2) 圆环形嵌件中不通孔的螺纹嵌件,可采用插入式方法定位,即将嵌件直接装插在模具的圆形光杠上,如图 3-18 所示。应尽量采用没有通孔或没有通螺孔的嵌件,用插入式方法定位。

（3）当嵌件为螺纹通孔时，一般将螺纹插入件旋入嵌件后，再放入模具内定位。

（4）当注射压力不大，且螺牙很细（M3.5 以下）时，有通孔的螺纹嵌件不直接插在模具的圆柱形芯杆上定位，这时塑料可能会挤入到一小段螺纹牙中，但并不妨碍多数螺纹牙的使用，这样安放嵌件操作简便。

（5）模具设计时固定嵌件的型孔一般与嵌件尺寸相同或大 0.02mm。如果嵌件有松动现象，可在插入的嵌件上涂少量氯丁橡胶黏结剂，在常温下会自然黏固。

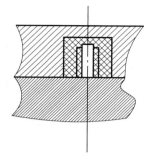

图 3-18　圆环形嵌件在模内定位

3.2.10　标记、符号

由于装潢或某些特殊要求，塑件上常常有标记、符号（如图案、文字、数字等）。塑件的标记、符号有凸形和凹形。标记、符号在塑件上为凹形，模具上就为凸形。模具上的凹形标记、符号易加工，可用机械或手工将字迹处的金属挖刻一定深度即可。模具上的凸形标记、符号难加工，在型腔上直接加工时，成型表面粗糙度难以保证。因此，可采用电火花、电铸或冷挤压成型。另外，有时为了便于更换标记、符号，将标记、符号成型的部件制成嵌件，嵌入到模具里，但在塑件上会留下凹或凸的痕迹。也可采用图 3-19 所示的凹坑凸字的形式，即在模具上镶上刻有标记、符号的镶块。为了避免塑件上出现镶嵌的痕迹，可将镶块周围的结合线加工成边框（见图 3-19(c)），则凹坑里凸形标记、符号无论在塑件研磨抛光或塑件使用时，都不会因碰撞而损坏。

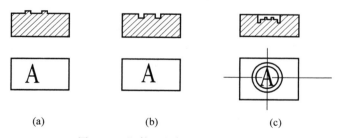

(a)　　　　　　　　(b)　　　　　　　　(c)

图 3-19　塑件上的标记、文字和符号

本章重难点及知识扩展

塑料制件设计与其模具结构设计有较大的关系。要想获得合格的塑件，除充分考虑所用塑料的性能特点外，还应考虑塑件的结构工艺性，在满足使用要求的前提下，塑件的结构、形状应尽可能地做到简化模具结构，并且符合成型工艺特点，从而降低成本，提高生产效率。

合理的塑件结构工艺性是保证塑件符合使用要求和满足成型条件的一个关键问题。

塑料制品的应用越来越广，塑件的形状结构越来越复杂，传统的二维设计难以胜任，需要运用三维软件（Pro/E、UG、SolidWorks 等）进行塑件的设计与开发。

思考与练习

1. 塑件设计的主要内容和基本准则有哪些？
2. 影响塑件尺寸精度和表面质量的主要因素有哪些？
3. 什么是塑件的脱模斜度？脱模斜度的选取应遵循哪些原则？
4. 塑料螺纹设计要注意哪些内容？
5. 塑件中设计嵌件的目的是什么？嵌件设计准则有哪些？
6. 塑件壁厚设计时要注意哪些问题？为什么应尽量使塑件壁厚均匀？
7. 简述塑件上标记、符号设计原则。

第4章　注射成型模具

塑料注射成型所用的模具,称为注射成型模具,简称注射模或注塑模。

与其他塑料成型方法相比,注射成型塑料制件的内在和外观质量均较好,生产效率很高,容易实现自动化,是应用最为广泛的塑件成型方法。注射成型是热塑性塑料成型的一种重要方法,到目前为止除了氟塑料外,几乎所有的热塑性塑料都可用此法成型。注射成型也已经成功地应用于某些热固性塑料,甚至橡胶制品的成型。

本章主要讲述热塑性塑料的注射成型。

4.1　注射成型工艺

注射(注塑)成型是将颗粒状或粉状塑料原料,从注射机的料斗送进加热的料筒中,经过加热熔化成黏流态熔体,在注射机螺杆或柱塞的高压推动下,以较大的速度经过注射机喷嘴注入模具型腔,经过一段时间的保压、冷却定型后,开模分型得到塑料制件。

4.1.1　注射成型工艺过程

完整的注射成型工艺过程包括成型前的准备(预处理)、注射成型过程和塑件的后处理三部分。其中,注射成型过程是决定塑件质量的关键,也是主要的工艺过程。

1. 成型前的准备

为使注射成型过程能顺利进行并保证塑件的质量,在成型前需做一些准备工作:

(1)原料的预处理。检验塑料原料的色泽、颗粒大小及均匀性等;必要时测定塑料的流动性、热稳定性及收缩率等工艺性能,如不满足要求,应及时采取措施;对容易吸湿的塑料,像聚碳酸酯、聚酰胺、聚砜等,需要进行充分的预热和干燥。

(2)注射机料筒的清洗。生产中如需改变塑料品种、调换颜色,或发现出现了热降解反应,均应对注射机的料筒进行清洗。

(3)嵌件的预热。塑件带有金属嵌件时,由于金属嵌件与塑料的热性能和收缩率差别较大,在嵌件周围容易出现裂纹,成型前有时需要对金属嵌件进行预热,以减少塑料熔体与金属嵌件之间的温度差,可以有效地防止嵌件周围过大的内应力,从而减少裂纹的产生。

(4)脱模剂的选用。为了使塑件容易从模具内脱出,有的模具型腔和型芯需要涂上脱模剂,常用的脱模剂有硬脂酸锌、液状石蜡和硅油等。

2. 注射成型过程

以螺杆式注射机为例,其注射成型过程如图4-1所示。将颗粒状或者粉状的塑料原料经注射机料斗2加入到料筒4内,料筒外部安装有加热器,加热使塑料原料塑化。螺杆3在电动机1和传动装置的带动下转动,通过其螺旋槽输送塑料原料向前移动,直至料筒前端的喷嘴5附近;螺杆的转动使料温在剪切摩擦力的作用下进一步提高,原料进一步塑化。当料筒前端的塑料熔料积聚到一定程度,对螺杆产生一定压力时,螺杆就在转动中后退,直到与调整好的行程开关相接触,如图 4-1(a)所示,此时料筒前部熔融塑料的储量正好可以完成一次注射。接着注射液压缸 7 开始工作,与液压缸活塞相连接的螺杆以一定的速度和压力将熔融塑料通过料筒前端的喷嘴注入温度较低的模具 6 的闭合型腔中,直至充满型腔,如图 4-1(b)所示;保压一段时间,塑料经冷却固化后即可保持模具所赋予的形状,然后开模分型,在脱模机构的作用下,将塑件推出型腔,完成一个注射成型周期,如图 4-1(c)所示。重复上述注射周期,即可进行连续生产。

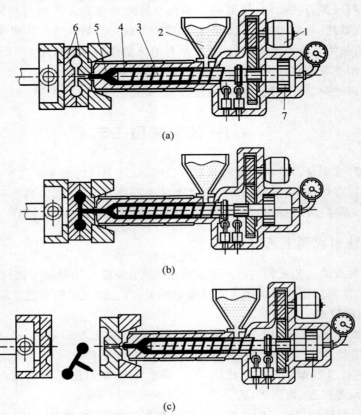

图 4-1

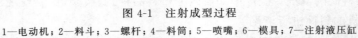

图 4-1　注射成型过程

1—电动机;2—料斗;3—螺杆;4—料筒;5—喷嘴;6—模具;7—注射液压缸

由上述可见,完整的注射成型过程包括加料、塑化、注射、保压、冷却和脱模等几个步骤。

1) 塑化、计量阶段

注射机螺杆在长度方向分为三段:送料段、压缩段和计量段,塑料原料在螺杆推动下,在料筒中被加热和压缩,在熔融的同时脱去夹带的空气。

塑化是固体塑料在料筒中经过加热,转变为黏流态并且具有良好的可塑性的过程。生产工艺对塑化的要求是:塑料熔体在进入型腔之前,应达到规定的成型温度,并能在规定的时间内提供足够数量的熔体,熔体各处温度应尽量均匀一致,不发生或者极少发生热分解,以保证生产的连续顺利进行。

螺杆最前面一段为计量段。为了保证注射机的螺杆将塑化好的塑料熔体定量、定温、定压地注射到模具中,料筒必须在控制系统的作用下,准确进行计量。计量精度越高,获得高精度的塑件的可能性越大。因此,现代注射生产中,十分重视计量的作用。

决定塑料塑化性质的主要因素是塑料的受热和所受到的剪切作用的情况。通过对料筒的加热,塑料原料由固体状态向黏流态转变。螺杆式注射机中,螺杆在料筒内的旋转对物料起到强烈的搅拌和剪切作用,以机械力的方式强化了混合和塑化过程,使塑料熔体的温度分布和物料分布更趋于均匀,产生更多的摩擦热,提高了料筒内温度,促进了塑料的进一步塑化。而柱塞式注射机中的塑料的移动只能靠柱塞的推动,几乎没有混合作用和剪切作用,塑化所需的热量,主要从高温料筒上获得,塑料熔体温度分布很不均匀。因此,螺杆式注射机对塑料的塑化效果要比柱塞式注射机好很多。

2) 注射阶段

注射阶段可细分为充模、保压和倒流三个阶段。在注射过程中压力随时间呈非线性变化,图 4-2 所示为在一个注射周期内压力随时间的变化曲线图。曲线 1 为注射机料筒计量室中注射压力随时间的变化曲线,曲线 2 为注射机喷嘴末端(模具浇口套始端)的压力曲线,曲线 3 为型腔始端(浇口末端)的压力曲线,曲线 4 为型腔末端的压力曲线。

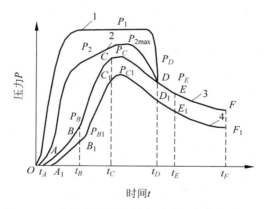

图 4-2　一个注射周期内压力随时间的变化曲线图

(1) 充模阶段:从注射机螺杆(柱塞)开始推动塑料熔体起,塑料熔体经过注射机喷嘴及模具浇注系统进入型腔,直至基本充满型腔为止。OA 时间段是塑料熔体在注射压力作用下从料筒计量室进入型腔始端,在 AB 时间段塑料熔体充满型腔,此时注射压力 P_1 迅速达到最大值,喷嘴压力 P_2 也达到比较高的压力。充模时间($t_B - t_A$)是注射过程中最重要的参数,熔体在型腔内流动时的剪切速率和造成聚合物分子取向的程度都取决于这一时间。型腔始端压力与末端压力之差取决于熔体在型腔内的流动阻力。型腔充满后,进入 BC 段,即塑料熔体的压实阶段,该阶段约占塑件重量 15% 的熔体被压到型腔内,此时熔体进入型腔的速度已经很慢,型腔压力迅速增加并达到最大值。图 4-2 中 t_C 时刻型腔始端的最大压力为 P_C,型腔末端的最大压力为 P_{C1}。喷嘴压力也迅速增加并接近注射压力 P_1。

塑件的形状、尺寸、内应力和聚合物的形态,都在充模阶段内基本确定下来,所以这一阶段是整个成型过程中最重要的阶段。

(2) 保压阶段:CD 时间段是保压阶段。熔体充满型腔后,开始冷却收缩,但螺杆(或柱塞)继续保持施压状态,料筒内的熔体会向模具型腔内继续缓慢流入,以补充因收缩而留出的空隙。此时熔体的流动速度更慢,螺杆只有微小的补缩位移。保压阶段可使熔体紧密贴合模具型腔壁、精确取得型腔形状,提高塑件的密度、降低收缩。

(3) 倒流阶段:保压结束后螺杆回程(下一阶段的预塑开始),喷嘴压力迅速下降至零,解除了对型腔的施压。这时型腔内的压力比流道内的高,若塑料熔体还具备一定的流动性,熔体可能从型腔向流道倒流,致使型腔压力从 P_D 降为 P_E。在 E 时刻熔体在浇口处凝固,使流动封断,浇口尺寸越小,封断越快。P_E 称为封断压力。P_E 和此时相对应的熔体温度对塑件的性能影响很大。

如果螺杆后退之前浇口已经冻结或者在喷嘴中装有止逆阀,倒流阶段就不会出现。

3) 冷却定型阶段

EF 时间段为冷却定型阶段,从浇口的塑料完全冻结开始,到塑件从型腔中脱出为止。没有塑料从浇口处流进或流出,但型腔内还可能有少量流动。在模具冷却系统的作用下,塑件逐渐冷却到具有一定的刚度和强度时脱模。

应该指出,塑料自被注入型腔后即被冷却,直到脱模时为止。

4) 脱模

塑件冷却到一定程度即可开模,在脱模机构的作用下将塑件推出模外。脱模温度不宜过高或过低。较高的脱模温度,塑件推出时会产生较大的变形,推出后会产生较大的收缩。较低的脱模温度,会在塑件内部产生较大的残余应力,残余应力过大会造成塑件开裂、损伤和卡模等。适当的脱模温度,应在玻璃化温度和模具温度之间。

3. 塑件的后处理

为了减小塑件的内应力,改善和提高塑件的性能和尺寸稳定性,塑件经脱模或机械加工后,常需要进行适当的后处理。后处理主要有退火和调湿处理。

(1) 退火处理是将刚脱模的塑件在一定温度的烘箱或加热液体介质(如热水、热的矿物油、甘油、乙二醇和液状石蜡)中静置一段时间,其目的是减少或消除塑件的内应力。内应力是由于塑件在料筒内塑化不均匀或在型腔中各处冷却速度不同而在塑件内部产生的,尤其厚壁塑件或者带有金属嵌件的塑件,容易产生较大的内应力。退火温度应控制在塑件玻璃化温度以上 10~20℃,或塑件的热变形温度以下 10~20℃。

(2) 调湿处理是将刚脱模的塑件放在热水中处理,既可以隔绝空气进行防止氧化的退火,还可以加快达到吸湿平衡。调湿处理的温度一般为 100~120℃。通常聚酰胺类塑件需要进行调湿处理,因为此类塑件在高温下与空气接触时常会发生氧化变色,在空气中使用或存放时又容易吸收水分而膨胀,需要较长时间才能得到稳定的尺寸。

4.1.2　注射成型工艺条件

工艺条件的选择和控制是保证成型顺利进行、保证塑件质量的关键因素之一,注射成型最主要的工艺条件是温度、压力和成型周期。

1. 温度

注射成型过程需要控制的温度有料筒温度、喷嘴温度和模具温度等。前两种温度主要影响塑料的塑化和流动,模具温度主要影响塑料的充模和冷却。

1) 料筒温度

塑料的加工温度主要是由注射机料筒的温度来决定的。料筒温度的选择关系到塑料的塑化质量,必须要能既保证顺利注射成型又不引起塑料的局部降解。非结晶型塑料的料筒温度要高于黏流温度 T_f,结晶型塑料要高于熔点温度 T_m,但都必须低于热分解温度 T_d,因此料筒合适的温度范围应在 $T_f(T_m) \sim T_d$ 之间。

料筒温度决定着塑料熔体的温度并直接影响到充模过程及塑件的质量。提高料筒(熔体)温度,有利于注射压力向模腔内的传递,另外,降低熔体黏度、增加流动性,从而改善成型性能,降低塑料制品的粗糙度。但料筒(熔体)温度越高,时间越长,塑料热氧化降解的量就越大。特别是对热敏性塑料,如聚氯乙烯、聚甲醛、聚三氟氯乙烯等,必须严格控制料筒最高温度和塑料熔体在料筒中停留的时间。

料筒温度的选择主要与塑料的品种、特性有关,还与注射机的类型和塑件及模具结构相关。玻璃纤维增强的塑料,流动性降低,要相应提高料筒温度;同一种塑料,来源或者牌号不同时,若平均相对分子质量高、分布较窄的,则黏度偏高,流动性降低,要提高料筒温度,反之,降低料筒温度;注射成型热固性塑料,为防止熔体在料筒中发生早期硬化,料筒温度取较小值。螺杆式注射机由于螺杆转动的剪切作用,能比较充分地混合熔体并能获得较多的摩擦热,而柱塞式注射机仅靠料筒壁向里传热,所以螺杆式注射机的料筒温度可低一些(一般比柱塞式低 $10 \sim 20$℃)。薄壁塑件的型腔比较狭窄,熔体注入时阻力较大,冷却快,为了顺利充模,应提高料筒温度;形状复杂或者带有嵌件的塑件,熔体充模流程较长或者较曲折的塑件,应提高料筒温度。

值得注意的是,料筒温度并不是一个恒值,而是从料斗后端开始到喷嘴前端为止,温度逐渐升高,使塑料温度平稳上升达到均匀塑化的目的。

2) 喷嘴温度

喷嘴温度通常稍低于料筒最高温度,即大致与料筒中段温度相当,否则,熔料容易在喷嘴处产生"流涎"现象。但喷嘴温度也不能太低,否则熔料可能发生早凝,把喷嘴堵死,或由于早凝凝料进入型腔影响塑件的性能。

料筒和喷嘴温度的选择与其他工艺条件有一定关系。由于影响因素多,一般在成型前,采用低压、低速对空注射,当料筒和喷嘴温度合适时,喷出的料流刚劲有力,连续、光亮且不卷曲、不带泡。

3) 模具温度

模具温度对塑料熔体的充模能力、塑件的冷却速度和成型后塑件的内在性能和表观质量都有很大影响。

模具通常需要通过冷却来保持定温,冷却一般是通过通入一定温度的冷却介质来控制,常用的冷却介质是水或者冷却水,也有靠自然散热来保持模具温度。需要冷却的塑料品种有:聚乙烯、聚苯乙烯、聚丙烯、ABS、聚氯乙烯等。当所需模具温度大于 80℃ 时,模具通常需要通过加热来保持定温。加热一般靠电热棒或电热丝,需要加热的塑料品种有聚碳酸酯、聚砜、聚甲醛、酚醛树脂等。不管模具是通过冷却还是加热来保持定温,对塑料熔体来说,都是冷却过程,都需要冷却来定型。所以,模具的温度应低于塑料的玻璃化温度或者热变形温度。

模具温度的高低取决于塑料的流动性、塑件的尺寸与结构、性能要求及其他工艺条件(料筒温度、注射压力及注射成型周期等)。对于高黏度塑料,由于塑料熔体流动性差、充模能力弱,为了获得致密的组织,模具温度必须较高;而对于黏度较小、流动性好的塑料,模具温度可以较低,这样可以缩短冷却时间、提高生产率。塑件壁厚较大或塑件较复杂时,充模和冷却时间较长,宜采用较高的模具温度,以减少塑件出现凹陷、减小塑件的内应力。热固性塑料模具温度一般较高,通常在 150～220℃之间。

在满足注射要求的前提下,应采用尽可能低的模具温度,以加快冷却速度,缩短冷却时间,提高生产率。

下面以 ABS 塑料为例说明成型中、小型塑件过程中温度的选择情况:

预热干燥温度:80～85℃;料筒温度:后段 150～170℃,中段 165～180℃,前段 180～200℃;喷嘴温度:170～180℃;模具温度:60～70℃;后处理温度:70℃。

2. 压力

注射成型过程中需要控制的压力包括塑化压力、注射压力和型腔压力。

1) 塑化压力

塑化压力又称螺杆背压,是对螺杆式注射机而言的,为注射机螺杆头部熔体在螺杆转动后退时所受到的压力。塑化压力可以通过调整注射液压缸的回油阻力来调节。

增大背压会增加熔体的内压力,使螺杆退回速度减缓,延长塑料的受热时间,使塑化质量得到改善;加强剪切效果,进一步提高熔体的温度。但背压太高,熔体在螺杆槽中将会产生较大的逆流和漏流,降低熔体的塑化能力,从而减少塑化量,增加功率消耗;剪切发热或剪切应力过大时,熔体容易发生降解,容易在喷嘴处产生"流涎"现象。背压太低时,螺杆后退速度加快,从料斗进入料筒的塑料密度小、空气量大而降低塑化效果。

2) 注射压力

注射压力指注射过程中,螺杆(柱塞)头部对塑料熔体所施加的压力。注射机上常用压力表测量注射压力的大小。注射压力的作用是克服塑料熔体流经喷嘴、流道和型腔的阻力、对注入型腔的熔体给予一定的压力和充模速率以便充满型腔,以及充模完成后对熔料进行压实。

从克服流动阻力角度来说,模具浇注系统的结构、注射机类型和塑料品种等对注射压力有较大影响。成型薄壁和长流程的塑件,采用较高注射压力有利于充满型腔;其他条件相同时,柱塞式注射机比螺杆式注射机所需的注射压力大些,因为塑料在柱塞式注射机料筒内的压力损失大些。另外,塑料的摩擦系数和熔融黏度越大,流动阻力越大,所需注射压力越高。同一种塑料流动时与模具的摩擦系数和熔融黏度是随料筒温度和模具温度而变动的,还与是否加润滑剂有关。

为了保证塑件的质量,对充模速率常有一定的要求。注射压力直接影响充模速率,一般高压注射充模速率大,低压注射充模速率小。影响充模速率的因素很多,常用实验来确定,但最主要的是塑件的壁厚,一般壁厚越大,注射压力越低,充模速率越小。

注射压力和熔体温度是相互制约的,料温高则所需注射压力低,料温低则所需注射压力高。因此,只有在注射压力和熔体温度的恰当组合下,才能获得满意的效果。

注射压力过高,塑料流动性提高,但塑件易产生溢料、溢边使脱模困难,易产生较大的内应力,易变形。注射压力过低,物料不易充满型腔,成型不足,塑件易产生凹痕、波纹、熔接痕迹等缺陷。

型腔充满后,注射压力的作用就在于对模内熔料的压实,此时的注射压力也可称为保压压力。保压压力等于或者小于注射时的压力。保压压力的作用是使熔料在压力下固化,并在收缩时进行补缩,从而获得优质完整的塑件。如果保压压力与注射压力相等,可以使塑件收缩率减小,尺寸波动小、稳定性好,但会造成脱模时残余压力过大,脱模困难,而且成型周期过长。如保压压力小于注射压力,塑件的性能与上述相反。保压压力通常不是一个定值,而是随时间变化的。

在实际生产中,通常是通过实验确定注射压力的大小。先用低压慢速注射,然后根据成型出的塑件的情况进行调整,直至成型出质量最好、符合要求的塑件。采用注塑流动模拟的计算机分析软件,可以对注射压力进行优化。一般情况下,注射压力选择可参考表 4-1。

表 4-1　注射压力的选择范围

塑　件　要　求	注射压力/MPa	适用塑料品种
熔体黏度较低,形状精度一般,形状简单,厚度较大	70～100	聚乙烯、聚苯乙烯等
中等黏度,精度有要求,形状较复杂	100～140	聚丙烯、ABS、聚碳酸酯等
黏度高,精度高,薄壁、长流程且形状复杂	140～180	聚砜、聚苯醚等
精密、微型	180～250	工程塑料

3）型腔压力

型腔压力是指注射压力经过注射机喷嘴、模具流道和浇口的压力损失后,作用在模具型腔单位面积上的熔体压力。在注射成型周期中,型腔压力随着时间的变化而不同,型腔中不同位置的压力也有变化,图 4-2 中曲线 3 和曲线 4 为型腔始端和末端的压力随时间的变化。实际中一般型腔压力按注射压力的 30%～65% 来估算,随塑料品种、浇注系统结构和尺寸、塑件形状、成型工艺条件以及塑件复杂程度而不同。常用塑料注射成型时所需的型腔压力见表 4-2。

表 4-2　常用塑料注射成型时所需的型腔压力

塑料品种	高压聚乙烯 （PE）	低压聚乙烯 （PE）	聚苯乙烯 （PS）	AS	ABS	聚甲醛 （POM）	聚碳酸酯 （PC）
型腔压力 /MPa	10～15	20	15～20	30	30	35	40

3. 成型周期

完成一次注射过程所需的时间称为注射成型周期。典型的注射成型周期为:合模→充模→保压补料→冷却→开模→脱模→合模,各段时间按其在成型过程中的作用划分为成型时间和辅助时间两大部分,如下所示:

$$成型周期\begin{cases}成型时间\begin{cases}充模时间:螺杆或柱塞前进的时间\\保压补料时间:熔体缓慢填充\\冷却时间:螺杆或柱塞后退,熔体不再填充\end{cases}\\辅助时间:合模、开模、脱模以及安放嵌件和取出塑件等的时间\end{cases}$$

成型周期直接影响劳动生产率和设备利用率。一个注射成型周期,通常从几秒钟到几分钟不等,时间的长短取决于塑件的大小、形状和厚度、模具的结构、注射机的类型及塑料的品种和成型工艺条件等因素。生产中应在保证质量的前提下,尽量缩短成型周期中各个相关时间。充模时间一般为 2～10s,保压时间一般为 20～120s(特厚塑件可达 5～10min),通常以塑件收缩率最小为最佳值。冷却时间取决于塑件的壁厚、模具温度、塑料的热性能和结晶性能,为30~120s,以制品脱模时不变形、时间又较短为原则。

表4-3列出了常见塑料的注射成型工艺。

表 4-3　常见塑料的注射成型工艺

塑料名称		LDPE	HDPE	PP	PS	ABS	PC	PA1010
干燥处理	温度/℃	—	—	80~100	70~80	70~85	110~120	90~105
	时间/h	—	—	3~4	1~2	3~4	>24	8~12
料筒温度	后部/℃	140~160	140~160	160~180	140~160	150~170	220~240	190~210
	中部/℃		180~220	180~200	—	165~180	230~280	200~220
	前部/℃	170~200	170~200	200~230	170~190	180~200	240~285	210~230
螺杆转速/(r·min⁻¹)		—	30~60	30~60	—	30~60	25~40	20~50
喷嘴结构		直通式	直通式	直通式	直通式	直通式	直通式	自锁式
喷嘴温度/℃		150~170	150~180	180~190	160~170	170~180	240~250	200~170
模具温度/℃		30~50	30~70	40~80	40~70	60~80	70~120	40~80
注射	压力/MPa	60~100	70~100	70~120	60~100	70~90	70~130	70~100
	时间/s	1~5	1~5	1~5	1~5	3~5	1~5	1~5
保压	压力/MPa	40~50	40~50	50~60	30~40	50~70	40~50	20~40
	时间/s	15~60	15~60	20~50	15~30	15~30	20~90	20~50
降温固化时间/s		15~60	15~60	15~60	15~60	15~60	15~60	15~60
成型周期/s		40~140	40~140	40~120	40~90	40~70	50~130	50~100
注射机类型		柱塞式	螺杆式	螺杆式	柱塞式	螺杆式	螺杆式	螺杆式

4.2　注射模设计概论

4.2.1　注射模的典型结构

注射模的基本结构是由动模和定模两部分组成。动模安装在注射机的移动模板上,定模安装在注射机的固定模板上。注射时,动模与定模闭合构成型腔和浇注系统,开模时,动模与定模分离,通过脱模机构推出塑件。

图4-3所示为典型的单分型面注射模,图(a)为合模状态,图(b)为分模状态,图(c)为爆炸图。根据模具中各个部件的作用,注射模可以细分为以下几个基本组成部分。

(1)成型部件。成型部件为直接成型塑件的部分。通常由凸模(成型塑件内表面)、凹模(成型塑件外表面)、型芯或成型杆、镶块以及螺纹型芯和螺纹型环等组成。合模后,成型部件构成闭合的模具型腔。图4-3(a)所示模具,成型部分由凸模7和定模板2组成,定模板2上做出整体式凹模;图4-3(c)所示模具,凸模和凹模均做成成型镶块,分别镶嵌在动模板和定模板上。

(2)浇注系统。浇注系统是将塑料熔体由注射机喷嘴引向闭合型腔的流动通道。通常,浇注系统由主流道、分流道、浇口和冷料井组成。浇注系统的设计十分重要,直接关系到流动成型过程、塑件的成型质量和成型效率等。

(3)导向机构。导向机构保证合模时动模和定模两部分准确对合,以保证塑件的形状

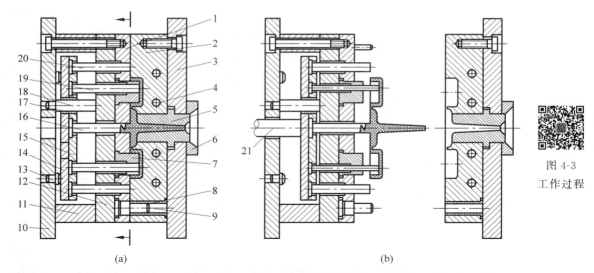

(a)　　　　　　　　　　　　　　　　　　　(b)

图 4-3
工作过程

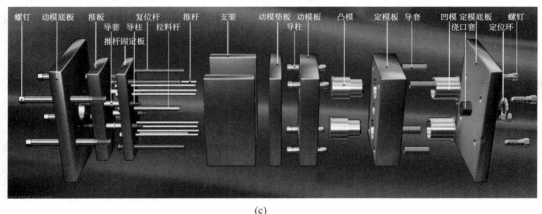

(c)

图 4-3　注射模典型结构

（a）合模状态；（b）分模状态；（c）爆炸图

1—动模板；2—定模板；3—定模座板；4—冷却水道；5—主流道衬套；6—定位圈；7—凸模；
8—导套；9—导柱；10—动模座板；11—垫块；12—支承板；13—限位钉；14—推板；15—推杆固定板；
16—拉料杆；17—推板导套；18—推板导柱；19—推杆；20—复位杆；21—注射机顶杆

图 4-3
装配过程

和尺寸精度，避免模具中其他零件（经常是凸模）发生碰撞和干涉。导向机构分为导柱导向机构和锥面定位导向机构。导柱导向机构通常由导柱和导套（导向孔）组成，如图 4-3 中的导柱 9 和导套 8。对于深腔、薄壁、精度要求高的塑件，除了导柱导向外，经常还在动模和定模上，分别设置互相吻合的内、外锥面定位导向机构。大、中型注射模的脱模机构，为了保证脱模过程中，脱模装置不因为变形歪斜而影响脱模，经常设置导向零件，如图 4-3 中的推板导柱 18 和推板导套 17。

（4）脱模机构。开模时，脱模机构将塑件和浇注系统凝料从模具中推出。常用的脱模机构有推杆、推管和推件板等。图 4-3 为推杆脱模机构，由推杆 19、推杆固定板 15、推板 14、拉料杆 16 和复位杆 20 等组成。

（5）侧向分型抽芯机构。带有内、外侧孔、侧凹或侧凸的塑件，需要由侧向型芯或侧向成型块来成型,在开模推出塑件之前,模具必须先进行侧向分型,抽出侧向型芯或脱开侧向成型块,塑件才能顺利脱模。完成上述功能的机构,称为侧向分型抽芯机构。

(6) 温度调节系统。为了满足注射成型工艺对模具温度的要求,模具一般设有冷却和加热系统。冷却系统一般在模具内开设冷却水道,如图 4-3 中冷却水道 4 所示,外部用橡皮软管连接。加热装置则在模具内或模腔表面设置电加热、感应加热、蒸汽加热和红外线加热等加热结构。模具是开设冷却还是加热装置需要根据塑料种类和塑件成型工艺来确定。

(7) 排气系统。注射充模时,为了塑料熔体的顺利进入,需要将型腔内的原有空气和注射成型过程中塑料本身挥发出来的气体排出模外,常在模具分型面处开设几条排气槽。小型塑件排气量不大,可直接利用分型面排气,不必另外设置排气槽。许多模具的推杆或型芯与模板的配合间隙也可起到排气的作用。大型和薄壁塑件必须设置排气槽。

(8) 标准模架。为了减少繁重的模具设计和制造工作量,注射模大多采用标准模架结构。标准模架组合具备了模具的主要功能,构成了模具的基本骨架,包含了支承零部件、导向机构以及脱模机构等。标准模架可以从相关厂家定购。在模架的基础上再加工、添加成型零部件和其他功能结构件可以构成任何形式的注射模具。

支承零部件用来安装和支承成型零部件及其他结构零部件,在图 4-3 中,包括定位圈 6、定模座板 3、动模座板 10、定模板 2、动模板 1、支承板 12、垫块 11、限位钉 13。

4.2.2　注射模的分类

按照不同的划分依据,注射模的分类方法不同。按塑料材料类别分为热塑性塑料注射模和热固性塑料注射模;按模具型腔数目分为单型腔注射模和多型腔注射模;按模具安装方式分为移动式注射模和固定式注射模;按注射机类型分为卧式注射机用注射模、立式注射机用注射模和角式注射机用注射模。

从模具设计的角度看,按注射模的总体结构特征分类最为方便,一般可以分为以下类型。

1. 单分型面注射模

单分型面注射模也称两板式注射模,模具只有一个分型面,是注射模中最简单、最常用的一种,图 4-3 为典型的单分型面注射模。主流道设在定模一侧,分流道设在分型面上,开模后塑件连同流道凝料一起留在动模一侧。动模上设有脱模机构,可以推出塑件和流道凝料。

合模时,在导柱和导套的导向和定位作用下,注射机锁模装置带动动模向定模方向移动,使模具闭合,并提供足够的锁模力。模具闭合后,在注射液压缸的作用下,塑料熔体通过注射机喷嘴经模具浇注系统进入型腔,待熔体充满型腔并经过保压补缩、倒流和冷却定型后开模,注射机锁模装置带动动模向后移动,模具从分型面分开,塑件包在凸模上随动模后退,同时拉料杆从浇口套内拉出浇注系统凝料。当注射机顶杆与模具推板接触时,注射机顶杆推动模具脱模机构,推杆和拉料杆分别顶出塑件和浇注系统凝料,塑件和凝料自动落下,完成一次注射过程。合模时,复位杆使脱模机构首先复位,准备下一次注射。

2. 双分型面注射模

双分型面注射模与单分型面相比,模具多了一个可以局部移动的中间板,所以又称三板式注射模。中间板又被称为型腔板、浇口板等。模具有两个分型面,如图 4-4 所示,图(a)为合模状态,图(b)为爆炸图,A—A 为第一分型面,脱模时由此取出浇注系统凝料,B—B 为第二分型面,为主分型面,脱模时由此取出塑件。双分型面注射模常用于点浇口进料的单型腔和多型腔模具。

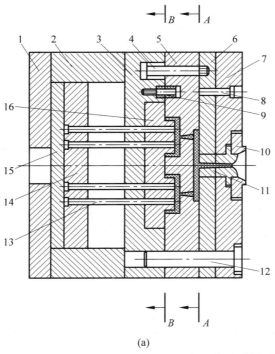

(a)

图 4-4
工作过程

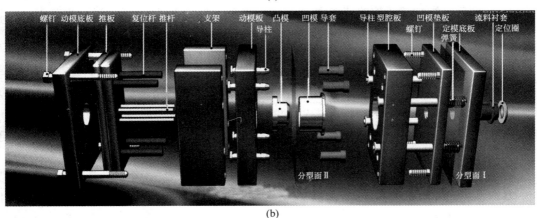

(b)

图 4-4
装配过程

图 4-4 双分型面注射模

(a) 合模状态;(b) 爆炸图

1—动模座板;2—垫块;3—动模板;4—拉杆;5—中间板;6—定模板;
7—定模座板;8—限位钉;9—橡胶塞;10—定位圈;11—主流道衬套;
12—拉杆导柱;13—推杆;14—推杆固定板;15—推板;16—型芯固定板(凸模)

如图 4-4(a)所示,合模时,橡胶塞 9 因弹性较大,在合模力的作用下挤进中间板 5 预留的孔中。开模时,注射机锁模装置带动动模部分后移,中间板在橡胶塞的摩擦力作用下,与定模部分首先在 A—A 处分型,塑件紧包在凸模 16 上随动模后移,点浇口随之拉断,浇注系统凝料留在了定模部分。拉杆 4 固定在定模板上,当拉杆左端头部凸肩的右面靠到中间板上时,拉杆把定模板拉离定模座板,定模板兼作流道推板的作用将流道凝料推出,限位钉 8 限定了流道推板与定模座板之间的最大距离。当中间板移动一定距离,足够取出浇注系统凝料时,拉杆被中间板挡住,中间板停止移动,流道凝料从 A—A 分型面落下,动模继续后移,模具在 B—B 面分型。当注射机顶杆与推板 15 接触时,注射机顶杆带动模具脱模机构,在推杆 13 的作用下将塑件从凸模中脱出,塑件在 B—B 分型面之间自行落下。

由于双分型面注射模需要进行两次分型,必须采用顺序定距分型机构,即定模部分一定先与中间板分型,分开的距离足够取出浇注系统凝料时,第一分型结束,主分型面分型开始。双分型面顺序定距分型的方法较多,图 4-4(a)所示为橡胶塞摩擦分型拉杆定距机构,图 4-4(b)所示为弹簧顺序定距分型机构。

由于需要对中间板导向和支承,双分型面注射模在定模一边必须设置导柱,该导柱通常叫做拉杆导柱。加长拉杆导柱,也可对动模部分进行导向,此时动模就可不设导柱,如图 4-4(a)所示。但是大型或要求较高的模具,通常定模和动模部分都设置导柱,如图 4-4(b)所示。如果是推件板脱模机构,需要对推件板进行导向和支承,则动模部分就必须设置导柱。

由于定模部分与中间板之间的分型面(见图 4-4 中 A—A 分型面)分型后,浇注系统凝料往往会附在定模部分或者中间板上,通常需要设置专门的凝料推出机构,否则需要人工取出凝料,难于完全实现自动化。图 4-4(a)中,拉杆 4、定模板 6 和限位钉 8 构成凝料推出机构。

双分型面注射模适用于点浇口单型腔或多型腔成型,其结构较复杂,成本较高,但由于浇口可以直接拉断,易于实现自动化,效率较高,特别适合于大批量生产。

3. 带侧向分型抽芯机构的注射模

当塑件有侧孔、侧凹或侧凸时,其成型零件必须做成可侧向移动的,开模后,这部分必须先移开,塑件才能顺利脱模,这时就需要设置侧向分型抽芯机构,简称侧抽芯机构。

侧抽芯机构通常由斜导柱、斜顶或斜滑块等驱动,图 4-5 所示为典型的斜导柱驱动侧抽芯机构注射模。该侧抽芯机构由斜导柱 9、滑块 10、楔紧块 8 和滑块抽芯结束时的定位装置(挡块 5、滑块拉杆 7、弹簧和螺母 6)组成。开模时,固定在定模上的斜导柱利用开模力驱动滑块侧向移动,直至固定在滑块上的侧型芯与塑件完全脱开,完成侧抽芯动作,其位置由定位装置确定。合模时,斜导柱驱动滑块向内移动复位,复位后滑块由楔紧块锁紧。

4. 带活动镶件的注射模

某些带有侧孔及侧向凸、凹结构的塑件,如图 4-6 所示塑件内部有局部凸起,有些塑件上有螺纹孔或外螺纹,需要侧向抽芯。但由于塑件批量较小或者塑件的特殊要求,采用侧向抽芯机构来实现侧抽芯成本太高或者很难实现,可以将成型零件设置成活动镶块,在开模时随塑件一起移出模外,再通过手工或者简单工具使活动镶块与塑件相分离,在下一次注射之前,重新将活动镶块装入模具中,装入时活动镶块应可靠定位。

带有活动镶块的注射模,省去了斜导柱、滑块等复杂结构的设计和制造,模具结构简单,大大降低了制造成本,特别是可以用在某些无法设置侧抽芯机构的场合。其缺点是生产效率低,无法实现自动化生产,常用于小批量的试生产。

成型带螺纹的塑件时,可以采用活动镶块形式的螺纹型芯或螺纹型环。

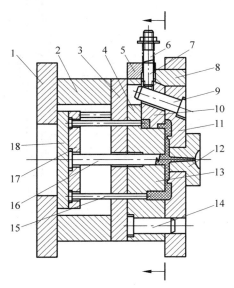

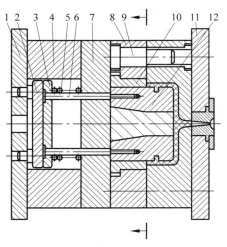

图 4-5
工作过程

图 4-5
装配过程

图 4-6

图 4-5　带侧向分型抽芯机构注射模

1—动模座板;2—垫块;3—支承板;4—动模板;
5—挡块;6—弹簧和螺母;7—滑块拉杆;8—楔紧块;
9—斜导柱;10—滑块;11—定模座板;12—浇口套;
13—型芯;14—导柱;15—推杆;16—拉料杆;17—推
杆固定板;18—推板

图 4-6　带活动镶件的注射模

1—动模座板;2—推板;3—推杆固定板;4—垫块;
5—弹簧;6—推杆;7—支承板;8—型芯固定板;
9—导柱;10—型芯;11—定模座板;12—活动镶块

5. 自动卸螺纹注射模

塑件带有内螺纹或外螺纹须自动脱模时,在模具中需要设置可以旋转的螺纹型芯或者螺纹型环。通过注射机的往复运动或旋转运动,或者设置专门的驱动(如电动机或液压马达等)和传动机构,带动螺纹型芯或者螺纹型环转动,使塑件脱出。如图 4-7 所示为利用注射机往复运动的自动卸螺纹注射模。自动卸螺纹装置由齿轮 4、齿条 5,锥齿轮 6、7,圆柱齿轮 8、9 等构成。开模时,装于定模座板上的齿条 5 带动齿轮 4,通过锥齿轮 6、7 和圆柱齿轮 8、9,使螺纹型芯 10 旋出,拉料杆 3 也随之转动,从而将塑件和浇注系统凝料同时脱出。

6. 定模设置脱模机构的注射模

为便于注射机锁模装置的推出机构工作,模具开模后,塑件一般留在动模一侧,模具脱模机构也设置在动模一侧。有时由于塑件的特殊要求或者形状的限制,开模后塑件可能留在定模一侧,这时就需要在定模一侧设置脱模机构。定模一侧的脱模机构一般是采用拉板、拉杆或者链条与动模部分相连。如图 4-8 所示为成型塑料衣刷的注射模,受塑件形状的限制,将塑件留在定模上能方便成型。开模后,塑件紧包在凸模 11 上,塑件留在了定模一侧,当动模左移一定距离,拉板 8 通过定距螺钉 6 带动推件板 7 将塑件从凸模中脱出。

图 4-8

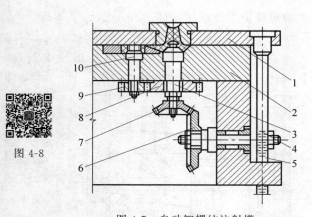

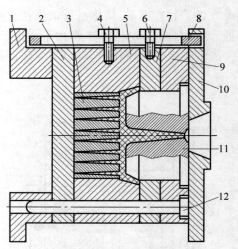

图 4-7　自动卸螺纹注射模

1—定模座板；2—动模板；3—拉料杆；4—齿轮；
5—齿条；6,7—锥齿轮；8,9—圆柱齿轮；10—螺纹型芯

图 4-8　定模设置脱模机构的注射模

1—模脚；2—支承板；3—凹模镶块；4,6—定距螺钉；
5—动模板；7—推件板；8—拉板；9—定模板；
10—定模座板；11—凸模；12—导柱

7. 无流道凝料注射模

无流道凝料注射模包括绝热流道注射模和热流道注射模，图 4-9 所示为热流道注射模。无流道凝料注射模对模具的流道部分采取绝热和加热的措施，使流道内从注射机喷嘴到型腔浇口之间的塑料呈熔融状态。每一次注射成型过程，只有型腔内的塑料冷凝定型，没有流道凝料，塑件脱模后就可以继续注射。无流道凝料注射模可以节约塑料用量，极大地提高劳动生产率，有利于实现自动化，保证塑件的质量，但模具结构复杂，造价高，模温控制要求严格，仅适用于大批量生产。

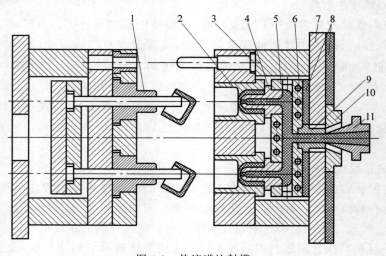

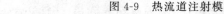

图 4-9

图 4-9　热流道注射模

1—凸模；2—凹模；3—支承块；4—浇口板；5—热流道板；6—加热器孔；7—定模座板；
8—绝热层；9—浇口套；10—定位圈；11—喷嘴

4.2.3　注射模标准件

模具标准化也称模具技术化,是指在模具设计和制造中所应遵循的技术规范、基准和准则。模具标准化对提高模具设计和制造水平、提高模具质量、缩短制造周期、降低成本、节约金属和采用新技术都具有重要意义。

注射模的标准应包括标准模架系列、标准零部件(如模板、导柱、导套、推杆、浇口套、垫板等)和其他标准件(如水管接头等)。

美国、德国、日本等工业发达国家都很重视模具标准化工作,标准件已被模具行业普遍采用。国际模具标准化组织是 ISO/TC29/SC8,我国是该组织的成员国。世界上最著名的生产标准模架和模具标准件的企业有美国 DME 公司、德国 HASCO 公司、日本 FUTABA 公司和我国的龙记(LKM)公司。

我国的模具标准化工作也在积极进行中,在厂级、局级和部级标准件的基础上,国家也正式颁布了注射模的零件标准和模架标准。目前我国最新颁布和实施的塑料注射模国家标准有 5 种,见表 4-4,而一些部委和地区根据各自需要,也制定了一些有关塑料模具的标准。

表 4-4　我国最新颁布和实施的塑料模国家标准

序号	标准名称	标准号
1	塑料注射模零件	GB/T 4169—2006
2	塑料注射模零件技术条件	GB/T 4170—2006
3	塑料注射模技术条件	GB/T 12554—2006
4	塑料注射模模架	GB/T 12555—2006
5	塑料注射模模架技术条件	GB/T 12556—2006

1. 塑料注射模零件标准

《塑料注射模零件》(GB/T 4169—2006)标准包括 23 个通用零件,大致分为以下三大类:

脱模零件类:推杆、扁推杆、带肩推杆、推管、推板、推板导套、推板导柱、复位杆;

导向和定位零件类:直导套、带头导套、带头导柱、带肩导柱、拉杆导柱、圆形定位元件、矩形定位元件;

其他:模板、垫块、限位钉、支承柱、定位圈、浇口套、圆形拉模扣、矩形拉模扣。其中模板包括定模板、动模板、支承板、定模座板、动模座板。

这些标准零件之间具有相互配合关系,各零件根据模具需要单独选用,也可选择合适的标准件配套组装成模架。

2. 模架国家标准

模架是注射模的骨架和基体,通过它将模具各个部分有机地联系成一个整体。不同国家和地区模架标准差别不大,结构基本一致,主要是在品种和名称上的差异。我国使用的注射模标准模架主要有国家标准模架(GB/T 12555、GB/T 12556)、龙记标准塑胶模架和日本 FUTABA 标准塑胶模底座。美国 DME 和德国 HASCO 注射模架标准在我国沿海地区也有应用。

模架组合形式主要根据浇注形式、分型面数、塑件脱模方式和推板行程、动模和定模组合形式来确定,因此塑料注射模架组合具备了模具的主要功能。

根据《塑料注射模模架》(GB/T 12555—2006)规定,模架的固定尺寸范围为小于或等于 1250mm×2000mm,模架结构形式为直浇口型、点浇口型和简化点浇口型三种形式,其中直浇口型细分为基本型、直身基本型、直身无定模座板三种形式。点浇口型和简化点浇口型分为基本型、直身基本型、无推件板型和直身无推件板型四种形式。

　　点浇口型模架是在直浇口型模架上加装拉杆导柱,即点浇口型定模部分有拉杆导柱,动模部分有导柱,而简化点浇口型只有定模部分有拉杆导柱,动模部分无导柱。

　　标准中还规定,根据模具使用要求,导柱和导套的安装形式有正装和反装,正装指的是导柱在动模、导套在定模,反之则为反装;点浇口型中,模架中的拉杆导柱分装在导柱内侧和导柱外侧两种形式。

　　直浇口基本型分为 A、B、C、D 四种,点浇口基本型分为 DA、DB、DC、DD 四种。如图 4-10 所示,直浇口模架基本型的四种形式分别为:

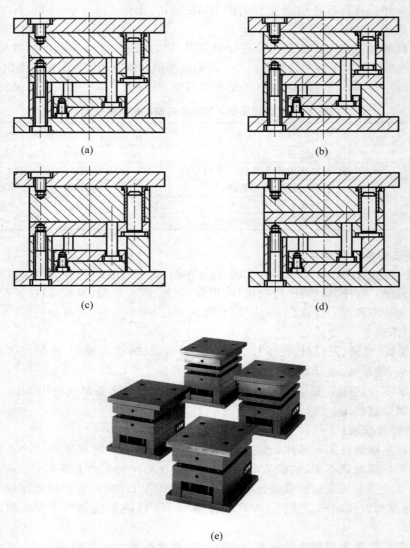

图 4-10　直浇口模架基本型的形式
(a) A 型;(b) B 型;(c) C 型;(d) D 型;(e) 直浇口基本型模架三维图

（1）Ａ 型，定模和动模均采用两块模板，推杆推出机构。

（2）Ｂ 型，定模和动模均两块模板，推件板推出机构。

（3）Ｃ 型，定模两块模板，动模一块模板，即动模部分没有支承板，推杆推出机构。

（4）Ｄ 型，定模两块模板，动模一块模板，推件板推出机构。

3. 龙记模架标准

目前我国应用最广泛的模架是龙记模架，龙记模架总部在香港地区，我国内地很多地方都有其生产厂家。龙记模架标准与国家标准基本一致，只是在型号命名及品种分类上有些不同。龙记模架将浇口称为水口，按水口形式将模架分为大水口模架、细水口模架和简化细水口模架三大类。

大水口模架适用于两板式模具，细水口和简化细水口模架适用于三板式模具。大水口模架的类型用两个字母来表示，第一个字母为 Ａ、Ｂ、Ｃ、Ｄ，其含义与直浇口模架基本型的含义类似；第二个字母为 Ｉ、Ｈ 和 Ｔ，分别表示工字型、直身型和直身加面板型。

细水口模架和简化细水口模架用三个字母来表示，其第二和第三个字母与大水口模架基本一致，不同之处在于简化细水口模架没有推件板，因此第二个字母无 Ｂ 和 Ｄ；第一个字母细水口模架为 Ｄ 和 Ｅ，简化细水口模具为 Ｆ 和 Ｇ，其中的 Ｄ 和 Ｆ 表示有水口推板，Ｅ 和 Ｆ 表示无水口推板。

具体参照龙记模架相关标准。

4.3　模具与注射机的关系

模具都必须安装在与其相适应的注射机上才能进行生产。因此模具设计时，必须熟悉所选注射机的技术规范，并对相关参数进行校核，判断模具能否在所选注射机上使用。

4.3.1　注射机的基本结构与技术参数

注射机是进行注塑加工的主要设备，也是应用最广的塑料成型设备。

1. 注射机的结构组成

注射机（注射成型机）通常由注射装置、锁（合）模装置、液压传动系统和电气控制系统等组成，如图 4-11 所示。注射模安装在注射机的动模板（动模固定板）和定模板（定模固定板）上，注射成型时，由锁模装置带动注射模合模并锁紧。塑料在料筒内加热塑化，由注射装置将塑料熔体注入型腔内，熔体冷却固化后由锁模装置开模，由注射机推出装置将塑件推出。

（1）注射装置是注射机的主要部分，将颗粒状或粉状的固体塑料原料均匀塑化成熔融状态，并以适当的速度和压力将一定量的塑料熔体注射进模具型腔。

注射装置主要由塑化部件 8、料斗 9、注射和移动液压缸 11、计量和传动装置 10 等组成。其中塑化部件是主要部分，由螺杆（柱塞）、料筒、加热器和喷嘴组成。

（2）锁模装置，也称合模装置。主要作用是：实现模具可靠地开合，提供必要的行程；在注射和保压时，提供足够的锁模力；提供推出塑件的推出力和相应的行程。

锁模装置主要由定模固定板 6、动模固定板 3、拉杆 5、锁模液压缸 1、锁模机构 2、塑件推

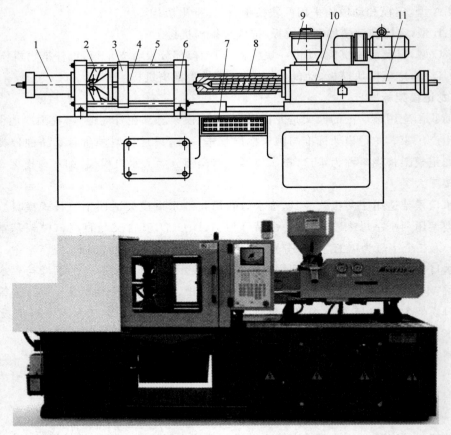

图 4-11 卧式螺杆注射机

1—锁模液压缸;2—锁模机构;3—动模固定板;4—塑件推出装置;5—拉杆;6—定模固定板;
7—控制台;8—塑化部件;9—料斗;10—计量和传动装置;11—注射和移动液压缸

出装置 4 和模具调整装置等组成。

常用的锁模装置有液压-机械式和全液压式。

(3) 液压传动和电气控制系统:保证注射机按塑化、注射、固化成型各个工艺过程的预定要求(如温度、压力、速度、时间等)和动作程序准确有效地工作。液压传动系统主要由各个液压油缸、管道、各类阀件和其他液压元件组成,是注射机的动力和传动系统,而电气控制系统是各个动力液压缸完成闭合、开启、注射和推出等动作的控制系统。

2. 注射机的分类

注射机发展很快,类型不断增加,分类方法各异。最常见的是按注射机外形特征分类,即按注射装置和锁模装置的排列方式分类,可分为卧式注射机、立式注射机和角式注射机等几种。

(1) 卧式注射机。卧式注射机是使用最广泛的注射成型设备,对大、中、小型模具都适用。它的注射螺杆(柱塞)的轴线与锁模装置轴线在一条直线上(或相互平行),并且沿水平方向装设,如图 4-11 所示。卧式注射机的注射装置和定模板设置在一侧,锁模装置、动模板和推出装置设置在另一侧。卧式注射机的优点是机器重心低,比较稳定,便于操作和维修,塑件推出模具后可利用其自重自动落下,容易实现自动化操作。卧式注射机的主要缺点是模具安装比较麻烦,嵌件放入动模部分后应采用弹性装置将其卡紧,否则可能倾斜或落下,机床占地面积较大。

(2)立式注射机。立式注射机的注射装置与锁模装置垂直安装且在一条直线上,注射装置和定模板设置在上部,锁模装置、动模板和推出装置设置在下部,如图 4-12(a)所示。立式注射机的优点是占地面积小,模具装卸方便,在动模(下模)安放嵌件时,嵌件不易倾斜或坠落;缺点是塑件顶出后不能靠自重落下,需人工取出,不易实现全自动操作,机身重心较高,机器稳定性较差。立式注射机多为注射量在 60cm³ 以下的小型注塑机。

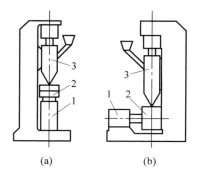

图 4-12　立式和角式注射机示意图
(a) 立式注射机;(b) 角式注射机
1—合模装置;2—模具;3—注射装置

(3)角式注射机。角式注射机的注射装置直立布置,锁模装置、推出机构和动、定模板水平布置,两者成直角,如图 4-12(b)所示。角式注射机适用于中心部分不允许留有浇口痕迹的塑件;主要缺点是由于锁模机构是纯机械传动,无法准确可靠地注射和保持压力及锁模力,模具受冲击和振动较大。只适用于小注射量的场合,注射量一般为 20~45cm³。

3. 国产注射机的型号规格和主要技术参数

注射机型号规格的表示方法目前各国不尽相同,国内也不统一。注射机型号表示注射机的加工能力,而反映注射机加工能力的主要参数是公称注射量和锁模力,所以主要用注射量、锁模力、注射量和锁模力同时表示三种方法来表示注射机的型号。

注射量表示法用注射容量(单位:cm³)表示注射机的规格,能直观表达注射机成型塑件的范围。我国早期的注射机多采用注射量表示法,如 XS-ZY-125,XS 表示塑料成型机械,Z表示注射成型,Y 表示螺杆式(无 Y 则表示柱塞式),125 表示公称注射容积为 125cm³。常用的注射机型号有:XS-Z-30、XS-Z-60、XS-ZY-125、XS-ZY-500、XS-ZY-1000 等。图 4-13所示为国产 XS-ZY-125 注射机锁模部分。

目前国内大多数注射机生产厂商习惯于用锁模力来表示注射机的型号,能直接反映注射塑件的最大投影面积,如 HTL1000,HTL 表示生产厂家海太塑料机械有限公司,1000 表示其锁模力为 1000×10kN;LY180,LY 为利源机械有限公司的缩写,180 表示锁模力为180×10kN。

国际惯用的注射机型号表示法为注射量与锁模力合在一起,注射量为分子、锁模力为分母。如 SZ-63/50 型注射机,S 表示塑料机械,Z 表示注射机,公称注射量为 63cm³,锁模力为50×10kN。

注塑机的技术参数是注射机设计、制造、选择与使用的基本依据,也是模具设计、制造的基础,注射机应标注有较为完整的技术参数。注射机的主要技术参数应该包括注射、合模和综合性能三个方面,如公称注射量、锁模力、注射压力、螺杆直径及长径比、注射行程、注射速度、开模行程、模板尺寸、脱模行程、脱模力等。表 4-5 为部分国产 SZ 系列注射机主要技术参数,SZ 系列型号表示为注射量与锁模力表示法。

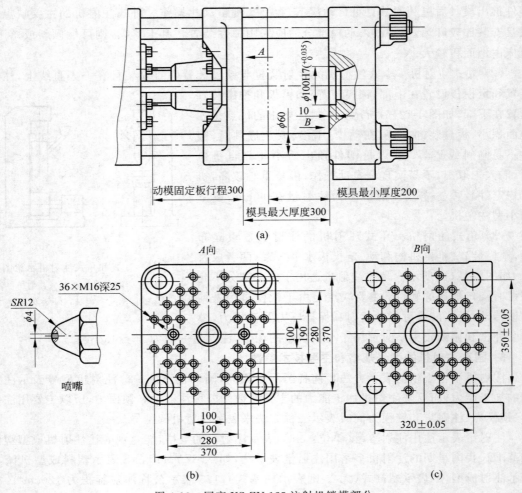

图 4-13　国产 XS-ZY-125 注射机锁模部分
(a) 锁模部分；(b) 动模固定板；(c) 定模固定板

4.3.2　注射机有关工艺参数的校核

注射模具安装在相应的注射机上，因此设计模具时应该详细了解注射机的技术规范，并对有关参数进行校核，这样所设计的注射模才能与选用的注射机相适应。

1. 最大注射量的校核

注射机的理论(最大)注射量指在对空注射条件下，注射螺杆或柱塞做一次最大行程时，注射装置所能达到的最大注射量。注射量标志了注射机的注射能力，反映了注射机能生产塑件的最大体积，是注射机最重要的性能参数之一。因为理论注射量为螺杆或柱塞最大注射行程时对应的注射量，条件为对空注射，而实际注射时，流动阻力增加，加大了螺杆逆流量，再考虑安全系数，实际注射量有所降低，一般为理论注射量的 70%～90%。

国家标准《橡胶塑料机械产品型号编制方法》(GB/T 12783—2000)中规定，理论注射量的大小用物料熔融状态时的容积(cm^3)或质量(g)来表示。目前，国内和世界各国用容积(cm^3)标注方式较多，因为物料容积与物料熔融状态的密度无关，所以适合于任何塑料的计量。

表 4-5　部分国产 SZ 系列注射机的主要技术参数

型号　　　　项目	SZ-25 /20	SZ-60 /40	SZ-100 /60	SZ-100 /80	SZ-160 /100	SZ-200 /120	SZ-250 /120	SZ-300 /160	SZ-500 /200	SZ-630 /220	SZ-1000 /300	SZ-2500 /500	SZ-4000 /800	SZ-6300 /1000	SZ-10000 /1600
螺杆直径/mm	25	30	35	35	40	42	45	45	55	60	70	90	110	130	150
理论注射量/cm³	25	60	100	100	160	200	250	300	500	630	1000	2500	4000	6300	10 000
注射压力/MPa	200	180	150	170	150	150	150	150	150	147	150	150	150	140	140
注射速率/(g/s)	35	70	85	95	105	120	135	145	173	245	325	570	770	1070	1130
塑化能力/(kg/h)	13	35	40	40	45	70	75	82	110	130	180	245	325	430	535
锁模力/kN	200	400	600	800	1000	1200	1200	1600	2000	2200	3000	5000	8000	10 000	16 000
拉杆间距(H×V)/(mm×mm)	242×187	220×300	320×320	320×320	345×345	355×385	400×400	450×450	570×570	540×440	760×700	900×830	1120×1200	1100×1180	1300×1300
模板行程/mm	210	250	300	305	325	305	320	380	500	500	650	850	1200	1200	1500
模具最小厚度/mm	110	150	170	170	200	230	220	250	280	200	340	400	600	600	750
模具最大厚度/mm	220	250	300	300	300	400	380	450	500	500	650	750	1100	1100	1500
定位孔直径/mm	55	80	125	100	100	125	110	160	160	160	250	250	250	250	250
定位孔深度/mm	10	10	10	10	10	15	15	20	25	30	40	50	50	50	50
喷嘴伸出量/mm	20	20	20	20	20	20	20	20	30	30	30	50	50	50	50
喷嘴球半径/mm	10	10	10	10	15	15	15	20	20	20	20	35	35	35	35
顶出行程/mm	55	70	80	80	100	90	90	90	90	128	140	165	200	300	360
顶出力/kN	6.7	12	15	15	15	22	28	33	53	60	70	110	280	280	300
机器质量/t	2.7	3	208	305	4	403	5	6	8	9	15	29	65	70	78
外形尺寸(L×W×H)/(m×m×m)	2.1× 1.2× 1.4	4.0× 1.4× 1.6	3.9× 1.3× 1.8	4.2× 1.5× 1.7	4.4× 1.5× 1.8	4.0× 1.4× 1.9	5.1× 1.3× 1.8	4.6× 1.7× 2.0	5.6× 1.9× 2.0	6.0× 1.5× 2.2	6.7× 1.9× 2.3	10.0× 2.7× 2.3	12× 2.8× 3.8	12× 2.8× 3.8	12.6× 4.05× 3.9

注：① $H×V$ 中，H 表示水平间距，V 表示垂直间距；② $L×W×H$ 中，L、W、H 分别表示长、宽、高。

设计模具时,注射成型所需的总注射量应小于所选注射机的最大(公称)注射量,所以:

$$n \times V_1 + V_2 \leqslant K \times V \tag{4-1}$$

式中：n——型腔数目；

　　V_1——单个塑件的体积,cm^3；

　　V_2——浇注系统凝料的体积,cm^3；

　　V——注射机最大注射量,cm^3；

　　K——注射机最大注射量的利用系数,可取 0.7～0.9。

实际注射时,为了保证塑件质量,充分发挥设备的利用率,降低塑件的生产成本,注射模一次成型的塑料体积(塑件和流道凝料体积之和)应在理论注射量的 40%～80% 范围内,最小应不小于 10%。

一般只需对最大注射量进行校核,但当注射热敏性塑料时,还需校核最小注射量,因为一次注射量太小,塑料在料筒中停留时间过长,会导致塑料高温分解,降低塑件的质量和性能。最小注射量应大于公称注射量的 20%。

2. 锁(合)模力的校核

额定锁模力指注射机锁模机构施于模具上的最大夹紧力,单位为 kN,是注射机最重要的性能参数之一。注射时高压塑料熔体充满型腔时,存在较大的压力,会产生使模具从分型面分开的胀模力。为了平衡塑料熔体的胀模力,锁紧模具,保证塑件的质量,注射机必须提供足够的锁模力。

胀模力等于塑件和浇注系统在分型面上的总投影面积乘以型腔压力,它应小于注射机的额定锁模力,才能使注射时不发生溢料和胀模现象,如图 4-14 所示,即：

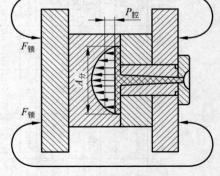

$$P_{腔} A_{分} / 1000 \leqslant F_{锁} \tag{4-2}$$

式中：$F_{锁}$——注射机的额定锁模力,kN,一般标示在注射机铭牌上或使用指南中；

　　$A_{分}$——塑件和浇注系统在模具分型面上的总投影面积,mm^2；

图 4-14　锁模力计算图

　　$P_{腔}$——型腔内塑料熔体的平均压力,MPa。

锁模力不够会使塑件产生飞边,不能成型薄壁塑件；锁模力过大,又易损坏模具。

3. 注射压力的校核

注射机的注射压力必须大于塑件成型所需的注射压力。塑件成型所需的注射压力是由塑料流动性,塑件大、小形状,注射机类型,喷嘴形式以及浇注系统的压力等因素所决定的。流动性差的塑料或者细薄、流程长的塑件,注射压力应取得大一些；螺杆式注射机注塑压力传递比柱塞式好,注射压力可取得小一些。根据经验,成型所需注射压力大致如下：

(1) 塑料熔体流动性好,塑件形状简单,壁厚,注射压力可以小于 70MPa；

(2) 塑料熔体流动性较好,塑件形状复杂度一般,精度要求一般,压力可取 70～100MPa；

(3) 塑料熔体中等黏度,塑件形状复杂度一般,有一定精度要求,可取 100～140MPa；

(4) 塑料熔体具有较高黏度,塑件壁薄、尺寸大,或壁厚不均匀,尺寸精度要求严格,可

取 $140\sim180\rm{MPa}$。

4. 安装部分尺寸的校核

模具的动模部分安装在注射机的动模板上，定模部分安装在注射机的定模板上，必须使模具的有关安装尺寸与注射机相匹配。而安装部分与注射机的锁模装置和喷嘴有关。国产 XS-ZY-125 注射机锁模部分如图 4-13 所示。

锁模装置的基本参数包括：动、定模固定板尺寸 $(B\times H)$，拉杆间距 $(B_0\times H_0)$，模具厚度 $H_{\rm m}$，动、定模固定板最大开距 $S_{\rm k}$ 和开模行程（动模固定板行程）S 等，如图 4-15 所示。这些参数决定了模具的安装尺寸和开模行程，也决定了所能加工塑件的平面尺寸。动、定模固定板尺寸 $B\times H$ 指固定板的长度和宽度；拉杆间距 $B_0\times H_0$ 指固定板上拉杆孔在长和宽方向的间距；动、定模固定板间最大开距 $S_{\rm k}$ 指动、定模固定板之间所能达到的最大距离；开模行程 S 指动模固定板能移动的最大距离。开模行程 S 或最大开距 $S_{\rm k}$ 应能保证开模后方便地取出塑件和浇注系统凝料，保证方便地安放嵌件。对液压机械式锁模装置，开模行程 S 是定值，对全液压式锁模装置，最大开距 $S_{\rm k}$ 是定值，S 随模具厚度 $H_{\rm m}$ 的不同而不同。

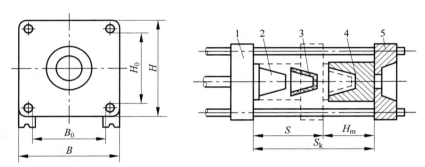

图 4-15 锁模装置的基本参数

1—动模固定板；2—动模；3—塑件；4—定模；5—定模固定板

安装部分需要校核的主要尺寸如下所述。

（1）模具浇口套与注射机喷嘴的尺寸校核。如图 4-16 所示，模具浇口套（主流道衬套）始端凹坑的球面半径 r_1 应比注射机喷嘴头部的凸球面半径 r 略大，一般 $r_1=r+(1\sim2)\rm{mm}$，否则主流道凝料没法脱出。主流道始端直径 d_1 应比喷嘴孔直径 d 略大，通常 $d_1=d+(0.5\sim1)\rm{mm}$，以利于塑料熔体顺利注入模具。

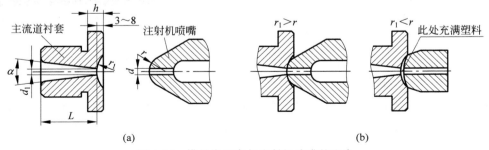

图 4-16 模具浇口套与注射机喷嘴的配合

（2）模具定位圈与注射机定位孔的尺寸校核。注射机定模固定板台面的中心有一个规定尺寸的孔，称为定位孔，如图 4-13 所示。模具定模板上设计有凸出的与主流道同心的定位圈,如图 4-3 中定位圈 6。为了使模具在注射机上安装准确、可靠,应使主流道的中心线与喷嘴的中心线重合,定位圈与定位孔之间取较松的间隙配合,通常为 H9/f9。另外,定位圈高度应小于定位孔深度。

(3) 模具的厚度和外形尺寸校核。各种规格的注射机对安装模具的最大和最小厚度均有限制,参考表 4-5。模具厚度(闭合高度)必须在最大厚度和最小厚度之间,即:

$$H_{min} \leqslant H_m \leqslant H_{max} \tag{4-3}$$

式中:H_m——模具厚度,mm;

H_{min}——注射机允许的模具最小厚度,mm;

H_{max}——注射机允许的模具最大厚度,mm。

模具通常从注射机上方直接吊装进动、定模板的 4 根拉杆之间(有的小型注射机只有两根拉杆)进行安装,模具的外形尺寸应使模具能顺利吊入,如图 4-17 所示。模具长度和宽度必须在 4 根拉杆之间,高度可略高于拉杆。小型模具有时也可以先吊到侧面,再由侧面推入拉杆之间进行安装,此时模具高度和长度必须在 4 根拉杆之间,宽度可略大。

(4) 螺孔尺寸校核。注射机的动、定模固定板台面上有许多不同间距的螺钉孔,用于安装固定模具,参考图 4-13 所示。模具安装固定有两种方法:中小型模具一般采用压板螺钉固定,如图 4-18(a)和(c)所示;大型模具多用螺钉直接固定,如图 4-18(b)所示。用压板固定时,只要注射机固定板上在模具的动、定模座板

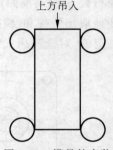

上方吊入

图 4-17　模具的安装

附近有装模螺钉孔就行,有较大的灵活性。而用螺钉固定时,模具动模座板和定模座板上必须设置安装孔,同时还要与注射机动模固定板和定模固定板上装模用螺钉孔的大小和位置完全吻合。螺钉或压板数目最常见的为动模部分和定模部分各 4 个。

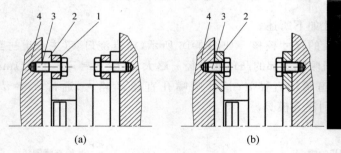

图 4-18　模具安装方式

1—压板;2—动模座板;3—螺钉;4—注射机移动模板

5. 开模行程的校核

各种规格的注射机都规定有最大开模行程,取出塑件所需要的开模距离必须小于注射机的最大开模行程,否则塑件不能取出。由于注射机的锁模机构不同,开模行程可按下面三种情况校核:

(1) 注射机最大开模行程与模具厚度无关时。这种情况主要指锁模机构为液压机械式的注射机,其最大开模行程 S 不受模具厚度 H_m 的影响,而是由连杆机构的最大行程来决定。对于单分型面注射模,如图 4-19 所示,由式(4-4)校核:

$$S \geqslant H_1 + H_2 + (5\sim10)\text{mm} \tag{4-4}$$

式中：H_1——塑件脱模距离，mm，一般为型芯的高度；

　　　　H_2——包括浇注系统在内的塑件高度，mm；

　　　　S——注射机最大开模行程，mm，注射机技术参数。

对于双分型面注射模，如图 4-20 所示，按式（4-5）校核：

$$S \geqslant H_1 + H_2 + a + (5\sim10)\text{mm} \tag{4-5}$$

式中：a——开模后定模板与中间板之间的距离，应满足浇注系统凝料的取出要求。

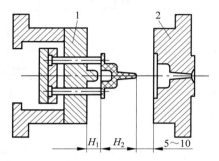 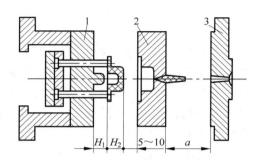

图 4-19　单分型面开模行程的校核　　　　　图 4-20　双分型面开模行程的校核

1—动模；2—定模　　　　　　　　　　1—动模；2—中间板（型腔板）；3—定模

（2）注射机最大开模行程与模具厚度有关时。这种情况是指全液压式锁模机构的卧式注射机和机械锁模机构的角式注射机，注射机最大行程等于其动、定模板之间的最大开距 S_k 减去模厚 H_m。对于单分型面，如图 4-21 所示，按式（4-6）校核：

$$S_k - H_m \geqslant H_1 + H_2 + (5\sim10)\text{mm} \tag{4-6}$$

对于双分型面，按式（4-7）校核：

$$S_k - H_m \geqslant H_1 + H_2 + a + (5\sim10)\text{mm} \tag{4-7}$$

即用 $S_k - H_m$ 代替上述公式中的 S 进行校核。

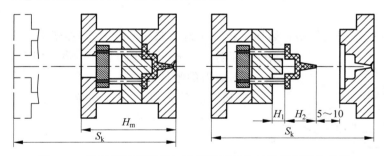

图 4-21　注射机开模行程与模具厚度有关时开模行程的校核

（3）带侧向抽芯机构时。当模具的侧向抽芯动作是利用注射机的开模动作完成时，如斜导柱抽芯机构，必须考虑侧向抽芯对开模行程的要求。如图 4-22 所示的斜导柱抽芯机构，设为完成侧向抽芯距离 S_c 所需的开模行程为 H_c，若 $H_c \leqslant H_1 + H_2$，H_c 对开模行程没有影响；若 $H_c \geqslant H_1 + H_2$，开模行程应按式（4-8）校核：

$$S \geqslant H_c + (5\sim10)\text{mm} \tag{4-8}$$

即用 H_c 代替前述公式中的 $H_1 + H_2$ 进行校核。

上式中,如斜导柱的倾角为 α,则 $H_c = S_c/\tan\alpha$。

6. 推出机构的校核

各种型号的注射机的推出机构、推出形式和推出行程等也各不相同,设计的模具应与之相适应。从模具设计的角度考虑,国产注射机锁模装置的推出(脱模)装置大致可分为以下几类:

(1) 中心顶杆推出;

(2) 两侧双顶杆(四顶杆)推出;

(3) 中心顶杆与两侧顶杆联合推出。

在以中心顶杆推出的注射机上使用的模具,应对称地固定在注射机动模固定板中心位置上,以便注射机的顶杆顶在模具推板的中心位置上;而在以两侧顶杆推出的注射机上使用的模具,推板长度应足够长,以便注射机的顶杆能顶到模具的推板上。

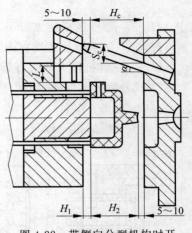

图 4-22　带侧向分型机构时开模行程的校核

模具动模座板上的顶杆孔的位置和大小应该与注射机顶杆相对应,以便注射机顶杆能穿过模具动模座板顶到推板上。注射机推出装置的顶出行程和顶出力应满足模具推出塑件的需要,即顶出行程要大于塑件脱模距离 H_1,顶出力要大于塑件的脱模力。塑件脱模距离和脱模力的计算见 4.7 节。

4.4　普通浇注系统设计

4.4.1　浇注系统的组成及设计要求

浇注系统是指在模具中,从注射机喷嘴进入模具处开始到型腔为止的塑料熔体流动通道,分为普通浇注系统和无流道凝料浇注系统。本节介绍普通浇注系统。无流道凝料浇注系统参见第 5 章。

浇注系统的作用是使塑料熔体平稳有序地填充到型腔中,并在塑料填充和凝固的过程中,把注射压力充分传递到型腔的各个部位,以获得组织致密、外形清晰的塑件。

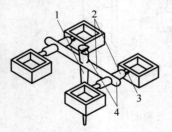

图 4-23

普通浇注系统(下称浇注系统)一般由主流道、分流道、浇口和冷料穴四部分组成,如图 4-23 所示。单型腔模具有时可省去分流道和冷料穴,只有圆锥形的主流道通过浇口和塑件相连。

图 4-23　普通浇注系统的组成
1—主流道;2—分流道;
3—浇口;4—冷料穴

浇注系统的设计非常重要,设计合理与否对塑件的内在性能质量、尺寸精度、外观质量以及模具结构、成型效率、塑料利用率等都有较大影响。对浇注系统进行设计时,一般应遵循以下基本原则。

(1) 适应塑料的成型工艺性能。了解塑料的成型工艺性能,如塑料熔体的流动特性,温度、剪切速度对黏度的影响,型腔内的压力周期等,使浇注系统适应于所用塑料的成型特性要求。

（2）结合型腔布局考虑。尽可能保证在同一时间内塑料熔体充满各型腔，为此，尽量采用平衡式布局，以便设置平衡式分流道；型腔布置和浇口开设部位力求沿模具轴线对称，以防止模具承受偏载而产生溢料现象；尽量使型腔及浇注系统在分型面上投影的中心与注射机锁模机构的锁模力作用中心相重合，以使锁模可靠、锁模机构受力均匀；型腔排列尽可能紧凑，以减小模具外形尺寸。

（3）热量及压力损失要小。应该尽量缩短浇注系统的流程，特别是对于较大的模具型腔，尽量减少弯折，控制表面粗糙度。

（4）有利于型腔中气体的排出。浇注系统应能顺利地引导塑料熔体充满型腔的各个角落，使型腔及浇注系统中的气体有序排出，保证充填过程中不产生紊流，避免因气体积存而引起凹陷、气泡、烧焦等塑件成型缺陷。

（5）防止塑件出现缺陷。避免熔体出现填充不足或塑件出现气孔、缩孔、残余应力、翘曲变形或尺寸偏差太大；避免塑料熔体直接冲击细小型芯和嵌件，防止熔体冲击力使细小型芯变形、使嵌件位移。

（6）保证塑件外观质量。根据塑件大小、形状及技术要求，尽量使浇注系统凝料与塑件容易分离，浇口痕迹易于清除修整，无损塑件的美观和使用。

（7）降低成本，提高生产效率。在满足各型腔充满的前提下，尽可能减小浇注系统的容积，以减少塑料的消耗；尽可能使塑件不进行或少进行后加工，以缩短成型周期，提高生产效率。

4.4.2　主流道设计

主流道是浇注系统中从注射机喷嘴与模具浇口套接触处开始，到分流道为止的一段塑料熔体的流动通道。主流道一般位于模具中心线上，和注射机喷嘴中心线重合，是熔体最先流经模具的部分，但是成型尺寸相差较大的多个塑件的一模多腔模具，主流道通常不在模具中心线上。在卧式或立式注射机用模具中，主流道中心线垂直于分型面。主流道设计时应注意如下事项。

（1）主流道工作时，与热的注射机喷嘴接触，并与一定温度和压力的塑料熔体反复接触，冷热交替，属易损件，对材料要求较高，所以主流道一般单独设计成可拆卸更换的浇口套（也称主流道衬套），固定在定模座板和定模板上，如图 4-24 所示。一般采用碳素工具钢（如 T8A、T10A 等）材料制造，热处理淬火硬度 53～57HRC。要求不高时也可采用 45 号钢。

（2）为便于主流道凝料顺利拔出和塑料熔体的顺利流入，主流道通常设计成圆锥形，锥角 α 为 $2°～6°$，表面粗糙度 $Ra \leqslant 0.8\mu m$。主流道衬套内壁抛光应沿轴向，若沿圆周进行抛光，产生周向凹凸面，主流道凝料便难以拔出。

（3）主流道的尺寸直接影响塑料熔体的流动速度和充模时间，甚至塑件的内在质量。主流道与喷嘴接触处一般做成凹球形，主流道凹球与喷嘴凸球应严密贴合，如图 4-16 所示。主流道凹球半径 $r_1 =$ 喷嘴凸球半径 $r + (1～2)mm$，凹球深度为 $3～5mm$，主流道小端直径 $d_1 =$ 喷嘴直径 $d + (0.5～1)mm$，大端直径 $d_2 = d_1 + 2L\tan\dfrac{\alpha}{2}$，而主流道长度 L 由定模座板和定模板厚度确定。

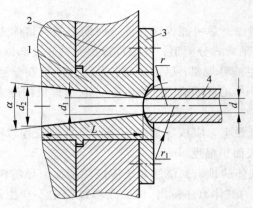

图 4-24　主流道的安装及尺寸

1—浇口套；2—定模座板；3—定位圈；4—注射机喷嘴

浇口套的固定形式如图 4-25 所示。图(a)所示为将主流道浇口套和定位圈设计成整体式，一般用于小型模具；图(b)和(c)主流道浇口套和定位圈设计成两个零件，以台阶的形式配合固定在定模座板和定模板上。浇口套与定模底板间采用 H7/m6 的过渡配合，与定位圈采用 H9/f9 的间隙配合。定位圈与注射机固定模板的定位孔相配合，用于模具与注射机的安装定位。定位圈外径由注射机定位孔直径确定。浇口套(定位圈)可由 M6～M8 的螺钉固定在模具定模座板上，定位圈也可直接套在浇口套上。

国家标准中浇口套的形式为图 4-25(b)和(c)所示，其中图(b)中的浇口套为 A 型，图(c)中的浇口套为 B 型。

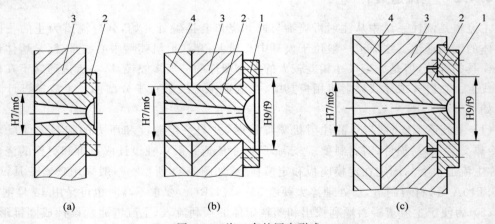

图 4-25　浇口套的固定形式

1—定位圈；2—浇口套；3—定模座板；4—定模板

4.4.3　冷料穴和拉料杆的设计

冷料穴又称冷料井。注射机喷嘴出来的高温熔料，与冷的模具接触降温，致使料流前端存有一段低温料，如果这些"冷料"进入型腔，即会影响熔体充填速度，也会影响成型塑件的质量，所以需要设置容纳冷料的冷料穴(又称冷料井)。

主流道冷料穴开设在主流道对面的动模板上，冷料穴直径与主流道大端直径相同或略大些,深度为直径的 1~1.5 倍,其体积要大于冷料的体积。但是,点浇口三板式模具的浇注系统,在主流道末端是不允许设置拉料杆的,否则定模部分不能分型,模具将无法工作。形成主流道冷料穴底部的零件称为拉料杆,冷料穴与拉料杆配合作用,具有开模时从主流道衬套中拉出流道凝料、脱模时推出流道凝料的作用。

如果分流道较长,也需要设置冷料穴,可将分流道末端沿料流方向延长作为冷料穴,以容纳前锋冷料,其长度为分流道直径的 1.5~2 倍,如图 4-23 所示。

常见的构成主流道冷料穴底部的拉料杆有以下两类形式。

(1) 推杆形式的拉料杆。如图 4-26 所示,冷料穴底部由一根推杆形式的拉料杆组成,拉料杆和推杆一起固定在推杆固定板上,其装配形式如图 4-3 所示。其中最常见的是带 Z 形头拉料钩的拉料杆,如图 4-26(a)所示。拉料杆头部的 Z 形钩可以将主流道凝料钩住,开模时即可将凝料从主流道中拉出,脱模时,脱模机构带动拉料杆将流道凝料随塑件一起推出模外,但由于 Z 形钩的方向性,塑件和凝料不能自动脱落,需人工沿拉料钩的侧向稍许移动取出,所以不宜用在全自动注射模上。这种拉料杆可以与推杆或推管等脱模机构同时使用,并且与推杆或推管同步,其顶部到主流道的底部一段空间兼有冷料穴的作用。

同类型的还有倒锥形冷料穴(见图 4-26(b))和圆环槽冷料穴(见图 4-26(c))。这两种形式的拉料杆与 Z 形固定形式相同,均固定在推杆固定板上,只是其头部是平的,开模时靠冷料穴的倒锥或圆环槽内的凝料将流道凝料拉出,脱模时随脱模机构利用拉料杆强制推出流道凝料。这两种形式适用于弹性较好的塑料,由于取凝料时无需做侧向移动,容易实现自动脱模。

有时因为塑件形状的限制,脱模时塑件无法左右移动,不宜采用 Z 形头拉料钩,而应采用倒锥形或圆环槽冷料穴。

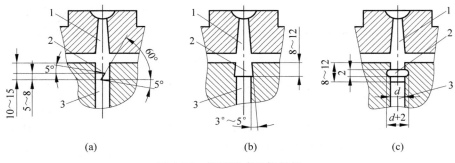

图 4-26　推杆形式的拉料杆
1—主流道;2—冷料穴;3—拉料杆

(2) 推件板脱模的拉料杆。如图 4-27 所示,这种形式拉料杆只用于塑件以推件板脱模的模具中。拉料杆固定于动模部分的型芯固定板(动模板)上,因此不随脱模机构运动。塑料进入冷料穴后,紧包在拉料杆球形头的侧凹内,开模时可将流道凝料拉出,脱模时由于脱模机构与型芯固定板的相对运动,推件板在推出塑件的同时将流道凝料从拉料杆上强制脱出。

同类型的还有图 4-27(b)所示菌形头和图 4-27(c)所示圆锥形头。圆锥形头拉料杆没有储存冷料的作用,它仅靠塑料收缩的包紧力拉出主流道凝料,故可靠性不佳,可采用较小的锥度、增加锥面粗糙度或在锥面上开环形槽来予以改善。尖锥的分流作用较好,常用在单型腔成型带中心孔的塑件中,如塑料齿轮。

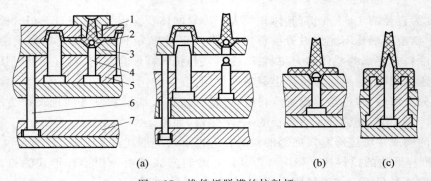

图 4-27　推件板脱模的拉料杆

1—主流道；2—冷料穴；3—推件板；4—拉料杆；5—型芯固定板；6—推杆；7—推杆固定板

4.4.4　分流道设计

分流道是主流道和浇口之间的塑料熔体流动通道，在多型腔或单型腔多浇口时设置。分流道的作用是改变塑料熔体的流向和截面积，使塑料熔体以平稳的流态均衡分配到各个型腔，并充满型腔。为便于机械加工及凝料脱模，分流道大多设置在分型面上。

1. 分流道的截面形状

常用的分流道截面形状有圆形、正六边形、梯形、U形和半圆形等，如图 4-28 所示。分流道截面的形状应考虑压力和热量损失较少、易于加工两个方面。

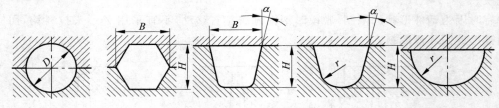

图 4-28　常用的分流道截面形状

要减少压力损失，则希望流道截面面积大，要减少热量损失，则希望流道表面积小，因此可用流道截面面积与截面周长之比来表示流道的效率。对于除了圆形截面以外的其他截面形状，可令其流道效率与圆形截面分流道效率($0.25D$)相等，求得相应的尺寸，即等效尺寸。不同截面形状分流道的性能和等效尺寸如表 4-6 所示。

表 4-6　不同截面形状分流道的性能及其等效尺寸

名　称		圆形	正六边形	U形	梯　形	半圆形
使截面均为 πR^2 时应取的尺寸		$D=2R$	$H=0.953D$ $B=1.1D$	$r=0.459D$ $H=0.918D$	$H=0.76D$ $B=1.14D$	$r=1.414R$
效率($P=$ S/L)	通用表达式	$0.25D$	$0.217B$	$0.25H$	$0.287H$	$0.153d$
	使 $S=\pi R^2$ 时	$0.25D$	$0.239D$	$0.230D$	$0.213D$	$0.217D$
热量损失		最小	小	较小	大	最大
加工性能		难	难	易	易	易
等效尺寸		$D=2R$	$B=1.152D$	$r=R$ $H=D$	$H=0.871D$ $B=1.307D$	$r=1.634R$ $d=1.634D$

根据表 4-6,对各种截面形状的分流道分析如下。

(1) 圆形。效率最高,热量和压力损失最少,且浇口可以开在流道中心线上。其缺点是圆形的分流道必须在两侧模板都进行加工,以前因为受模具加工设备的限制,加工成本通常较高,合模时两半圆也难以对齐。随着模具加工技术的不断发展,逐渐克服了上述困难,费用逐渐降低,故应用越来越广泛。

(2) 正六边形。圆形的变异,效率略低于圆形分流道,常用于小截面尺寸的流道。

(3) 梯形。分流道只需在一个模板上加工,加工容易,且效率较高,脱模容易,所以应用广泛。常用梯形截面具有 5°～10° 的斜度。如图 4-28 所示,梯形上底为 B,高为 H,若下底为 x,则其最佳比例为 $H/B = 0.84～0.92$,$x/B = 0.7～0.83$。

(4) U 形。梯形截面流道的变异,其优缺点与梯形截面相同,常采用。

(5) 半圆形。其效率低但加工容易。

由于塑料熔体在流道中流动时,表层冷凝冻结,起绝热作用,熔体仅在流道中心流动,因此分流道的理想状态应使其中心与浇口中心一致。圆形截面流道可以做到这一点,而梯形截面流道就很难实现,如图 4-29 所示。

当分型面为平面时,可采用圆形或六角形截面流道,最常采用圆形截面,有时也采用梯形或 U 形截面;当分型面不是平面时,为了加工方便,采用梯形或 U 形截面。

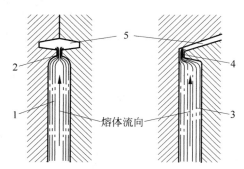

图 4-29　圆形和梯形截面流道的比较
1—圆形截面流道;2—圆形截面浇口;
3—梯形截面流道;4—矩形截面浇口;5—塑件

2. 分流道的尺寸

分流道的截面尺寸应根据塑件的成型体积、壁厚、形状,所用塑料的工艺性能、注射速率及分流道长度等因素来决定。

可以根据塑料的品种来粗略估计分流道的直径,如表 4-7 所示。

表 4-7　常用塑料的分流道直径

塑 料 品 种	分流道直径/mm	塑 料 品 种	分流道直径/mm
ABS、SAN(AS)	4.8～9.5	聚碳酸酯	4.8～9.5
聚乙烯	1.6～9.5	聚甲醛	3.5～10
聚苯乙烯	3.5～10	聚氨酯	6.4～8.0
软聚氯乙烯	3.5～10	热塑性聚酯	3.5～8.0
硬聚氯乙烯	6.5～16	聚苯醚	6.5～10
尼龙类	1.6～9.5	PMMA	8～12.5

大多数塑料所用分流道的直径在 4～8mm 之间,一般应大于壁厚。流动性极好的塑料(如聚乙烯、尼龙等),当分流道很短时,其直径可小到 2mm 左右;流动性差的塑料(如硬聚氯乙烯 HPVC、有机玻璃 PMMA 等),分流道直径可以大于 10mm。

对于壁厚小于 3mm,质量在 200g 以下的塑件,可用经验公式(4-9)确定分流道的当量直径。

$$D = 0.2654 \sqrt{m} \sqrt[4]{L} \tag{4-9}$$

式中：D——分流道的当量直径，mm；

m——塑件的质量，g；

L——分流道的长度，mm。

上式计算的分流道直径限于 3.2～9.5mm。对于 HPVC 和 PMMA，因其流动性差，则应将计算结果增加 25%。

分流道的长度一般在 8～30mm 之间，应该尽可能短，且少折弯，以减少压力损失和热量损失，但不宜小于 8mm，否则会给修剪带来困难。较长的分流道还需在末端设置冷料穴。

为了增加分流道与模具接触的外层塑料的流道阻力，以使外层塑料较好地形成绝热层，分流道内表面粗糙度 Ra 并不要求很低，一般取 1.25～2.5μm。分流道与浇口的连接处应加工成斜面，并用圆弧过渡，以利于塑料熔体的流动和填充。

3. 分流道的布置

分流道的布置取决于型腔的布置，两者应协调统一、互相制约。注塑机的料筒通常置于定模板中心轴上，由此而确定了主流道的位置，各型腔到主流道的相对位置应满足以下基本要求：

(1) 尽量保证各型腔从总压力中均等分得所需的型腔压力，同时均匀充满，并均衡补料，以保证各塑件的性能、尺寸尽可能一致；

(2) 分流道流程短，以降低废料率；

(3) 各型腔间距应满足设置冷却水道、推杆等的空间要求；

(4) 型腔和浇注系统投影面积的中心应尽量接近注射机锁模力的中心，一般与模板中心重合。

分流道和型腔的布置形式分为平衡式和非平衡式两类。

1) 平衡式布置

从主流道到各个型腔的分流道，其长度、形状和横截面尺寸都对应相等，以保证各个型腔同时均衡进料，同时充满。平衡式布置时各个浇口的尺寸也相同。

平衡式布置常见的型腔排列方式有圆形、H 形、Y 形、X 形和综合型等，如图 4-30 所示。

圆形布置是将型腔分布在以主流道为圆心的圆周处，沿圆周均匀分布，分流道将均匀辐射到型腔处，如图 4-30(a)所示。型腔对称分布，但排列不够紧凑，在同等情况下使成型区域的面积较大，加工和画线时必须采用极坐标。H 形布置是最常用的一种型腔排列方式，以 4 个型腔为一组按 H 形布置，用于型腔数目是 4 的倍数的模具。如图 4-30(b)所示，型腔数为 16 的分流道布置，排列紧凑，且型腔分布在模具 x，y 方向上，易于加工；但弯折较多，流程较长，压力损失较大。Y 形布置以 3 个型腔为一组按 Y 形布置，用于型腔数为 3 的倍数的模具，如图 4-30(c)所示，型腔数为 12 的分流道布置。X 形布置以 4 个型腔为一组，分流道呈交叉的 X 状布置，如图 4-30(d)所示。综合型分流道为 H 形、Y 形和 X 形的综合形式，图 4-30(e)所示为分流道 H 形和 X 形的综合。在实践中分流道的布置应根据情况综合考虑，灵活应用。

2) 非平衡式布置

主流道到各个型腔的分流道长度各不相同。为了使各个型腔均衡进料，各个浇口尺寸必须不同。有时同一个模具中生产不同的塑料产品，会出现不同的型腔形状和尺寸，这时需

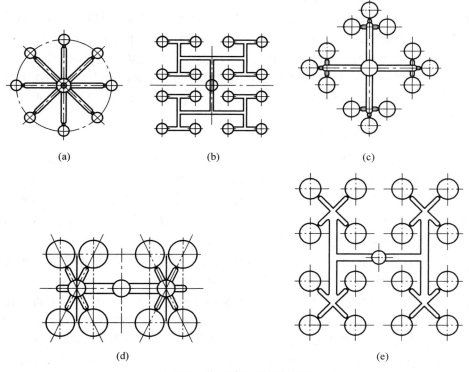

图 4-30　分流道的平衡式布置

要采取非平衡式布置,但分流道和浇口的形状和尺寸需要经过计算,以使塑料熔料尽可能同时充满型腔。

非平衡式布置主要采用 H 形、直线形布置等,也有采用圆形布置的,如图 4-31 所示。当型腔数目相同时,采用 H 形或一字形布置,可使模板尺寸减小。

与平衡式布置相比,非平衡式布置一般浇注系统凝料较少。

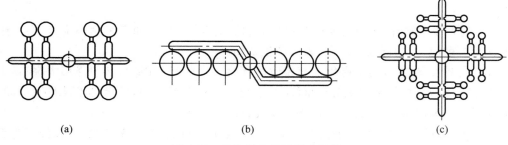

图 4-31　分流道的非平衡式布置

4.4.5　浇口设计

浇口也称进料口、水口,是连接分流道和型腔之间的一段流道,是塑料熔体进入型腔的入口,是浇注系统中最关键的部分。浇口的位置、形状、尺寸和数量,直接影响到塑料产品的尺寸精度、外观、内在和外在性能和成型效率。

浇口截面形状有矩形、圆形和狭缝形三种。矩形浇口常见的有侧浇口、轮辐式浇口；圆形浇口常见的有直接浇口、点浇口和潜伏式浇口；狭缝形浇口有扇形浇口和平缝式浇口等。

浇口按尺寸可大致分为小浇口和大浇口。小浇口又称限制性浇口，指流道与型腔之间尺寸突然缩小的阻尼式浇口，其截面积很小，浇口长度很短，对注塑成型过程能进行一定的限制和调整，所以称为限制性浇口。小浇口适用于薄壁和壁厚均匀的型腔，能有效地防止塑件变形、翘曲和裂纹等。

小浇口有如下一些特点：

(1) 小浇口截面积突然缩小，流动阻力会很大，剪切速率很高，但大多数的塑料熔体表现出明显的假塑性流体行为，表观黏度随剪切速率的增大而降低，使流动变得容易，因此，在一定范围内(浇口直径大于 0.8mm)，黏度降低可以抵消流动阻力的部分作用，使充模不因浇口缩小而发生困难。一些对剪切速率较为敏感、可以明显降低表观黏度的塑料，如聚乙烯、聚苯乙烯，采用小浇口往往比较成功。

(2) 塑料熔体通过限制性浇口时，受到较大的摩擦阻力作用，一部分能量转变为摩擦热，使塑料熔体的温度升高，从而降低表观黏度，增加流动性。

(3) 型腔充模保压结束后，熔体在浇口处能够迅速冷凝，防止型腔内没有凝固的塑料倒流出来，补料时间容易控制，可以减小由于长时间补料造成的内应力，可以缩短成型周期。

(4) 对于一模多腔或者单型腔采用多浇口的模具，由于小浇口处的阻力比流道阻力大得多，当流道内建立起足够的压力后，各型腔才以接近相同的时间进料，容易平衡各型腔的进料速度，实现各浇口的平衡进料，特别当分流道为非平衡布置时。对于单型腔多浇口的模具，可以用来控制熔接痕的位置。

(5) 浇口小便于流道凝料与塑件的分离，可以脱模时自动切断或者用手工快速切断；痕迹较小，减少了修整时间，不影响塑件外观。

大浇口适用以下的场合：

(1) 接近牛顿型的高黏度塑料熔体，其表观黏度随剪切速率的增大变化不大，必须采用大浇口。如果采用小浇口，虽然提高了剪切速率，但表观黏度却变化不大，会因阻力太大而充模困难。

(2) 成型厚壁塑件，补料需要较长时间，必须采用大浇口。如果采用小浇口，会产生较大的体积温度应力，内部发生缩孔，表面产生凹陷。

(3) 成型大型塑件，为了避免在充模阶段产生过大的流动阻力，必须采用大浇口，例如成型大型壳体、盒、桶等常用主流道型浇口，否则会延长充模时间，甚至充不满型腔而缺料。但如果成型大型薄壁塑件，往往采用多处小浇口。

(4) 热敏性塑料如果浇口小会引起温度急剧上升，可能会造成塑料分解，在浇口附近产生明显的烧焦变色痕迹，宜采用较大的浇口。

按浇口的结构形式和特点，常用的浇口形式有下面几种。

1. 点浇口

点浇口又称细水口，如图 4-32 所示，是一种截面尺寸很小的圆形浇口。若采用单点浇口，常开设在塑件中央。点浇口的优点是：开模时浇口可自动拉断，有利于自动化操作；浇口残留痕迹小，不影响塑件外观；多型腔时易取得浇注系统的平衡；浇口附近补料造成的应力小。缺点是：流动阻力大,压力损失大,需提高注射压力;为了取出流道凝料,模具必须采用双分型面三板式结构,并要采用顺序分型机构,结构复杂,但在无流道凝料模具中仍可采用二板式结构。对于投影面积大或者容易变形的塑件,应采用多点浇口,以减少翘曲变形。点浇口适用于成型表观黏度随剪切速率增大而明显降低和黏度较低的塑料熔体和薄壁塑件。

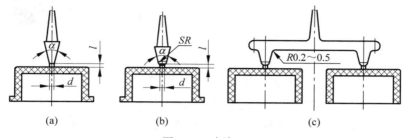

图 4-32　点浇口

图 4-32 所示为点浇口常用的形式。图 4-32(a)所示,流道圆锥形小端通过一小段截面为圆形的浇口与塑件相连,制造简单,但去除浇口时容易损伤塑件。图 4-32(b)所示,与点浇口相连的流道圆锥形小端带有圆角 R,增加了此处的截面积,减小了冷凝速度,有利于补料,但制造相对图(a)较为困难。图 4-32(c)所示为一模多腔时点浇口的形式,成型大型塑件时,点浇口也可采用该形式,一个塑件设置多个浇口同时进料,以缩短流程,降低进料速度,减少塑件翘曲变形。

点浇口的尺寸推荐取值: $d=0.5\sim1.5mm$,不超过 $2mm$; $l=0.5\sim2mm$,常取 $1.0\sim1.5mm$; $SR=1.5\sim3mm$; $\alpha=12°\sim30°$。

对于薄壁塑件,由于点浇口附近的剪切速度过高,分子高度定向而造成局部应力甚至开裂。为改善这种状况,通常将浇口处的型腔壁做成圆弧状,建议圆弧高度在 0.5mm 左右,浇口深入塑件表面 0.5mm 左右,防止浇口断裂后,高出塑件表面 0.5mm 左右,影响装配或者装配的时候会伤手,如图 4-33 所示。浇口也可做成如图 4-33 所示倒锥形。

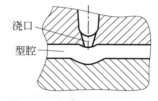

图 4-33　薄壁塑件用点浇口

2. 潜伏式浇口

潜伏式浇口又称隧道式浇口、潜水口,如图 4-34 所示。这种浇口分流道位于分型面上,浇口潜入分型面下面,沿斜向进入型腔。图 4-34(a)所示为潜伏式浇口开在定模部分,开模时即切断浇口,塑件与流道分离;图 4-34(b)和(d)所示为浇口开在动模部分,推出时切断浇口。这二者熔体通过型腔的侧面进入型腔。图 4-34(c)在推杆上设置一辅助流道(二次流道),浇口开设在推杆的上端,压力损失较大,但浇口很隐蔽,塑件外观好,在电视机外壳、汽车散热格栅等大型塑件中广为采用。

潜伏式浇口除了具有点浇口的各种特点外,进料部分一般设置在塑件的内表面或侧面隐蔽处,不影响塑件外观,而且可以采用较为简单的两板式模具。塑件和流道分别设置推出机构。由于浇口成一定角度与型腔相连,形成了能切断浇口的刃口,在开模分型或推出时浇口即被自动切断,因此分型或推出时必须具有较大的力来切断浇口,拉出斜向流道凝料。对于强韧性塑料(如 PA)或脆性塑料(如 PS),潜伏式浇口是不合适的。

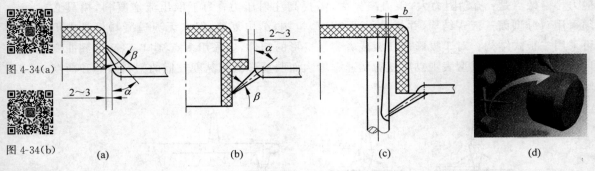

图 4-34　潜伏式浇口

同点浇口一样，潜伏式浇口一般也是圆形截面，其尺寸可参考点浇口。图 4-34 中 $\alpha =$ 45°～60°，$\beta = 10°～20°$，推杆上进料口宽度 $b = 0.8～2mm$，视塑件大小而定。

上述三种潜伏式浇口均运用了直线形隧道，生产中还经常使用"香蕉形"潜伏式浇口，是曲线形潜伏式浇口的一种特殊的形式，曲线形状似"香蕉"，如图 4-35 所示，因采用了曲线形隧道的结构形式，在应用上要比直线形潜伏浇口具有更大的灵活性。它可以直接延伸到塑件的内表面（见图 4-35（a））、内侧面（见图 4-35（b））和底面（见图 4-35（c））进行注射成型。图 4-35（a）提供了"香蕉形"潜伏式浇口的推荐尺寸。冷却定型后，其曲线形的浇口在推杆的作用下与塑件自动切断分离，然后沿其曲线方向产生一定弹性和塑性变形，最后被推杆推出模外。"香蕉形"浇口只能应用于韧性塑料。因其曲线形状，"香蕉形"浇口加工困难，通常设计成瓣合式的组合镶件结构，在瓣合镶件的配合面上加工出"香蕉形"潜伏式浇口的一半，然后将两半瓣合镶件拼在一起装配到动模型芯镶件中。

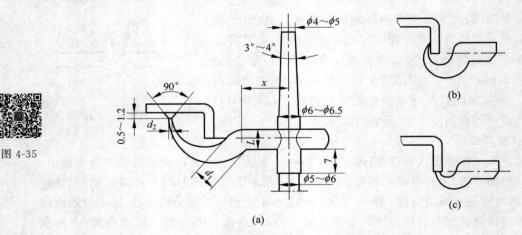

图 4-35　"香蕉形"曲线潜伏式浇口

3. 侧浇口

侧浇口又称边缘浇口、标准浇口，一般开设在分型面上，从型腔外侧或端面进料，如图 4-36 所示。侧浇口是典型的矩形截面浇口，改变浇口的宽度 b 和厚度 t 可以调整充模时塑料熔体的剪切速率和浇口封闭的时间。侧浇口可以根据塑件的形状特征选择浇口位置，加工容易，修整方便，去除浇口方便，浇口痕迹小，因此侧浇口广泛应用于中小型塑件，且适用于各种塑料,特别适用于两板式多型腔模具。缺点是塑件容易形成熔接痕、缩孔、凹陷等缺陷,注射压力损失较大,壳形塑件容易排气不良。

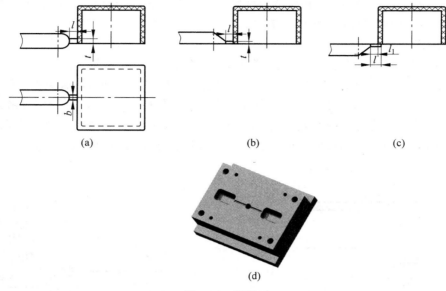

$$(a) \qquad\qquad (b) \qquad\qquad (c)$$

$$(d)$$

图 4-36　侧浇口

图 4-36 所示为侧浇口常见的几种形式。图 4-36(a)和(d)为外侧进料,圆形截面分流道,浇口中心与分流道中心基本重合,比较理想;图 4-36(b)也为外侧进料,梯形截面分流道,因分流道开设在一个模板上,浇口不在分流道中心;图 4-36(c)为端面进料,浇口搭接在塑件端面。

侧浇口宽度和深度的经验公式如下:

$$b=\frac{k}{30}\sqrt{A}, \quad t=k\delta \tag{4-10}$$

式中：b——侧浇口宽度,mm;

　　　t——侧浇口深度,mm;

　　　A——塑件外侧表面积,mm^2;

　　　δ——浇口处塑件壁厚,mm;

　　　k——塑料系数,因塑料品种的不同而不同。PS、PE 取 0.6;POM、PC、PP 取 0.7;
　　　　　　PMMA、PVAC、PA 取 0.8;RPVC 取 0.9。

中小型塑件侧浇口的典型尺寸为：宽度 $b=1.5\sim5mm$,深度 $t=0.5\sim2mm$(或取塑件壁厚的 $1/3\sim2/3$),长度 $l=0.5\sim2.0mm$。有搭接时(见图 4-36(c)),搭接部分的长度 $l-l_1=b/2+(0.6\sim0.9)mm$,此时浇口长度 l 可适当加长,取 $l=2.0\sim3.0mm$。

为适应较大尺寸的薄板状塑件成型,侧浇口有扇形浇口和平缝式浇口两种变异形式。

1) 扇形浇口

扇形浇口沿进料方向宽度逐渐增加,厚度逐渐减小,如图 4-37 所示。在与型腔接合处形成长 $l=1\sim1.3mm$、深 $t=0.25\sim1.0mm$ 的进料口,进料口的宽度 b 视塑件大小而定,一般在 6mm 至该浇口所在边型腔宽度的 $1/4$,整个扇形浇口的长度 L 在 6mm 左右。

扇形浇口使塑料熔体在宽度方向得到均匀分配,可降低塑件的内应力,排气良好,减少空气进入的可能性,能有效消除浇口附近塑件的缺陷,适用于成型宽度较大的板状塑件。但浇口去除较困难,痕迹较明显。由于浇口两侧比中心部位流动距离长,易造成中心流速高,为此可加深浇口两侧的深度,如图 4-37 中 $A—A$ 断面所示。

2) 平缝式浇口

又称为薄片式浇口,浇口厚度很小,常用来成型平板状塑件,如图 4-38 所示。宽度 b 可取塑件宽度的 $25\%\sim100\%$,厚度 t 略低于矩形侧浇口厚度的经验值,常取 $0.25\sim0.65$mm,长度 L 可取 $1\sim1.5$mm,与特别开设的平行流道相连。塑料熔体通过平行流道得到均匀分配,以较低的线速度均匀平稳地进入型腔,降低了塑件的内应力,特别是减小了因取向而产生的翘曲变形,且型腔排气良好。但这类浇口的去除比扇形浇口更加困难、浇口痕迹也更明显。

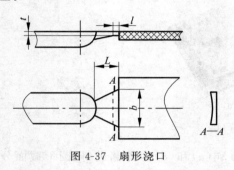

图 4-37 扇形浇口

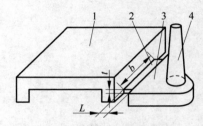

图 4-38 平缝式浇口
1—塑件;2—浇口;3—分流道;4—主流道

4. 直接浇口

塑料熔体从主流道直接进入型腔,经过浇口时不受任何限制,又称主流道型浇口。直接浇口是整个浇注系统中截面尺寸最大的部分,为主流道的延伸,位置一般在模具中心线上。为了防止冷料进入型腔,在不影响塑件使用的前提下,应在主流道对面设置一个深度约为塑件厚度一半的冷料穴,如图 4-39 所示。主流道的大端直径 D 一般不超过塑件壁厚的 2 倍。塑料熔体直接由主流道进入型腔,因而流动阻力小、料流速度快、补缩时间长,成型比较容易,对各种塑料均能适用。但注射压力直接作用在塑件上,且浇口附近热量集中、冷凝较慢,容易在进料处产生较大的残余应力而导致塑件翘曲变形;去除浇口困难,往往需要机加工或通过锯割,浇口痕迹明显,影响塑件外观。这种浇口多用于注射大型、厚壁、深型腔的筒形或壳形塑件,尤其是热敏性塑料或黏度特别高的塑料,如聚碳酸酯、聚砜、聚苯醚等,只适用于单型腔模具。

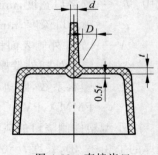

图 4-39 直接浇口

5. 中心浇口

中心浇口是直接浇口的变异形式,去除浇口比直接浇口方便,有时中心的型芯还能起到分流锥的作用。中心浇口适用于筒形、环形和中心带孔的塑件成型。

中心浇口有多种变化形式,常见的有盘形浇口、环形浇口、轮辐式浇口和爪形浇口等。

（1）盘形浇口。盘形浇口适用于圆筒形或中间带有比主流道直径大的孔的塑件成型。图 4-40 所示为盘形浇口的两种不同的进料方式。图 4-40（a）所示，成型塑件内部有通孔，利用成型该通孔的型芯设置分流锥，起到很好的分流作用，浇口设置于塑件的端面。图 4-40（b）所示，浇口开在型芯上，设置于塑件整个内孔表面，浇口厚度常取 0.25～1.6mm，宽度常取 0.75～1mm。当内孔质量要求高时，也可以采用搭接式端面进料，浇口从端面切除。盘形浇口进料均匀，圆周上各处流速大致相同，型腔中空气容易顺序排出，而且基本没有熔接痕，从浇口处去除凝料相对于主流道型浇口较为容易，表面痕迹不很明显。缺点是浇注系统耗料较多，盘形浇口与型腔形成密封的空间，塑件脱模时内部会形成真空状态，阻碍脱模，甚至引起塑件变形损坏，因此必须设置进气杆或进气槽等进气通道。

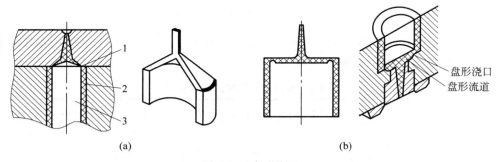

图 4-40　盘形浇口

1—盘形浇口；2—塑件；3—型芯

（2）环形浇口。环形浇口适用于圆周较小的薄壁长管形塑件，为设置于型腔（塑件）外侧的圆环形浇口，或者沿塑件外侧环状均匀设置与型腔同心的几个同时进料的浇口，如图 4-41 所示。由于塑料熔体环绕型芯均匀地进入型腔，充模均匀，排气效果好，塑件无熔接痕，但浇口去除比较困难，而且会在塑件外侧留下较为明显的痕迹。

（3）轮辐式浇口和爪形浇口。轮辐式浇口是从盘形浇口改进而来，如图 4-42（a）所示，由盘形浇口的整个圆周进料改为几小段圆弧进料。轮辐式浇口可视为内侧浇口，其浇口尺寸与侧浇口类似，宽度 b、深度 t 和长度 l 的选择可参照侧浇口。这种形式的浇口流道凝料远少于盘形浇口，浇口去除方便，但增加了熔接痕，会影响塑件的强度和外观质量。在生产中应用比盘形浇口广泛。

爪形浇口是轮辐式浇口的一种变异形式，如图 4-42（b）所示。除具有轮辐式浇口的特点外，爪形浇口在锥形型芯头部开设流道，锥形头部可间作分流锥；由于型芯头部有一段与主流道大端大小相同，其头部与主流道有自动定心的作用，能保证塑件内、外形同轴度和壁厚均匀性。爪形浇口主要用于内孔较小的长管型塑件或同轴度要求较高的塑件。

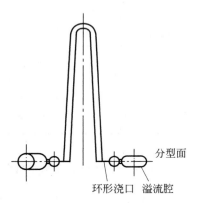

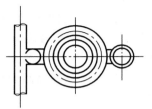

图 4-41　环形浇口

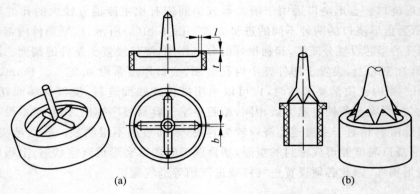

图 4-42　轮辐式浇口和爪形浇口

不同的塑料因其性能的差异对不同形式的浇口有不同的适应性,常用塑料适应的浇口形式见表 4-8,设计模具时可参考。

表 4-8　常用塑料适应的浇口形式

浇口形式 塑料种类	直接浇口	侧浇口	平缝浇口	点浇口	潜伏浇口	环形浇口
硬聚氯乙烯(HPVC)	○	○				
聚乙烯(PE)	○	○		○		
聚丙烯(PP)	○	○		○		
聚碳酸酯(PC)	○	○		○		
聚苯乙烯(PS)	○	○		○	○	
橡胶改性苯乙烯					○	
聚酰胺(PA)	○	○		○		
聚甲醛(POM)	○	○	○	○	○	○
丙烯腈-苯乙烯	○	○		○		
ABS	○	○	○	○		○
丙烯酸酯	○	○				

4.4.6　浇口位置的选择

浇口的形式很多,但无论采用什么形式的浇口,浇口的开设位置对塑件的成型性能、成型质量及模具结构影响均很大,在选择浇口位置时应遵循以下原则。

1. 避免引起熔体破裂现象

浇口的尺寸较小时,如果正对着一个宽度和厚度都比较大的充填空间,则高速的塑料熔体通过浇口时,由于受到很高的剪切力的作用,会产生喷射和蠕动(蛇行流)等熔体破裂现象,这些喷出的高度取向的细丝或断裂物会很快冷却,与后进入的塑料熔体不能很好地融合,而使塑件出现明显的熔接痕,这就造成了塑件的内部缺陷和表面疵瘕;有时塑料熔体从型腔的一端直接喷射到另一端,会造成折叠,在塑件上产生波纹状痕迹,如图 4-43 所示。另外,喷射还会使型腔内空气难以顺序排出,造成塑件内有气泡,甚至在角落处出现焦痕。

克服上述缺陷的方法有两种:

(1) 加大浇口截面尺寸,使熔体流速降低到不发生喷射、不产生熔体破裂的程度。

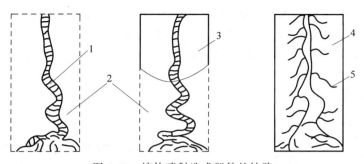

图 4-43　熔体喷射造成塑件的缺陷

1—喷射流；2—未填充部分；3—填充部分；4—填充完毕；5—喷射造成表面疵瘢

（2）采用冲击型浇口，这是最常用的方法。冲击型浇口即浇口开设方位正对着型腔或粗大的型芯，塑料流冲击在型腔壁或型芯上，从而改变流向、降低流速，均匀地充满型腔，如图 4-44（b）和（c）所示。

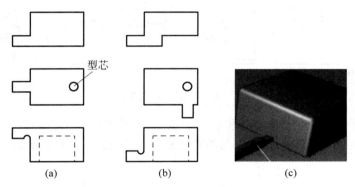

图 4-44　非冲击型浇口和冲击型浇口

（a）非冲击型浇口；（b）冲击型浇口；（c）冲击型浇口三维图

2. 减少熔接痕，增加熔接痕牢度

在塑料熔体充模过程中，通常出现两股或多股以上的熔体料流的汇合，汇合处料流前端温度较低，熔接不牢，会形成熔接痕。熔接痕会降低塑件的强度，并有损于外观质量。浇口位置和数量决定着熔接痕的数量及位置，一般来说，浇口数增多，熔接痕增多。当流程不太长时，如无特殊需要，最好不要开设多个浇口，如图 4-45 所示。但对大型塑件，考虑到流程长，而且需要减少内应力和翘曲变形，常需开设多个浇口，如图 4-46 所示。将轮辐式浇口改为盘形浇口，可以消除熔接痕。

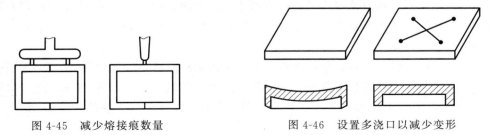

图 4-45　减少熔接痕数量　　　　　　　　图 4-46　设置多浇口以减少变形

　　模具设计时不仅要考虑熔接痕的数量,还应着眼于熔接痕的牢度。可以在熔接痕的外侧开设冷料穴,使熔体前端冷料溢出,以增加熔接痕的牢度,如图 4-47 所示。大型框架形塑件由于流程过长,易造成熔接处料温过低,熔接不牢,形成明显的熔接痕,可以增加过渡浇口(见图 4-48 中 A 处)或采用多点浇口(见图 4-49),这样虽然增加了熔接痕的数量,但缩短了塑料熔体的流程,增加了熔接牢度。

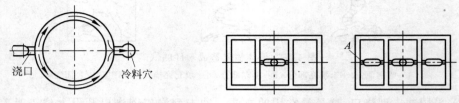

图 4-47　开设冷料穴提高熔接强度　　　　　图 4-48　开设过渡浇口提高熔接强度

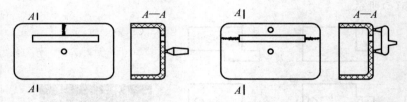

图 4-49　采用多浇口提高熔接强度

　　此外,应考虑熔接痕的方位,如图 4-50 所示,有两个圆孔的平板塑件,图(b)较为合理,熔接痕短,而且在边上;图(a)熔接痕与小孔连成一条线,使整体强度大为降低。

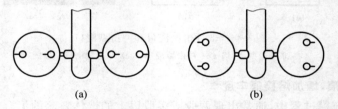

图 4-50　熔接痕方位对强度的影响

3. 有利于充模流动、补料和排气

　　当塑件壁厚相差较大时,在避免喷射的情况下,应将浇口开设在截面最厚处。若将浇口开设在塑件的薄壁处,塑料熔体进入型腔后,不但流动阻力大,而且还容易冷却,难以保证充满整个型腔。从补缩的角度看,壁最厚处往往是塑件最晚固化的地方,若浇口开设在薄壁处,则壁厚处往往因熔体收缩得不到补缩而形成表面凹陷或缩孔。因此,为了保证塑料熔体顺利充填型腔,注射压力得到有效传递,壁厚处熔体收缩得到充分的补缩,浇口应开设在塑件壁最厚处。

　　当塑件上有加强筋时,可以使熔体顺着加强筋的方向流动,以改善塑料流动的通道。如图 4-51(a)所示塑件,侧面带有加强筋,但容易在顶部两端(图中 B 处)形成气囊,如果如图 4-51(b)所示,在塑件顶部开设一条纵向长筋,能使熔体顺着加强筋的方向流动,可以改善熔体的充填条件。

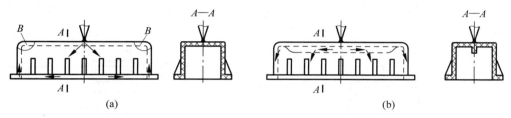

图 4-51 增设加强筋以利于塑料流动

浇口位置确定后,应在型腔最后充满处或远离浇口的位置,开设排气槽或利用分型面、推杆间隙等模具内的间隙排气。如果型腔内气体不能顺利排出,成型后的塑件中会卷入空气,形成气泡、缺料、熔接不牢,甚至在充模时由于气体被压缩产生高温,使塑件局部烧焦。应该注意的是,由于型腔截面厚度不一,型腔流动通道阻力大小不同,越薄的地方阻力越大,塑料熔体首先充满阻力最小的空间,所以最后充满的不一定是离浇口最远的位置,往往是塑件最薄处,这些地方如果没有排气通道,就会形成封闭的气囊。如图 4-52 所示,图(a)圆周壁比顶部壁厚,侧浇口进料时,熔体将很快充满圆周,而在顶部形成封闭的气囊,在该处留下孔洞、熔接痕或烧焦的痕迹,见图 4-52 中 A 处所示。从排气的角度出发,最好改成顶部中心进料,如图 4-52(b)所示。如果塑件不允许中心进料,采用侧浇口时,可以增加顶部的壁厚,顶部首先充满,使最后充满的位置在分型面处。若塑件圆周壁厚必须大于顶部,也可在顶部设置推杆,利用配合间隙排气。

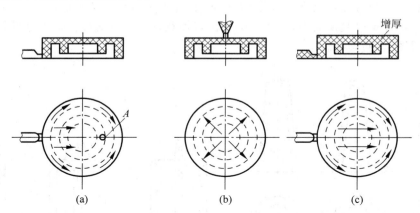

图 4-52 浇口位置对排气的影响

4. 考虑流动取向对塑件性能的影响

在充模、补料、保压和倒流各阶段,由于塑料熔体的流动,都会造成大分子流动取向,熔体冷却冻结时,分子的取向也被冻结在塑件之中。分子取向还会造成各向收缩率的不一致,以致引起塑件内应力和翘曲变形。一般来说沿取向方向的收缩率大于非取向方向的收缩率,沿取向方向的强度大于非取向方向的强度。对结晶型塑料来说差异特别明显。

图 4-53 所示为口部带有金属嵌件的聚苯乙烯杯子,当浇口开设在 A 处时,分子取向方向与杯口周向应力方向相互垂直,杯子使用很短时间后,口部即有应力裂纹;当浇口开设在 B 处时,取向方向与杯口应力方向一致,塑件应力裂纹大为减少。在特殊情况下,也可利用分子的高度取向来改善塑件的某些性能。例如聚丙烯铰链,如图 4-54 所示,铰链处要经过

几千万次弯折,而且铰链厚度很小,所以要求该处的分子高度取向,为此浇口应该开设在铰链附近,如图中两点 A 处。

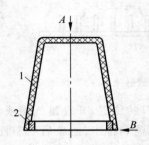

图 4-53　流动取向对塑件性能的影响

1—塑件；2—金属嵌件

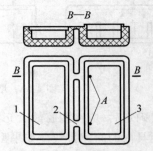

图 4-54　聚丙烯铰链盒铰链处的取向

1—盖；2—铰链；3—底

5. 防止料流将型芯或嵌件挤歪变形

对于具有细长型芯的圆筒形塑件,浇口的位置应该避免偏心进料,以防止型芯弯曲。如图 4-55 所示,图(a)单侧进料,料流单侧冲击型芯,易使型芯偏斜而导致塑件壁厚不均；图(b)采用两侧对称进料,可以防止型芯弯曲,但增加了熔接痕,且排气不良；图(c)中采用顶部中心进料,效果最好。

如图 4-56 所示的壳体塑件,从塑件顶部进料,图(a)浇口尺寸较小,型腔中部的料流速度大于两侧边,中部将先行充满,从而产生侧向力 F_1 和 F_2,加上型芯较长,产生了较大的弹性变形,造成塑件难以脱模而破裂。图(b)将浇口加宽,图(c)用正对着型芯的两个冲击型浇口,都能克服图(a)的问题。

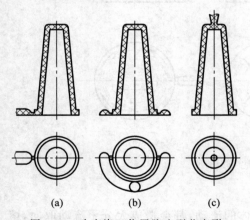

(a)　　　　(b)　　　　(c)

图 4-55　改变浇口位置防止型芯变形

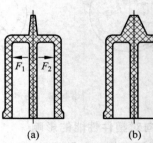

(a)　　　　(b)　　　　(c)

图 4-56　改变浇口形状或位置防止型芯变形

6. 保证流动距离比在允许范围内

浇口位置的选择应保证塑料熔体迅速均匀地充填型腔,尽量缩短熔体流动的距离,这对大型塑件尤为重要。

大型或薄壁塑件注射成型,在设计浇口位置和确定浇口数量时,必须考虑流动距离比,因为塑料熔体可能因为流动距离过长或流动阻力过大而无法充满型腔。

流动距离比简称流动比,指塑料熔体在模具中进行最长距离的流动时,浇注系统和型腔

中截面厚度相同的各段料流通道及各段模腔长度与其对应截面厚度之比的总和,即

$$\phi = \sum \frac{L_i}{t_i} \tag{4-11}$$

式中:ϕ——流动距离比;

　　　L_i——各段料流通道及各段模腔的长度;

　　　t_i——各段料流通道及各段型腔的截面厚度。

　　流动距离比应不大于塑料的许用值,否则可能出现充填不足的现象。而影响许用流动距离比的因素较多,主要是塑料的品种和注射压力,另外还有塑料熔体和模具的温度、流道和型腔的粗糙度等,需要经过大量实验才能确定。表 4-9 为部分塑料的注射压力与流动距离比。

表 4-9　常用塑料的注射压力与许用流动距离比

塑料品种	注射压力 /MPa	流动距离比	塑料品种	注射压力 /MPa	流动距离比
聚乙烯(PE)	150	250～280	软聚氯乙烯(SPVC)	90	200～280
	60	100～140		70	100～240
聚丙烯(PP)	120	280	聚苯乙烯(PS)	90	280～300
	70	200～240	聚甲醛(POM)	100	110～210
聚碳酸酯(PC)	130	120～180	尼龙 6	88.2	200～320
	90	90～130			
尼龙 66	88.2	90～130	硬聚氯乙烯(HPVC)	90	100～140
	127.4	130～160		70	70～110

　　下面举例说明流动距离比的求法,如图 4-57 所示为多型腔点浇口进料的塑件,其流动距离比为

$$\phi = \frac{L_1}{t_1} + \frac{L_2}{t_2} + \frac{L_3}{t_3} + \frac{L_4}{t_4} + \frac{L_5}{t_5} + \frac{L_6}{t_6} + \frac{L_7}{t_7}$$

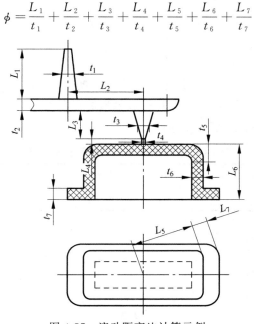

图 4-57　流动距离比计算示例

4.5 成型零部件设计

模具合模后,组成一个用来充填塑料熔体以成型塑件的闭合空间,称为型腔,型腔的形状和尺寸决定了塑件的形状和尺寸。组成型腔的零部件,称为成型零部件,通常包括凹模(型腔)、凸模(型芯)、成型杆(小型芯)、螺纹型芯和螺纹型环等。成型零部件的设计,是注射模具设计最重要的组成部分。

设计成型零部件时,需要确定型腔的布置方案,选择分型面和浇口位置,确定排气方式和脱模方式等,然后进行成型零部件的结构设计,根据塑件的尺寸来计算成型零部件型腔的尺寸,并对关键的成型零部件进行强度和刚度校核。

4.5.1 型腔数目的确定

为了使模具与注塑机的生产能力相匹配,提高生产效率和经济性,并保证塑件精度,模具设计时首先确定型腔数目,常用的方法有如下四种。

1. 根据注塑机的额定锁模力

设注塑机的额定锁模力为 $F(\text{N})$,型腔内塑料熔体的平均压力为 $p(\text{MPa})$,单个塑件在分型面上的投影面积为 $A_1(\text{mm}^2)$,浇注系统在分型面上的投影面积为 $A_2(\text{mm}^2)$,则型腔数目 n 为

$$n \leqslant \frac{F - pA_2}{pA_1} \tag{4-12}$$

2. 根据注塑机的最大注塑量

设注塑机的最大注塑量为 $V(\text{cm}^3)$,单个塑件的体积为 $V_1(\text{cm}^3)$,浇注系统的体积为 $V_2(\text{cm}^3)$,则型腔数目 n 为

$$n \leqslant \frac{0.8V - V_2}{V_1} \tag{4-13}$$

3. 根据塑件精度

根据经验,每增加一个型腔,塑件尺寸精度要降低4%。设模具的型腔数目为 n,塑件的基本尺寸为 $L(\text{mm})$,塑件的尺寸公差为 $\pm\delta$,单型腔模具注塑生产可能产生的尺寸误差百分比 $\pm\Delta_s$,不同材料的取值如表 4-10 所示。

表 4-10 不同材料单型腔模具的尺寸误差

塑料名称	聚甲醛	聚酰胺	尼龙 66	聚碳酸酯、聚氯乙烯、ABS 等非晶型料
尺寸误差 $\pm\Delta_s$/%	±0.2	±0.3	±0.3	±0.5

则塑件尺寸精度的表达式为

$$L\Delta_s + (n-1)L\Delta_s 4\% \leqslant \delta$$

简化后可得型腔数目为

$$n \leqslant \frac{25\delta}{L\Delta_s} - 24 \tag{4-14}$$

对于高精度塑件,由于多腔模具难于使各腔的成型条件均匀一致,通常推荐型腔数不超

过 4 个。

4. 根据经济性

根据总成型加工费用最小的原则,并忽略准备时间和试生产原材料费用,仅考虑模具加工费和塑件成型加工费。

设模具的型腔数目为 n,塑件总件数为 N,每一个型腔所需的模具费用为 C_1(元),与型腔无关的模具费用为 C_0(元),每小时注塑成型的加工费用为 Y(元/h),成型周期为 t(min)。

模具费用为

$$X_m = nC_1 + C_0 (元)$$

成型加工费用为

$$X_j = N\left(\frac{Yt}{60n}\right)(元)$$

总成型加工费用为

$$X = X_m + X_j$$

为使总的成型加工费用最小,令 $\dfrac{\mathrm{d}X}{\mathrm{d}n} = 0$,则型腔数目为

$$n = \sqrt{\frac{NYt}{60C_1}} \tag{4-15}$$

4.5.2 分型面的选择原则

分型面是模具动、定模两部分的分界面,即打开模具取出塑件和浇注系统凝料的面。分型面设计是型腔设计的第一步,受塑件的形状、外观、尺寸精度和模具的型腔数目、排气槽和浇口位置等诸多因素的影响。分型面的形状应尽量简单,可以是平面、斜面、阶梯面和曲面,如图 4-58 所示。一般分型面尽可能为平面,其他形状的分型面加工比较困难,可以根据塑件的形状来确定,必须使型腔制造和塑件脱模相对容易。分型面可能有一个或者两个以上,可以与注射机开模方向垂直,倾斜或平行,但一般只采用一个与注射机开模方向垂直的分型面,特殊情况下才采用较复杂的或较多的分型面。如图 4-58(b)所示的塑件成型,如果采用与注射机开模方向垂直的分型面,必须增加侧向分型的分型面,使模具结构复杂,而采用图示斜分型面,则可以避免。在多个分型面的模具中,脱模时取出塑件的分型面称为主分型面,其他的分型面称为辅助分型面。

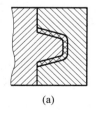 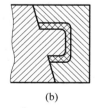 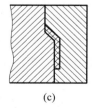 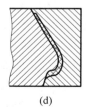

(a)   (b)   (c)   (d)

图 4-58 分型面的各种形式

(a)与分型面方向垂直的分型面;(b)斜分型面;(c)阶梯分型面;(d)曲面分型面

分型面选择合理与否是塑件能不能完好成型的先决条件,还关系到成型零部件的结构形状、塑件的脱模以及模具制造成本等。在选择分型面时,应遵循以下原则:

(1)分型面应位于塑件截面尺寸最大的部位。这是分型面选择的首要原则,否则塑件

无法从型腔中脱出。

（2）因脱模机构一般设置在动模一侧，分型面选择应尽可能使开模后塑件留在动模部分，这对于自动化生产所用的模具尤其重要。如图 4-59(a)所示，将型芯设在动模一侧，依靠薄壁塑件对型芯足够的包紧力，让塑件留在动模一侧。但如果塑件对型芯的包紧力不足，应将型腔设在动模一侧为妥。如图 4-59(b)所示，当塑件带有金属嵌件时，因嵌件不会收缩，对型芯无包紧力；如图 4-59(c)所示，当塑件孔较小，对型芯包紧力不足；或者平板类塑件，模具没有型芯时，均应将型腔设置在动模一侧。

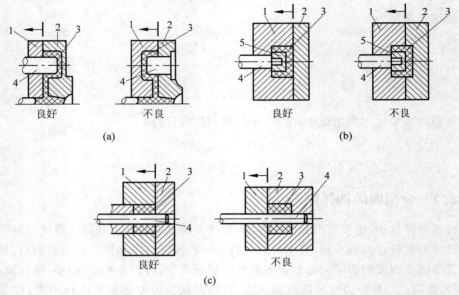

图 4-59　分型面对脱模的影响

1—动模；2—定模；3—塑件；4—型芯；5—金属嵌件

（3）有利于保证塑件精度。若塑件有孔的同轴度要求、台阶间尺寸精度和形位精度的要求，应使相关要求的部分全部在分型面的同一侧成型，以满足精度要求。如图 4-60(a)所示，为保证双联齿轮的齿廓与孔的同轴度，两齿轮型腔和型芯都设在动模边；而图 4-60(b)因合模误差，难于保证同轴度要求。

（4）有利于保证塑件的外观质量。分型面处不可避免地会在塑件上留下溢料痕迹或拼合缝的痕迹，所以分型面应尽量避免选择在塑件光滑平整的外表面或带圆弧的转角处，如图 4-61(a)所示结构较好，图 4-61(b)有损于塑件的表面质量。

（5）尽量减少工艺缺陷的影响。塑件在成型过程中，难以避免一些工艺缺陷，如脱模斜度、推杆及浇口痕迹等，选择分型面时，应从使用角度出发避免这些工艺缺陷影响塑件功能。如图 4-62(b)所示，塑件完全在动模一侧，会因脱模斜度使塑件两端尺寸相差过大；而图 4-62(a)分别在动模、定模安排型腔，可减小因脱模斜度形成的塑件两端尺寸差异。

（6）一般侧向分型抽芯的抽拔距离比较小，侧向合模锁紧力也比较小，选择分型面时应将分型或抽芯距离较长、投影面积较大的一边放在动定模的开合模方向上，而将抽拔距离较短、投影面积较小的一边作为侧向分型抽芯，如图 4-63(a)结构比图 4-63(b)结构合理，并注意将侧型芯放在动模边，避免定模抽芯。

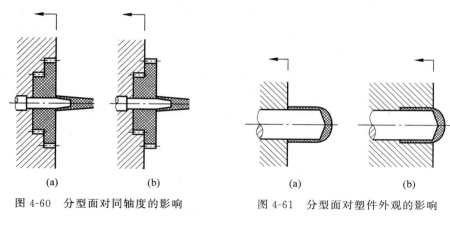

图 4-60　分型面对同轴度的影响　　　　图 4-61　分型面对塑件外观的影响

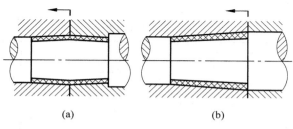

图 4-62　分型面对脱模斜度的影响

（7）分型面应尽可能设计在塑料熔体流动方向的末端，以利于排气，这一点必须和浇注系统特别是浇口位置的合理设计相配合。

（8）分型面的选择应尽量避免形成侧孔、侧凹或侧凸，以避免采用较复杂的侧抽芯机构。如图 4-64 所示，若按图（a）确定分型面，塑件则有侧孔，必须采用侧抽芯机构；图（b）采用阶梯分型面，则可避免侧孔，使模具结构大为简化。

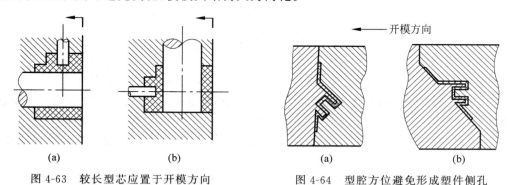

图 4-63　较长型芯应置于开模方向　　　　图 4-64　型腔方位避免形成塑件侧孔

4.5.3　排气系统的设计

塑料熔体充模前，型腔和浇注系统中充满空气。注射充模过程中，也会产生少量塑料分解的低分子挥发气体和塑料中的水分汽化形成的水蒸气，塑料熔体在注射压力作用下，必须将这些气体顺利排出。如果气体不能及时顺利排出，将会产生反压力而降低塑料熔体的充模速度,部分气体会在压力作用下挤进塑料熔体中,使塑件产生气泡、凹陷及表面轮廓不清等缺陷。更有甚者,由于气体受到压缩和塑料熔体的加热,温度急剧上升,进而引起周围熔体烧灼,使塑件局部炭化烧焦,表面产生焦斑,成为废品。这种现象主要出现在两股料流结合处、死角以及与浇口相对的凸缘处。特别对于大型或精密塑件成型、高速注射成型和聚氯乙烯、聚甲醛等易分解的塑料成型,排气系统的设计尤为重要。

常用排气的方式有开设排气槽排气、利用配合间隙排气和利用排气销排气三种形式。

1) 开设排气槽排气

对于成型大中型塑件的模具,需排出的气体较多,通常需开设排气槽。排气槽的深度与黏度有关,考虑溢料间隙,以气体能顺利排出而不溢料为限,通常可在 0.01～0.05mm 范围内选择,参考表 4-11 和表 2-1 设计。排气槽宽度一般取为 1.5～6mm。排气槽最好加工成弯曲状,其截面由细到粗逐渐加大,这样可以降低塑料熔体从排气槽溢出的流速,以防发生工伤事故,如图 4-65 所示。

表 4-11　排气槽深度

塑　　料	排气槽深度/mm	塑　　料	排气槽深度/mm
聚乙烯	0.02	聚酰胺	0.01
聚丙烯	0.01～0.02	聚碳酸酯	0.01～0.03
聚苯乙烯	0.02	聚甲醛	0.01～0.03
ABS	0.03	丙烯酸共聚物	0.03

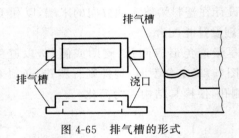

图 4-65　排气槽的形式

选择排气槽的开设位置时,应遵循以下原则:

(1) 排气槽的排气口不能正对操作工人,以防熔料喷出而发生工伤事故。

(2) 排气槽通常开设在分型面凹模一侧,这样便于模具加工及清模,在分型面上如果因设排气槽而产生飞边,也容易随塑件脱出。

(3) 排气槽和浇口的开设位置应同时考虑,尽量使排气槽开设在型腔最后被充满处,如图 4-66 所示。

(4) 排气槽最好设在靠近嵌件和塑件壁最薄处,因为这样的部位最容易形成熔接痕,需要排出气体和部分冷料。

2) 间隙排气

在大多数情况下可利用模具分型面或模具零件间的配合间隙自然排气,不必另设排气槽,特别是对于中小型模具。表 4-12 是利用间隙排气的几种形式,间隙值的大小和排气槽一样,考虑溢料间隙,通常在 0.01～0.05mm 范围内选择。

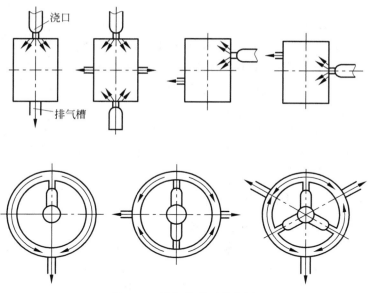

图 4-66　排气槽的开设位置

表 4-12　利用间隙排气

简　图	说　明	简　图	说　明
	利用分型面间隙排气。分型面须位于熔体流动的末端		利用成型镶块拼合间隙排气
	利用推杆与型芯或模板的配合间隙排气		利用侧型芯运动间隙排气
	利用型芯与定位孔间隙排气		利用活动型芯运动间隙排气

3)排气销排气

若型腔最后充满部位不在分型面上,其附近又无可供排气的推杆或活动型芯时,如图 4-67 所示的杯状塑件,侧浇口进料时,塑件底部容易产生排气困难,可将其底部镶一圆柱形嵌件作排气之用,即为排气销。这种排气销可在表面加工多个沟槽,靠沟槽排气;或使排气销的直径小于模板孔径 0.01～0.05mm,靠排气销和模板之间的间隙排气,也可用烧结多孔金属制造排气销,此时只需做成圆柱而勿需加工成特殊形状。在排气销外应接有排气槽,将空气导向模具外面。

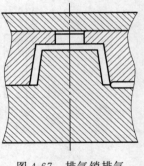

图 4-67 排气销排气

4.5.4 成型零部件结构设计

成型零部件直接与塑料熔体接触以成型塑件,脱模时与塑件产生摩擦。因此,成型零部件要有正确的几何形状、较高的尺寸精度和较低的表面粗糙度值。通常孔类零件精度为 H8～H10,轴类零件精度为 h7～h10。成型零部件表面应该光滑美观,通常表面粗糙度要求在 $Ra0.4\mu m$ 以下。成型零部件还应具备合理的结构和较高的强度、刚度及足够的耐磨性。通常都应进行热处理,使其硬度达到 40HRC 以上。

1. 凹模结构设计

凹模是成型塑件外表面的主要零件,又称型腔或阴模。按其结构的不同可分为整体式、整体嵌入式、局部镶嵌式和组合式等。

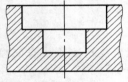

图 4-68 整体式凹模

(1)整体式。整体式凹模直接在模板上加工,如图 4-68 所示,优点是牢固、不会使塑件产生拼接缝痕迹,但因为模板材料一般强度和刚度相对较低,整体式内表面加工较困难,热处理不方便,常用于小型简单模具,不适用于大批量生产和复杂的型腔。

(2)整体嵌入式。在多型腔的模具中,每个型腔的凹模常常采用机械加工、冷挤压、电加工等方法,单独加工成镶块,镶块外部一般为圆柱形或长方形,采用 H7/m6 的过渡配合嵌入到模板中,如图 4-69 所示。镶块外部可以带凸肩,从模板下部嵌入,用另一块起支承作用的模板和螺钉将其固定,如图 4-69(a)所示。塑件如果不是旋转体,圆柱形镶块可以用销钉或者平键定位防止凹模旋转,如图 4-69(b)和(c)所示。凹模也可以从模板上面嵌入,用螺钉固定,这样少一块用于支承的模板,如图 4-69(d)所示。整体嵌入式凹模加工、拆装方便,易损件便于更换,型腔形状与尺寸一致性好。

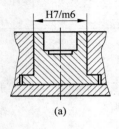 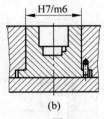 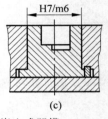 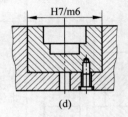

(a)　　　　　　(b)　　　　　　(c)　　　　　　(d)

图 4-69 整体嵌入式凹模

(3)局部镶嵌式。当凹模局部形状复杂难以加工或容易损坏需要经常更换时,常将这部分做成镶件形式嵌入到凹模主体中,如图 4-70 所示。其中,图 4-70(a)嵌入圆销成型塑件表面直纹;图 4-70(b)镶件成型塑件的沟槽;图 4-70(c)镶件构成塑件圆环形筋槽;图 4-70(d)镶件成型塑件底部复杂构形。局部镶件与凹模主体一般采用 H7/m6 的过渡配合。

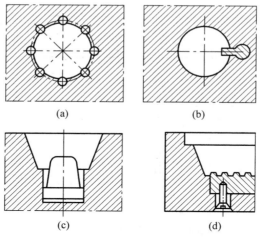

图 4-70 局部镶嵌式凹模

（4）组合式。对于形状复杂的凹模,为了便于机械加工、研磨、抛光及热处理,通常采用组合式。若底部形状较为复杂,最常见的是把凹模做成通孔,镶上底板,做成底部镶嵌组合式,再一起安装在模套中,如图 4-71 所示。图 4-71(a)的镶嵌形式比较简单,但在高压熔体作用下组合底板变形时,塑料熔体容易挤入接合面,在塑料件上形成飞边,造成脱模困难并损伤棱边;加工时接合面应仔细磨平,加工、抛光内壁时,要注意保护与底板接合处的棱边不能损伤,更不能带圆角,以免造成反锥度而脱模困难。图 4-71(b)、(c)所示的组合结构,制造成本稍高,但垂直配合面不易挤入塑料熔体,较为合理实用。

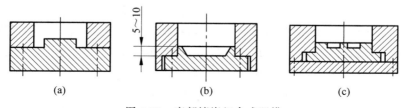

图 4-71 底部镶嵌组合式凹模

凹模侧壁如果加工较为困难,可以做成镶嵌块,再和底部组合在一起,安装到模套中,如图 4-72 所示。

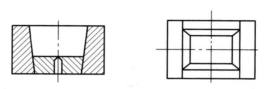

图 4-72 侧壁和底部镶嵌组合式凹模

对于大型、形状复杂的矩形凹模,通常将侧壁与底部分别加工、热处理、研磨、抛光,再压入模套拼合起来,四壁之间采用扣锁连接。这种结构牢固、受力大。为使内侧接缝紧密,其连接处外侧应留有 0.3～0.4mm 的间隙,在四个角嵌入件的圆角半径 R 应大于固定板(模框)的圆角半径 r,如图 4-73 所示。

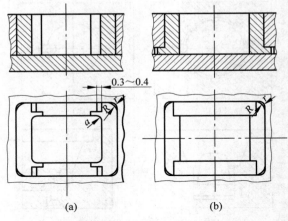

图 4-73　四壁拼合组合式凹模

采用组合式结构,简化了凹模的加工,将复杂的凹模内形加工变成了镶件的外形加工,降低了凹模整体的加工难度,节约了优质模具钢,尤其对大型模具而言更具优势。但是凹模的强度和刚度有所降低,所以模框板应有足够的强度和刚度。

2. 凸模和成型杆结构设计

凸模用于成型塑件的内表面,又称型芯、阳模。"凸模"和"成型杆"二者并无严格的界限,通常成型杆指成型塑件上孔和局部凹槽的小型芯。凸模按结构可分为整体式和组合式两类。

(1)整体式凸模。直接在模板上加工出凸模,如图 4-74 所示,结构牢固,成型塑件没有镶拼接缝的溢料痕迹。但模板一般采用碳素钢,强度较低,而且钢材消耗大。如果将型芯和模板直接采用较为昂贵的模具钢来加工,虽然强度高,但是浪费原材

图 4-74　整体式凸模

料。整体式凸模主要用于小型模具的简单型芯或工艺试验中。

(2)整体嵌入式凸模。为节省优质钢材,减少切削量,便于热处理,将凸模单独加工,再装配到模板(通常是动模板)中,如图 4-75 所示。图 4-75(a)为常见的凸模台阶与支承板连接,型芯(凸模)固定板和支承板之间采用销钉定位、螺钉连接。当台阶为圆柱形而成型部分为非回转体时,为了防止型芯在固定板中转动,需要在台阶处用销钉或平键止转。图 4-75(b)不需要支承板固定,凸模镶块与型芯固定板直接用销钉定位、螺钉连接,塑料熔体比较容易挤入连接面,不适用于凸模受侧向力的场合;图 4-75(c)为型芯嵌入模板的结构,采用型芯侧面止口定位,螺钉连接,塑料熔体不容易挤入连接面,其连接强度不如台阶固定式。

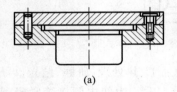
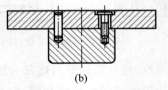
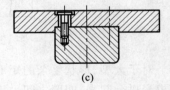

图 4-75　组合式凸模

（3）镶拼组合式凸模。为便于加工，形状复杂的型芯往往采用镶拼组合式结构，如图 4-76 所示。镶拼组合式的特点与组合式凹模基本相同。由于型芯是由几块镶块拼合在一起的，设计和制造镶拼式凸模时，应保证镶块和凸模整体的强度。

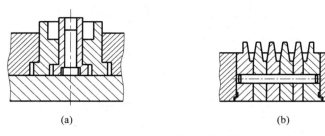

(a)　　　　　　　　　　　　　　　　　(b)

图 4-76　镶拼组合式凸模

（4）组合式成型杆。成型杆又称为小型芯，通常单独制造，再嵌入模板中。

对于单个成型杆，固定方法如图 4-77 所示。图 4-77（a）中成型杆靠过盈配合直接压入模板的孔中，是最简单的一种固定形式，但牢固性差，配合不紧时有可能拔出。图 4-77（b）采用过渡配合或小间隙配合，另一端铆死。图 4-77（c）采用台阶与垫板连接，是常用的一种形式，牢固可靠，在非配合长度上扩孔，以利于装配和排气。图 4-77（d）成型杆靠轴肩和圆柱垫块与垫板连接，用螺钉压紧，适用于细长型芯，便于加工和固定。图 4-77（e）为螺钉压紧结构。

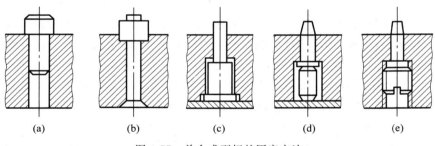

(a)　　　　　　(b)　　　　　　(c)　　　　　　(d)　　　　　　(e)

图 4-77　单个成型杆的固定方法

对于多个成型杆，一般采用台阶垫板方式安装。当多个成型杆靠得较近时，如果对每个型芯分别加工出单独的沉孔，孔间壁厚较薄，热处理时容易出现裂纹，所以一般将型芯固定板加工成大的长槽（见图 4-78（a）），或圆坑（见图 4-78（b）），作为公用沉孔。各型芯的台阶如果重叠干涉，可将相干涉的一面削掉一部分。

对于非圆形型芯，常将型芯做成两部分，固定部分做成圆形，成型部分做成异形。

3．螺纹型芯和螺纹型环结构设计

螺纹型芯用于成型塑件上的螺纹孔，或者固定内螺纹嵌件；螺纹型环用于成型塑件上的外螺纹，或者固定外螺纹嵌件。按其在模具上脱卸方式的不同分为自动脱卸和手动脱卸两种。手动脱卸又可分为模内手动脱卸和模外手动脱卸，这里仅介绍模外手动脱卸结构，自动脱卸和模内手动脱卸结构见 4.7 节脱模机构设计相关内容。模外手动脱卸要求成型前，螺纹型芯或螺纹型环能在模具内准确定位和可靠固定，不因塑料熔体的冲击或外界的振动而移位；开模后，螺纹型芯或螺纹型环能随塑件一起从模内取出，在模外用手动的方法将型

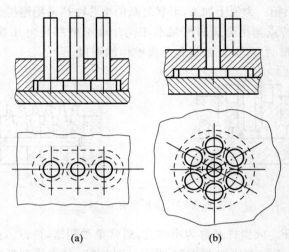

图 4-78　距离较近的成型杆的固定方法

芯或型环从塑件上顺利地脱卸。

1) 螺纹型芯

螺纹型芯在成型塑件上的螺纹孔时,必须考虑塑件螺纹的设计特点和塑料的收缩,必须具有较小的表面粗糙度,一般粗糙度为 $Ra0.16\sim0.08\mu m$。螺纹型芯在固定内螺纹嵌件时,按普通螺纹设计即可,表面粗糙度要求不高,一般为 $Ra1.25\sim0.63\mu m$。

对于立式注塑机动模(下模)和卧式注塑机定模一侧的安装,常用圆柱配合面固定;对于立式注塑机定模(上模)和卧式注塑机动模一侧的安装,为防止型芯由于自重或设备操作的振动而坠落,必须用弹性元件来固定。

圆柱配合面固定螺纹型芯的常用方式如图 4-79 所示,螺纹型芯直接插入模具对应的配合孔中,通常采用 H8/h7 的间隙配合,但在结构上应采取措施防止在塑料压力下型芯轴向移动沉入孔内,防止塑料进入配合间隙。图 4-79(a)、(b)和(c)用于成型塑件上的螺纹孔,分别采用锥面、圆柱形台阶和支承垫板来定位和防止下沉,图(a)的锥面也能起到密封的作用。图 4-79(d)、(e)和(f)用于固定金属螺纹嵌件,图(d)利用嵌件与型芯的螺纹连接防止型芯下沉,塑料熔体容易挤入嵌件与型芯之间和嵌件与模板之间,影响型芯的脱卸和嵌件的轴向位置;图(e)盲孔嵌件下端沉入模板止口中,增加嵌件的稳定性,并防止塑料熔体挤入嵌件模板和螺纹中;图(f)为直径较小的盲孔螺纹嵌件,如果受料流冲击不大,可利用普通光杠型芯代替螺纹型芯固定螺纹嵌件,省去了模外脱卸螺纹的操作。

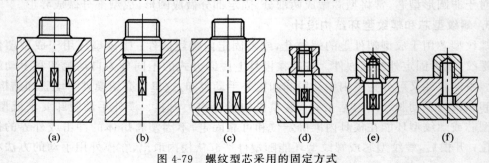

(a)　　　(b)　　　(c)　　　(d)　　　(e)　　　(f)

图 4-79　螺纹型芯采用的固定方式

　　弹性结构固定螺纹型芯时,采用弹性装置将螺纹型芯支承在模板孔内,成型后随塑件一起拔出,螺纹型芯与模板孔的配合为 H8/f8 的间隙配合,如图 4-80 所示。对于直径小于 8mm 的型芯,在型芯柄部开豁口槽,如图 4-80(a)所示,豁口柄的弹力将型芯支承在模板孔内,成型后随塑件一起拔出,台阶起定位和防止塑料挤入的作用。当型芯直径较大时,豁口柄的弹性力不够,可采用弹簧钢丝或者弹簧片卡入型芯柄部的槽内并张紧在模板孔内,如图 4-80(b)、(c)所示,常用于 $\phi(8\sim16)$mm 的螺纹型芯,其结构类似雨伞柄上的弹簧装置,弹簧用 $\phi(0.8\sim1.2)$mm 的钢丝制成。图 4-80(c)所示弹簧片嵌入型芯的纵向直槽内,上端铆压固定,下端向外伸出。当螺纹直径超过 16mm 时,可采用弹簧钢球结构固定螺纹型芯,如图 4-80(d)、(e)所示,图(d)所示要求钢球的位置正好对准型芯杆上的凹槽,图(e)则将钢球和弹簧装在芯杆内,避免在模板上钻深孔。图 4-80(f)所示用弹簧夹头固定,弹性力大,固定可靠,但是占位大,制造复杂。

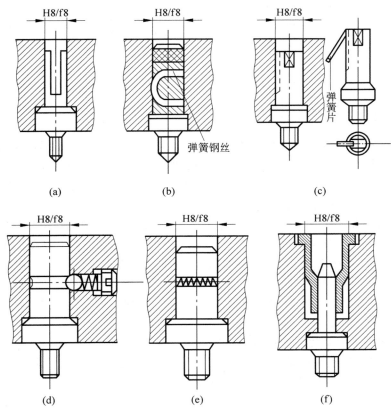

图 4-80　防止螺纹型芯脱落的弹性结构

　　2）螺纹型环

　　螺纹型环实际上是一个活动的螺母镶件,在模具闭合前装入模套内,成型后随塑件一起脱模,在模外卸下。螺纹型环的结构有整体式和组合式两类。

　　整体式螺纹型环如图 4-81(a)所示,其外径与模板孔采用 H8/f8 或 H8/h7 间隙配合,配合长度通常取 3～5mm,其余部分成 3°～5°斜角,尾部加工成台阶平面,高度可取 0.5H,以便在模外用扳手将螺纹型环从塑件上取下来,或在尾端钻出两孔,以便用辅助工具将其与塑件分离。

　　组合式螺纹型环由两瓣拼合,用定位销定位,型环与模板孔的配合和整体式相同,如图 4-81(b)所示。为便于分开两瓣块,可在接合面外侧开出两条楔形槽,以便用尖劈状工具分开模具,取出塑件,但会在接缝处留下难以修整的溢边痕迹,适用于精度要求不高的粗牙螺纹的成型。

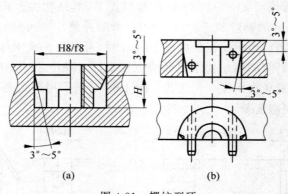

图 4-81　螺纹型环

4.5.5　成型零部件工作尺寸计算

　　工作尺寸是指成型零部件上直接构成型腔的有关尺寸,主要包括:凹模和凸模的径向尺寸(含异形或矩形的长和宽尺寸)与高度(深度)尺寸,以及中心距(位置)尺寸等。为了保证塑件质量,模具设计时必须根据塑件的尺寸与精度等级确定相应的成型零部件工作尺寸与精度。

　　1. 影响工作尺寸的主要因素

　　影响塑件尺寸精度的因素很多,塑件尺寸误差应根据《工程塑料模塑塑料件尺寸公差标准》(GB/T 14486—2008)来确定,见 3.1 节相关内容,不可将金属切削加工的公差标准用于塑件。

　　从模具设计和制造的角度而言,影响塑件公差的主要因素包括以下三个方面。

　　(1) 模具成型零部件的制造误差。模具成型零部件的尺寸精度越低,塑件尺寸精度也越低,尤其对于尺寸小的塑件精度影响更大。实践证明,模具制造公差可取塑件尺寸公差的1/3～1/6,尺寸小可取较大值,反之亦然。

　　(2) 塑件的收缩率变化。塑件成型后的收缩变化与多种因素有关,包括塑料的品种,塑件的形状、尺寸、壁厚,模具的结构等因素,也与工艺条件、塑件批号的变化有关,确定准确的收缩率是非常困难的。所以计算收缩率与实际收缩率有差异,一般按平均收缩率计算,即

$$S_{cp} = \frac{S_{max} + S_{min}}{2} \qquad (4\text{-}16)$$

式中:S_{cp}——平均收缩率;

　　　　S_{max}——最大收缩率;

　　　　S_{min}——最小收缩率。

　　一般要求收缩率波动引起的误差应小于塑件公差的 1/3。

　　(3) 成型零部件磨损。塑件脱模时与型腔壁的摩擦,塑料熔体流动时对型腔壁的冲刷、成型过程产生的腐蚀性气体的锈蚀,以及因上述原因造成成型零部件表面粗糙度提高而重新打磨抛光,都会造成成型零部件尺寸的变化,即磨损。其中脱模时塑件与成型零部件的摩

擦磨损是主要的。一般与脱模方向平行的面才考虑磨损,与脱模方向垂直的面因磨损小而
不考虑。磨损的结果使型腔尺寸变大,型芯尺寸变小。磨损量应根据模具的使用寿命确定,
产量增加磨损值增大,对生产批量较小的模具取较小值,产量在万件以内可以不考虑磨损。
磨损还与塑料品种对钢材的磨损情况有关,以玻璃纤维、玻璃粉、石英粉等带棱角的硬质无
机物做填料的塑料磨损较为严重,要取大值;反之对钢材磨损系数小的热塑性塑料可取小
值,如聚烯烃、尼龙等。同时还要考虑成型零部件材料的耐磨性及热处理情况,型腔表面是
否镀铬、氮化等。

对中小型塑件,最大磨损量可取塑件公差的 1/6,常取 0.02～0.05mm;对于大型塑件
应取 1/6 以下。磨损对大型塑件的大尺寸影响很小。

此外,塑件尺寸精度的影响因素还包括模具成型零部件的安装误差、模具活动部分成型
零部件的配合间隙变化引起的误差等。

2. 工作尺寸的计算

模具型腔尺寸的计算方法有平均值法和极限条件法两大类。平均值法,即按平均收缩
率、平均制造公差和平均磨损量进行计算,计算方法较简便,但不适用于精密塑件的模具。
按极限条件计算能保证成型塑件在规定的公差范围内,但计算比较复杂。本节只介绍平均
值法,极限条件法可参考其他资料。

按平均值法计算时,无论是塑件还是模具尺寸,凡孔都按基孔制,取单向正偏差;凡轴
都按基轴制,取单向负偏差;中心距基本尺寸为双向等值偏差。若塑件标注与此不符,应加
以转换。

成型零件尺寸与塑件尺寸关系如图 4-82 所示,凹模径向尺寸 L_m、深度尺寸 H_m;成型
塑件外形径向尺寸 L_s、高度尺寸 H_s;凸模径向尺寸 l_m、高度尺寸 h_m;成型塑件内部径向尺
寸 l_s、深度尺寸 h_m;模具中心距尺寸 C_m;成型塑件中心距尺寸 C_s。塑件的公差一般用符
号 Δ 来表示,模具的公差一般用 δ_z 表示。

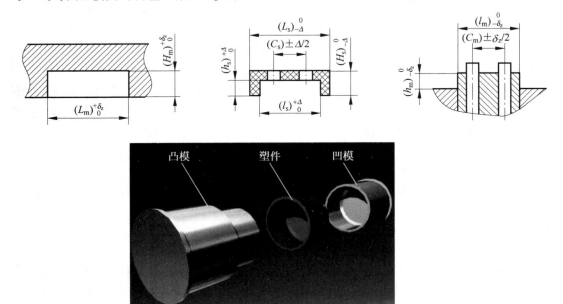

图 4-82　成型零件与塑件的尺寸关系

根据收缩率的定义，模具尺寸与塑件尺寸的基本关系可表示为

$$L_{\mathrm{m}} = L_{\mathrm{s}}(1 + S_{\mathrm{cp}}) \tag{4-17}$$

或

$$L_{\mathrm{m}} = \frac{L_{\mathrm{s}}}{1 - S_{\mathrm{cp}}} \tag{4-18}$$

上述两式中，L_{m} 为模具尺寸，L_{s} 为塑件尺寸。

(1) 型腔径向尺寸的计算。塑件的外形名义尺寸 L_{s} 为轴的尺寸，按基轴制，其公差 Δ 是单向负偏差，塑件的平均尺寸为 $L_{\mathrm{s}} - \Delta/2$。模具型腔名义尺寸 L_{m} 为孔的尺寸，公差为单向正偏差，平均尺寸为 $L_{\mathrm{m}} + \delta_{\mathrm{z}}/2$。型腔的平均磨损量为 $\delta_{\mathrm{c}}/2$，考虑到平均收缩率，按式(4-17)，得

$$L_{\mathrm{m}} + \frac{\delta_{\mathrm{z}}}{2} + \frac{\delta_{\mathrm{c}}}{2} = \left(L_{\mathrm{s}} - \frac{\Delta}{2}\right)(1 + S_{\mathrm{cp}})$$

略去比其他项小很多的 $\Delta \times S_{\mathrm{cp}}/2$，标注公差后，得到型腔的径向尺寸

$$L_{\mathrm{m}} = \left[(1 + S_{\mathrm{cp}})L_{\mathrm{s}} - \frac{1}{2}(\Delta + \delta_{\mathrm{z}} + \delta_{\mathrm{c}})\right]_{0}^{+\delta_{\mathrm{z}}}$$

式中，δ_{z} 和 δ_{c} 是与 Δ 有关的量，因此，公式后半部分可用 $x\Delta$ 表示，即

$$L_{\mathrm{m}} = \left[(1 + S_{\mathrm{cp}})L_{\mathrm{s}} - x\Delta\right]_{0}^{+\delta_{\mathrm{z}}} \tag{4-19}$$

式中，Δ 前的系数 x 可以随塑件的精度和尺寸变化，一般在 0.5～0.75 之间。当塑件尺寸很大、精度较低时，δ_{z} 和 δ_{c} 可忽略不计，则 $x = 0.5$；当塑件尺寸较小、精度较高时，δ_{z} 可取 $\Delta/3$，δ_{c} 可取 $\Delta/6$，则 $x = 0.75$。一般如塑件尺寸偏大、精度偏低可取较小值，反之则取较大值。

(2) 型芯径向尺寸的计算。塑件内部孔的径向名义尺寸 l_{s} 按基孔制，取单向正偏差 Δ，平均尺寸为 $l_{\mathrm{s}} + \Delta/2$。模具型腔名义尺寸 l_{m} 为轴的尺寸，取单向负偏差，平均尺寸为 $l_{\mathrm{m}} - \delta_{\mathrm{z}}/2$。型腔的平均磨损量同样取为 $\delta_{\mathrm{c}}/2$，根据与上面型腔径向尺寸类似的推导，可得

$$l_{\mathrm{m}} = \left[(1 + S_{\mathrm{cp}})l_{\mathrm{s}} + x\Delta\right]_{-\delta_{\mathrm{z}}}^{0} \tag{4-20}$$

式中，系数 x 的取值范围在 0.5～0.75 之间。

(3) 型腔深度尺寸和型芯高度尺寸的计算。塑件高度名义尺寸 H_{s} 为轴的尺寸，取单向负偏差。凹模深度名义尺寸 H_{m} 是孔的尺寸，取单向正偏差。由于底面在脱模过程中磨损很小，磨损量可不予考虑，根据与上面类似的推导，可得凹模深度尺寸为

$$H_{\mathrm{m}} = \left[(1 + S_{\mathrm{cp}})H_{\mathrm{s}} - \frac{2}{3}\Delta\right]_{0}^{+\delta_{\mathrm{z}}} \tag{4-21}$$

塑件孔名义尺寸 h_{s} 为孔的尺寸，取单向正偏差；凸模高度名义尺寸 h_{m} 是轴的尺寸，取单向负偏差，同上可推出：

$$h_{\mathrm{m}} = \left[(1 + S_{\mathrm{cp}})h_{\mathrm{s}} + \frac{3}{2}\Delta\right]_{-\delta_{\mathrm{z}}}^{0} \tag{4-22}$$

(4) 中心距尺寸计算。塑件和模具上中心距尺寸的公差均采用双向等值偏差，磨损的结果不会使中心距尺寸发生变化，可不考虑磨损。塑件中心距名义尺寸和模具中心距名义尺寸均为平均尺寸，所以有

$$C_{\mathrm{m}} = (1 + S_{\mathrm{cp}})C_{\mathrm{s}} \pm \delta_{\mathrm{z}}/2 \tag{4-23}$$

3. 螺纹型芯和型环的尺寸计算

螺纹连接的种类很多,配合性质也不相同,影响塑件螺纹连接的因素比较复杂,要满足塑料螺纹准确配合的要求比较困难。下面运用平均值法,仅讨论成型普通紧固连接用的塑料螺纹(牙型角为 60° 的公制螺纹)的螺纹型芯和型环的尺寸计算方法。

由于螺纹中径是决定螺纹配合性质的最重要参数,决定着螺纹的可旋入性和连接的可靠性,所以模具螺纹大、中、小径的尺寸计算,均是以塑件螺纹中径公差 $\Delta_{中}$ 为依据,模具制造公差都采用了中径制造公差 δ_z。成型塑料螺纹的螺纹型芯和型环工作尺寸的计算公式,如表 4-13 所示。

表 4-13　螺纹型芯和螺纹型环工作尺寸计算公式

名称	计算公式	说明
螺纹型芯尺寸	大径: $d_{m大} = [(1+S_{cp})d_{s大} + \Delta_{中}]_{-\delta_z}^{0}$ 中径: $d_{m中} = [(1+S_{cp})d_{s中} + \Delta_{中}]_{-\delta_z}^{0}$ 小径: $d_{m小} = [(1+S_{cp})d_{s小} + \Delta_{中}]_{-\delta_z}^{0}$	$d_{m大}$、$d_{m中}$、$d_{m小}$ 为螺纹型芯的大径、中径及小径公称尺寸,mm; $d_{s大}$、$d_{s中}$、$d_{s小}$ 为塑件螺孔的大径、中径及小径公称尺寸,mm; S_{cp} 为塑料的平均收缩率,% $\Delta_{中}$ 为塑件内螺纹中径公差,mm,可参照金属螺纹公差标准,选用精度最低者; δ_z 为螺纹型芯中径制造公差,mm,应高于塑件螺纹精度,一般取塑件螺纹中径公差 $\Delta_{中}$ 的(1/5～1/4); 注:如果塑件螺纹配合时齿根和齿顶有较大间隙,型芯小径计算公式可加上 $3/4\Delta_{中}$
螺纹型环计算尺寸	大径: $D_{m大} = [(1+S_{cp})D_{s大} - 1.2\Delta_m]_{0}^{+\delta_z}$ 中径: $D_{m中} = [(1+S_{cp})D_{s中} - \Delta_m]_{0}^{+\delta_z}$ 小径: $D_{m小} = [(1+S_{cp})D_{s小} - \Delta_m]_{0}^{+\delta_z}$	$D_{m大}$、$D_{m中}$、$D_{m小}$ 为螺纹型环大径、中径、小径公称尺寸,mm; $D_{s大}$、$D_{s中}$、$D_{s小}$ 为塑件外螺纹大径、中径、小径公称尺寸,mm; Δ_m 为塑件外螺纹中径公差,mm; δ_z 为螺纹型环制造公差,mm,一般取塑件外螺纹中径公差 Δ_m 的 1/4
螺距计算	型芯或型环的螺距: $L_m = (1+S_{cp})L_s \pm \dfrac{\delta_z}{2}$	L_m 为螺纹型芯或型环的螺距,mm; L_s 为塑件的螺距,mm,对于型芯是内螺纹螺距,对于型环是外螺纹螺距; S_{cp} 为塑料的平均收缩率,% δ_z 为螺纹成型尺寸制造公差,mm

由上述公式可见,螺纹型芯和型环的径向尺寸计算公式与一般的型芯和型腔的计算公式相似,但又不尽相同。螺纹型芯计算公式中,第三项加上了 $\Delta_{中}$,而一般的型芯计算公式第三项是 $x\Delta$,增加了螺纹型芯的径向尺寸,即增加了塑件螺孔的直径。同理可见,螺纹型环的计算公式,相比于一般的型腔公式,减少了螺纹型环的径向尺寸,即减小了塑件螺栓的直径。这样就提高了塑料螺纹的可旋入性。

上述螺距计算公式,由于考虑到塑件的收缩性,计算得到的螺距带有不规则的小数,这样的特殊螺距加工很困难。因此,当用收缩率相同或相近的塑料外螺纹与内螺纹配合时,其内外螺纹尺寸可都不考虑收缩率。当用金属螺纹与塑件螺纹相配合时,如果配合长度不超过 7～8 个牙,也可不考虑收缩率。

4.5.6 成型零部件结构尺寸的设计

塑料模具型腔是在一定温度和一定压力下工作的,需要足够的刚度和强度。其中凹模、凸模和动模支承板是主要的受力零件。由于型腔的形状、结构形式多种多样,成型过程中模具受力状况也很复杂,对型腔强度和刚度做精确的力学计算几乎是不可能的,近似的计算公式通常也比较复杂,所以设计时通常将型腔近似简化为规则的圆形或矩形型腔,运用经验公式和经验图表。

圆形型腔是指型腔横截面呈圆形的几何构形,按结构可分为组合式和整体式两类,如图 4-83 所示,图(a)为组合式,图(b)为整体式,图中 s 为侧壁厚度,h_s 为底板厚度。表 4-14 列出了圆形型腔侧壁厚度的经验推荐值。

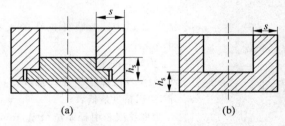

图 4-83 圆形型腔

表 4-14 圆形型腔壁厚   mm

型腔内壁直径	整体式型腔壁厚 s	组合式型腔	
		型腔壁厚 s	模套壁厚
～40	20	8	18
>40～50	25	9	22
>50～60	30	10	25
>60～70	35	11	28
>70～80	40	12	32
>80～90	45	13	35
>90～100	50	14	40
>100～120	55	15	45
>120～140	60	16	48
>140～160	65	17	52
>160～180	70	19	55
>180～200	75	21	58

矩形型腔是指横断面呈环状矩形结构的型腔,可分为组合式和整体式,如图 4-84 所示,图(a)为组合式,图(b)为整体式。图中的几何参数意义为:L_1 和 L_2 分别为侧壁长边和短边的长度;s_1 和 s_2 均为壁厚,一般取为相等,用 s 表示;h 为型腔深度,h_s 为底板厚度;L_0 为垫板间距。

在型腔压力低于 50MPa 时,矩形型腔的壁厚 s 与侧壁长边长度 L_1 有下列经验公式,由

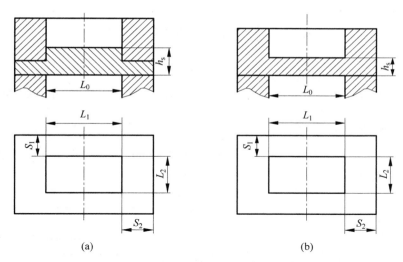

图 4-84　矩形型腔

经验公式可粗略确定型腔壁厚为

$$s = 0.20L_1 + 17 \qquad\qquad (4\text{-}24)$$

对整体式型腔，当 $L_1 > 100\text{mm}$ 时，上述计算的壁厚值可乘以修正系数 0.9。

表 4-15 列出了矩形型腔壁厚的经验推荐数据，供设计参考。

表 4-15　矩形型腔壁厚 　　　　　　　　　　　　　　　　mm

型腔内壁短边 L_2	整体式型腔侧壁厚 s	组合式型腔	
		型腔壁厚 s	模套壁厚
～40	25	9	22
＞40～50	25～30	9～10	22～25
＞50～60	30～35	10～11	25～28
＞60～70	35～42	11～12	28～35
＞70～80	42～48	12～13	35～40
＞80～90	48～55	13～14	40～45
＞90～100	55～60	14～15	45～50
＞100～120	60～72	15～17	50～60
＞120～140	72～85	17～19	60～70
＞140～160	85～95	19～21	70～80

型腔底板厚度 h_s 和凸模支承板厚度也可按表 4-16 经验公式粗略确定。

表 4-16　型腔底板和凸模支承板厚度经验公式 　　　　　　　　　　mm

型腔短边 L_2	$1.5L_2 < L_0$	$L_2 \approx L_0$	$L_2 \approx 1.5L_0$	$L_2 \approx 2L_0$
＜102	$(0.15～0.17)L_2$	$(0.12～0.13)L_2$	$(0.10～0.11)L_2$	$0.08L_2$
102～300	$(0.17～0.19)L_2$	$(0.13～0.15)L_2$	$(0.11～0.12)L_2$	$(0.08～0.09)L_2$
300～500	$(0.2～0.22)L_2$	$(0.15～0.17)L_2$	$(0.12～0.13)L_2$	$(0.09～0.10)L_2$

4.6 基本结构零部件设计

根据注射模中各零部件的作用,可分为成型零部件和结构零部件两大类。在结构零部件中,导向机构和支承零部件合称为基本结构零部件,二者组装起来可以构成模架的基础。

4.6.1 支承零部件设计

支承零部件主要指用来安装固定或支承成型零部件及其他结构零件的零部件,包括动模座板、定模座板、固定板、支承板以及支承件等,典型支承零部件组合如图 4-85 所示。支承零部件一般应根据《塑料注射模零件》(GB/T 4169—2006)选用。

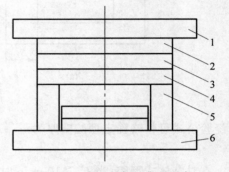

图 4-85　支承零件的典型组合
1—定模座板;2—定模板;3—动模板;
4—动模支承板;5—垫块;6—动模座板

1. 动、定模座板

动、定模座板与注射机的动、定模固定板相连接。设计或选用标准动、定模座板时,必须要保证它们的轮廓形状和尺寸与注射机上的动、定模固定板相匹配,座板上开设的螺钉孔、压板台阶等安装结构必须与注射机固定板上安装用螺钉孔的大小和位置相适应。

动、定模座板在成型过程中传递合模力并承受成型力,为保证足够的刚度和强度,座板应具有一定的厚度,一般对小型模具,其厚度不应小于 13mm,大型模具的模座板厚度,有时可达 75mm 以上。座板材料多用碳素结构钢或合金结构钢,经调质硬度可达 28～32HRC(230～270HBS)。

2. 固定板和支承板

固定板包括动模板和定模板,用于固定成型零部件(凸模、凹模等)、合模导向机构(导柱、导套等)和推出脱模机构(推杆等)等。为了保证被固定零件的稳定性,固定板应具有一定的厚度、足够的刚度和强度。固定板一般采用碳素结构钢制造,当对工作条件要求较严格或对模具寿命要求较长时,采用合金结构钢。

支承板是垫在固定板上面或下面的平板,作用是防止固定板固定的零件移动脱出,并承受一定的成型压力,多用于支承动模板。支承板应具有较高的平行度、一定的刚度和强度。固定板和支承板一般是用螺钉连接,要求定位可加定位销,也有用铆接的。支承板一般用中碳结构钢或中碳合金钢制成,经调质硬度可达 28～32HRC(230～270HBS)。支承板有时也可省去。

3. 支承件

常用的支承件有垫块和支承柱。

垫块的作用是在动模座板和动模固定板(或动模支承板)之间形成推出脱模机构所需的推出空间,也可以调节模具闭合高度,以适应注射机模具安装厚度的要求。常见的垫块结构形式如图 4-86 所示,图(a)为平行垫块,使用比较普遍;图(b)为角架式垫块,省去了动模座板,

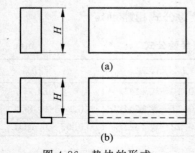

(a)

(b)

图 4-86　垫块的形式

常用于小型模具。

　　垫块的高度应根据脱模机构的推出行程来确定,一般应使推杆(推件板)将塑件推出高于型腔 10～15mm。

　　垫块材料一般为中碳钢,也可用 Q235、球墨铸铁或 HT200 等。在模具组装时,应注意所有垫块高度须一致,以保证模具上、下表面平行。垫块与动模固定板(或支承板)和动模座板之间一般采用螺钉连接,要求高时也可用定位销定位,如图 4-87 所示。

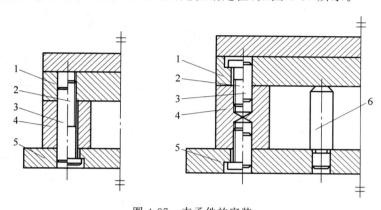

图 4-87　支承件的安装
1—动模支承板;2—螺钉;3—销;4—垫块;5—动模座板;6—支承柱

　　对于大型模具或垫块间跨距较大时,为了保证动模支承板的强度和刚度,同时减小垫块的厚度,通常在动模支承板下面加设圆柱形空心或实心的支承柱,如图 4-87 所示。支承柱有时可以对脱模机构起到导向的作用。支承柱的个数通常可为 2、4、6、8 等,分布尽量均匀,并根据动模支承板的受力情况和可用空间而定。

4.6.2　导柱导向机构设计

　　导柱导向机构用于保证动、定模之间的开合模导向和脱模机构的运动导向。导柱导向最常见的是在模具型腔周围设置 2～4 对互相配合的导柱和导套(导向孔),导柱设在动模或定模边均可,参考 4.2.3 节的模架标准。导柱一般设置在主型芯周围,如图 4-88 所示。

　　导向机构主要作用是导向、定位和承受注射时的侧压力。

　　(1) 导向作用。合模时,导向零件首先接触,引导动、定模准确闭合,避免型芯先进入型腔造成成型零件的损坏。

　　(2) 定位作用。合模时,维持动、定模之间一定的方位、避免错位;模具闭合后,保证动、定模位置正确,保证型腔的形状和尺寸精度。

　　(3) 承载作用。塑料熔体在注入型腔过程中可能产生单向侧压力,或由于注射机精度的限制,使导柱承受了一定的侧压力。若侧压力很大,不能单靠导柱来承担,需增设锥面定位机构。

　　导柱导向机构通常由导柱与导套(或导向孔)的间隙配合组成。

1. 导柱的设计

　　导柱的典型结构如图 4-89 所示。导柱沿长度方向分为固定段和导向段。两段名义尺寸相同、只是公差不同的是带头导柱,也称直导柱,如图(a)所示;两段名义尺寸和公差都不同的为带肩导柱,也称台阶式导柱,如图(b)、(c)所示,图(b)为 Ⅰ 型带肩导柱,图(c)为 Ⅱ 型带肩导柱。Ⅱ 型带肩导柱还可起到模板间的定位作用,在导柱凸肩的另一侧有一段圆柱形定位段,与另一模板配合。导柱的导向部分可以根据需要加工出油槽,如图(c)所示,以便润滑和集尘,提高使用寿命。

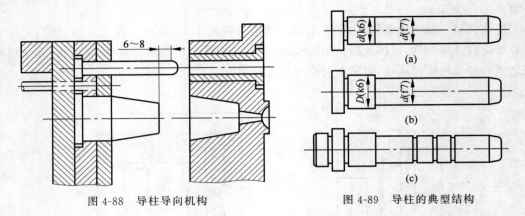

图 4-88　导柱导向机构　　　　　图 4-89　导柱的典型结构

小型模具和生产批量小的模具多采用带头导柱,小批量生产也可不设置导套,导柱直接与模板中的导向孔配合,生产批量大时,应设置导套。大、中型模具和生产批量大的模具多采用带肩导柱。

导柱的设计应注意下面几点要求:

(1) 国家标准导柱头部为截锥形,截锥长度为导柱直径的 1/3,半锥角为 10°~15°。也有头部采用半球形的导柱。导柱导向部分直径已标准化,见《塑料注射模零件》(GB/T 4169—2006),根据模板尺寸确定,中小型模具导柱为模板两直角边之和的 1/35~1/20,大型模具导柱直径为模板两直角边和的 1/40~1/30,圆整后取标准值。导柱长度应比主型芯高出至少 6~8mm,如图 4-88 所示,以避免型芯先进入型腔。

(2) 导向段与导套(导向孔)间采用间隙配合 H7/f6,固定段与模板间采用过渡配合 H7/k6 或 H7/m6。导向段表面粗糙度 Ra 为 $0.4\mu m$,固定段表面粗糙度 Ra 为 $0.8\mu m$。

(3) 导柱应具有硬而耐磨的表面,坚韧而不易折断的芯部,多采用 20 钢经渗碳淬火处理,表面硬度 55~60HRC;或碳素工具钢 T8A、T10A 经淬火或表面淬火处理,表面硬度 55~60HRC。

(4) 对一个分型面而言,导柱数量可采用 2~4 根,大中型模具中 4 根最为常见,小型模具可采用 2 根。对于动、定模在合模时没有方位限制的模具,可采用相同的导柱直径对称布置。有方位限制时,应能保证模具的动、定模按一个方向合模,防止在装配或合模时因方位搞错而使型腔破坏,可采用导柱等直径不对称分布,如图 4-90(a)所示,或不等直径对称分布,如图 4-90(b)所示。

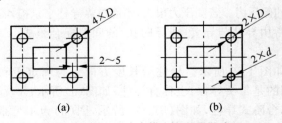

图 4-90　保证正确合模方向的导柱布置

2. 导套和导向孔的设计

导向孔直接开设在模板上,加工简单,但模板一般未淬火,耐磨性差,所以导向孔适用于生产批量小、精度要求不高的模具。大多数的导向孔都镶有导套,导套不但可以淬硬以提高寿命,而且在磨损后方便更换。

导套国家标准有直导套和带头导套两类,如图 4-91 所示。图(a)为直导套,用于简单模具或导套后面没有垫块的模具;图(b)为Ⅰ型带头导套;图(c)为Ⅱ型带头导套,结构较复杂,用于精度较高的场合。Ⅱ型带头导套在凸肩的另一侧设定位段,起到模板间定位作用。

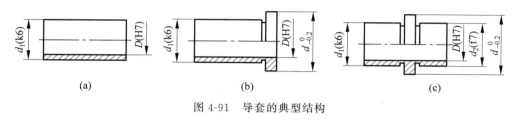

图 4-91　导套的典型结构

导套设计要点如下:

(1) 为了便于导柱进入导套和导套压入模板,在导套端面内外应倒圆角。导向孔前端也应倒圆角,最好做成通孔,以便于排出空气及意外落入的塑料废屑。如模板较厚,必须做成盲孔时,可在盲孔的侧面打一小孔排气。导套的结构尺寸根据相配合的导柱尺寸确定。

(2) 导套与模板为较紧的过渡配合,直导套一般用 H7/n6,带头导套用 H7/K6 或 H7/m6。带头导套因有凸肩,轴向固定容易。直导套固定则应防止被拔出,如图 4-92 所示。为了防止直导套在开模时被拉出,常用紧定螺钉从侧面紧固,如图(a)、(b)、(c)所示,图(a)将导套侧面加工成缺口,图(b)用环形槽代替缺口,图(c)导套侧面开孔,图(d)为铆接的形式。

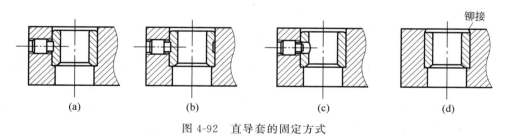

图 4-92　直导套的固定方式

(3) 导套可用与导柱相同的材料或铜合金等耐磨材料制造,但其硬度一般稍低于导柱,以减少磨损,防止导柱拉毛。导套固定段和导向段的表面粗糙度 Ra 一般均为 $0.8\mu m$。

3. 导柱和导套的配合使用

图 4-93 所示为导柱和导套常见的配合形式。图(a)、(b)、(c)是带头导柱与导向孔、导套配合的形式,图(d)、(e)、(f)是带肩导柱与导套配合的形式,这种形式导柱固定孔和导套固定孔的尺寸一致,便于配合加工,易于保证同心度,其中(f)为Ⅱ型带肩导柱与Ⅱ型带头导套的配合,结构比较复杂。图 4-94 所示为导柱导向应用于中小型模具动、定模之间的导向和脱模机构导向的实例。

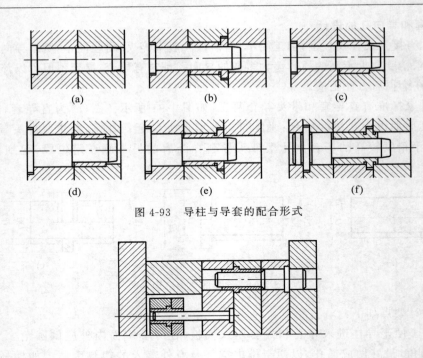

图 4-93　导柱与导套的配合形式

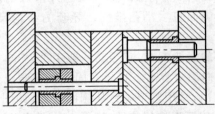

图 4-94　中小型模具用导柱导向实例

4.6.3　锥面定位机构

锥面定位机构用于成型精度要求高的大型、深腔塑件,特别是薄壁、侧壁形状不对称的塑件,用于动、定模之间的精密对中定位。大型薄壁塑件合模偏心会引起壁厚不均,由于导柱与导套之间有间隙,不可能精确定位;壁厚不均使一侧进料快于另一侧,由于塑件大,两侧压力的不均衡可能产生较大的侧向推力,引起型芯或型腔的偏移,如果这个力完全由导柱来承受,导柱会卡死、损坏或磨损增加。侧壁形状不对称的塑件,成型压力也会产生较大的侧向推力。

锥面定位机构的配合间隙为零,可提高定位精度,同时可以承受较大的侧向推力。如图 4-95 所示,在型腔周围Ⅰ处设置锥形定位面。该锥形面不但起定位的作用,而且合模后动、定模互相扣锁,可限制型腔膨胀,增加模具的刚性。锥形定位面受力大、易磨损,一般采取两种方法:第一种是在两锥面之间镶上耐磨镶块,镶块经淬火处理,磨损后可更换;第二种是两锥面直接配合,配合面需进行淬火处理,以增加表面硬度和耐磨性。锥面的角度一般为 5°～20°,高度不低于 15mm。

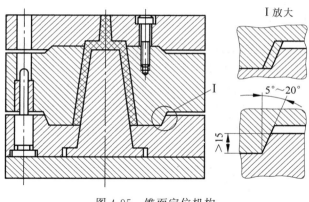

图 4-95　锥面定位机构

4.7　脱模机构设计

注塑成型后的塑件及浇注系统凝料从模具中脱出的机构称为脱模机构(又称为顶出机构、推出机构)。在成型过程中,最理想的情况是模具开启后,塑件由自身重力作用而从型腔或型芯上自动脱落。实际上,由于塑件表面的微观凸凹、附着力和内应力的存在,必须设计取出塑件的脱模机构,完成将塑件和浇注系统凝料等与模具松动分离,并从模内取出的动作。脱模机构的动作通常由注塑机的推出机构带动模具的脱模机构完成。

脱模机构由一系列推出零件和辅助零件组成。按推出脱模动作特点可分为一次推出脱模(简单脱模)、二次推出脱模、动定模双向推出脱模、带螺纹塑件脱模等不同类型。按推出动作的动力源可分为手动脱模、机动脱模、液压脱模和气压脱模等。

4.7.1　脱模机构的设计原则

由于塑件的几何形状和尺寸千变万化,要对各种塑件实现推出脱模动作,需要设计各种不同的机械运动,所以脱模机构设计是一个既复杂而又灵活的工作。通常设计脱模机构时,要根据塑件的形状、复杂程度和注射机推出结构形式,遵循以下原则。

(1) 机构运动准确、可靠、灵活,并有足够的刚度、强度来克服脱模力。

(2) 保证塑件不变形或不损坏。推出力中心尽量与脱模力中心相重合,推出力分布均匀,作用面积尽可能大且作用点靠近型芯,可防止塑件脱模后变形;推出力施于塑件刚性和强度最大的部位(如凸缘、加强筋等),可防止塑件在推出时造成损坏。

(3) 保证塑件良好的外观。推出位置应尽量设在塑件内部或对塑件外观影响不大的部位。同时,与塑件直接接触的脱模零件的配合间隙要保证不溢料,以避免在塑件上留下飞边痕迹。

(4) 尽量使塑件留在动模一侧,以便借助注射机的开模力驱动脱模装置,完成脱模动作,简化模具结构。

(5) 在设计脱模机构时,应考虑合模时推出机构的复位,在斜导杆和斜导柱侧向抽芯及其他特殊情况下,还应考虑推出机构的先复位、避免回程干涉等问题。

4.7.2　脱模力的计算

注塑成型后,塑件在模内冷却定型,由于体积收缩,对型芯产生包紧力,当塑件从包紧的型芯上脱出时所需克服的阻力称为脱模力,它主要包括由塑件的收缩引起的塑件与型芯的摩擦阻力和大气压力。脱模力的计算是设计脱模机构的依据。

图 4-96 所示为塑件在脱模时型芯的受力分析情况。由于推出力 F_t 的作用,使塑件对型芯的总压力(塑件收缩引起)降低了 $F_t\sin\alpha$,因此推出时的摩擦力 F_m 为

$$F_m = (F_b - F_t\sin\alpha)\mu$$

式中：F_m——脱模时型芯受到的摩擦阻力;

F_b——塑件对型芯的包紧力;

F_t——脱模力(推出力);

α—脱模斜度;

μ—塑件对钢的摩擦系数,为 0.1~0.3。

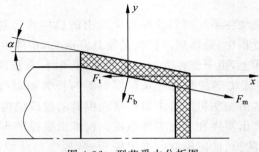

图 4-96　型芯受力分析图

根据力平衡的原理,列出平衡方程式：

$$\sum F_x = 0$$

故　　　　　　　　$$F_m\cos\alpha - F_t - F_b\sin\alpha = 0$$

整理后得

$$F_t = \frac{F_b(\mu\cos\alpha - \sin\alpha)}{1 + \mu\cos\alpha\sin\alpha}$$

由于摩擦系数 μ 一般较小,$\sin\alpha$ 更小,$\cos\alpha$ 也小于1,故忽略 $\mu\cos\alpha\sin\alpha$,上式简化为

$$F_t = F_b(\mu\cos\alpha - \sin\alpha)$$
$$= Ap(\mu\cos\alpha - \sin\alpha) \tag{4-25}$$

式中：A——塑件包络型芯的面积;

p——塑件对型芯单位面积上的包紧力。一般情况下,模外冷却的塑件,p 取 24~39MPa;模内冷却的塑件,p 取 8~12MPa。

从式(4-25)中可以看出,脱模力的大小随着塑件包络型芯的面积增加而增大,随着脱模斜度增大而减小,同时也和塑料与钢(型芯材料)之间的摩擦系数有关。实际上,影响脱模力的因素很多,如型芯的表面粗糙度、成型的工艺条件、大气压力及推出机构本身在推出运动时的摩擦阻力等都会影响脱模力的大小。具体请参见相关资料。

4.7.3　简单脱模机构

简单脱模机构又称为一次推出脱模机构,即开模后塑料制件在推出零件的作用下,通过一次推出动作将塑件脱卸出模具的机构。它是最常用的一种脱模机构,包括推杆(顶杆)脱模机构、推管脱模机构、推件板脱模机构、多元件联合脱模机构和气动脱模机构等。这类脱模机构最常见,设计最简单,应用也最广泛。

1. 简单脱模机构的组成和动作原理

这里以推杆脱模机构为例说明,其他简单脱模机构类似。

如图 4-97 所示,开模时,动模在注塑机的作用下与定模分开,塑件 10 包在动模的凸模上,同时拉料杆 6 拉出浇注系统凝料,当推板 3 与注塑机推出机构相遇时,动模停止运动,注塑机推出机构驱动整个脱模机构(推杆固定板 2、推板 3、推杆 1、拉料杆 6 和复位杆 7 等)向定模方向运动,推杆 1 顶出塑件,拉料杆 6 顶出浇注系统凝料,导套 4 和导柱 5 保证脱模机构动作平稳运行;合模时,动模在注塑机的锁模机构作用下合模,注塑机推出机构复位,脱模机构在复位杆 7 或复位弹簧的作用下复位,限位钉 8 保证复位精度。

脱模机构由推出部件、导向部件和复位部件等组成。

(1) 推出部件。如图 4-97 所示,推杆 1 直接与塑件接触,开模后将塑件推出。推杆固定板 2、推板 3 的作用是固定推杆、传递注塑机推出机构推力的作用。限位钉 8 的作用是调节推杆位置、便于清除杂物。

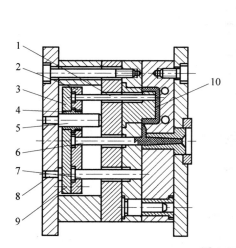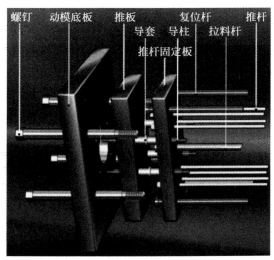

图 4-97　推杆脱模机构

1—推杆;2—推杆固定板;3—推板;4—导套;5—导柱;
6—拉料杆;7—复位杆;8—限位钉;9—螺钉;10—塑件

(2) 导向部件。为使推出过程平稳,推出零件不致弯曲卡死,推出机构中设有导柱 5 和导套 4,起到推出导向作用。

(3) 复位部件。推出部件完成塑件的推出动作后,为了进行下一循环的成型,必须回到初始位置。使推出部件回复到初始位置的部分为复位部件。图 4-97 中利用复位杆 7 复位。

2. 推杆脱模机构的设计

推杆脱模机构具有制造简单、更换方便,容易达到推杆与模板或型芯上推杆孔的配合精度,推出动作灵活可靠,顶出效果好等特点。但因顶出面积一般较小,容易引起应力集中而顶坏塑件或使塑件变形,不适于脱模斜度小和顶出阻力大的管形或箱形塑件。

1) 推杆的设计

(1) 推杆的形式

① 普通推杆。普通推杆只起顶出塑件的作用,本身仅端面参与成型。图 4-98 中,图(a)为单节式推杆(直通式推杆),是最常用的形式。配合部分和固定部分的尺寸公差一样,适用于小型模具。图(b)为阶梯式推杆,用于推杆直径较小和顶出距离较大的模具,由于工作部分较细,故在其后部加粗提高刚性。图(c)为插入式阶梯推杆,插入部分直径小,是顶杆的工作部分,长度是 $(4 \sim 6)d$,用优质钢材制造,插入时采用过渡配合,插入后用钎焊方法固定。图 4-98 中的长度尺寸 L 和 N 结合模具的尺寸选定。

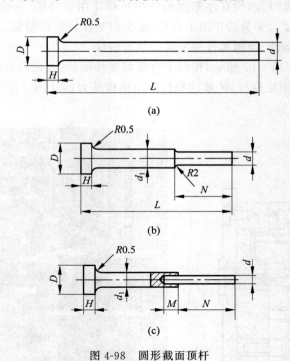

图 4-98　圆形截面顶杆

② 异形推杆。推杆因在塑件上作用部位不同,其截面形状有时需要根据塑件被推部位形状而采用异形截面推杆,常见的异形推杆截面形状如图 4-99 所示。图 4-99(a)所示为矩形截面,四周应加工成小圆角,主要用来推顶普通推杆难以推出的细长部分,如塑件的加强筋等;图(b)所示为半圆形(D 形)截面,通常用于推顶薄壁塑件的边缘,以增大其顶推面积;图(c)所示为扇形截面,相当于局部推管。

异形推杆通常做成两部分,靠近安装凸缘部分截面为圆形,与模板配合部分为异形。

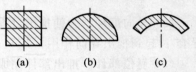

图 4-99　异形推杆的截面形状

（2）推杆位置的选择

推杆的位置应设在脱模阻力大的地方，当顶出力相同时，推杆要均匀布置，保证塑件顶出时受力均匀，不易变形。推杆应设置在塑件的非主要表面、非薄壁处，以免塑件变形和因顶出痕迹影响塑件外观。在保证塑件质量和顺利脱模的情况下，推杆的数目不宜过多。

图 4-100 所示的壳或盖类塑件的侧面阻力最大，推杆设在端面或靠近侧壁的部分，但注意不要和型芯（或嵌件）边沿的距离太近，以免影响凸模、凹模的强度。图 4-101 为带有凸台和加强筋的塑件，推杆设在凸台或加强筋的底部。

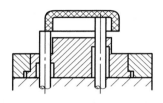 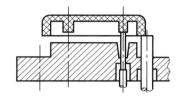

　　图 4-100　盖类塑件的顶出位置　　　　　　图 4-101　加强筋部增设推杆结构

（3）推杆的固定及配合

推杆的材料常用 T8A、T10A 等碳素工具钢或 65Mn 弹簧钢等。推杆工作部分与模板或型芯上推杆孔的配合常采用 H8/f7 或 H7/f7 的间隙配合，推杆工作段配合部分的表面粗糙度一般为 $Ra0.8\mu m$。

推杆在固定板中的形式如图 4-102 所示。图（a）为一种常用的推杆固定形式，推杆直径可比固定孔的直径小 $0.5\sim1mm$，可用于各种形式的推杆。图（b）是利用垫板或垫圈代替固定板上的沉孔，使之加工简便。图（c）中，推杆的高度可以调节，螺母起固定锁紧作用。图（d）是直接将推杆端部的螺塞拧入推杆固定板中，不需另设推板，但推杆固定板较厚。图（e）是铆接的形式，适用于直径小的推杆或推杆之间距离较近的情况。图（f）中推杆用螺钉紧固，适用于粗大的推杆。

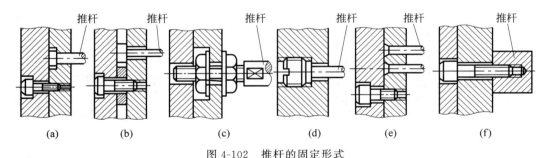

（a）　　　　　　（b）　　　　　　（c）　　　　　　（d）　　　　　　（e）　　　　　　（f）

图 4-102　推杆的固定形式

2）导向装置的设计

在顶出塑件时，为了防止因塑件反推力不均导致推杆偏斜，从而使推杆弯曲损坏或造成运动卡滞，特别是对于细长推杆或推杆数量较多时，常设置导向零件。导柱一般不应少于两个，大型模具要四个。图 4-103 为导柱安装的三种形式。前两种形式的导柱除定位外，还能起到支承柱的作用，以减少注塑成型时动模支承板的变形。模具小，推杆少，塑件数量又不多时，只有导柱即可。反之，模具还需要装配导套，以延长导向零件的寿命，使用更加稳固可靠。

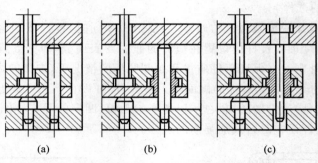

图 4-103　推出机构的导向装置

3）复位装置的设计

目前常用的复位形式主要有复位杆复位和弹簧复位。

复位杆又称回程杆或反顶杆。复位杆必须装在推杆固定板上，且各个复位杆的长度必须一致，复位杆端面常低于模板平面 0.02～0.05 mm。复位杆一般设 2～4 根，位置在模具型腔和浇注系统之外。由于模具每闭合一次，复位杆端面都要和定模板发生一次碰撞，为避免变形，复位杆端面和与之相接触的定模板的相应位置镶嵌淬火镶块。若生产批量不大或塑件精度要求不高时，复位杆淬火即可，定模板可不淬火。复位杆有时兼起导柱的作用，可省去脱模机构的导向元件。

弹簧复位是脱模机构简单的复位方式。弹簧在推板与动模板之间，顶出塑件时弹簧被压缩。合模时，只要注塑机的顶杆一离开模具推板，弹簧的回力就将脱模机构复位。弹簧有先复位作用。

图 4-104～图 4-106 给出了几种复位形式。图 4-104（a）中，复位杆顶在淬过火的垫块上，而垫块是镶在未淬火的定模板上；图 4-104（b）中，复位杆直接顶在定模板上。图 4-105中推管兼作复位杆。图 4-106 是弹簧复位的形式，图（a）弹簧套在定位杆上，图（b）弹簧套在推杆上。

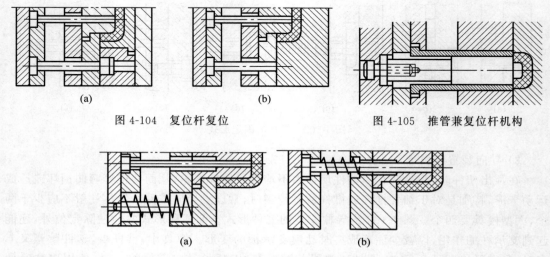

图 4-104　复位杆复位　　　　　　　　　　　　图 4-105　推管兼复位杆机构

图 4-106　弹簧复位形式

3. 推管脱模机构

推管又称空心推杆或顶管,它适于圆环形、圆筒形等中心带孔的塑件脱模,其优点是推顶平稳可靠,整个周边推顶塑件,塑件受力均匀,无变形,无推出痕迹,同轴度高。但对于薄壁深筒型塑件(壁厚小于 1.5mm)和软性塑料(如聚乙烯、软聚氯乙烯等)塑件,因其易变形,不易单独采用推管推出,应同时采用其他推出元件(如推杆),才能达到理想的效果。

推管脱模机构的常用方式如图 4-107(a)所示。型芯用台肩固定在动模座板上,型芯较长,使模具闭合厚度加大,但结构可靠,多用于顶出距离不大的场合。图 4-107(b)型芯用键或销固定在动模板上,推管中部开有长槽,槽在键或销以下的长度应大于顶出距离,这种结构型芯较短,模具结构紧凑,但紧固力小,要求推管和型芯及型腔的配合精度较高,适用于型芯直径较大的模具。图 4-107(c)推管在动模板内滑动,可以缩短推管和型芯的长度,但动模板的厚度加大。图 4-107(d)是扇形推管(三根扇形推杆的组合),结构具有图 4-107(c)形式的优点,但推管制造麻烦,强度较低,容易损坏。

推管尺寸可参考图 4-107(e)并结合模具的结构设计。推管内径与型芯间隙配合,外径与模板间隙配合,小直径推杆取 H8/f8,大直径取 H7/f6 配合。推管与型芯的配合长度比顶出行程大 3~5mm,推管与模板的配合长度一般等于(0.8~2)D。推管的材料可为 T8、T10 等,淬火硬度为 53~57HRC;对于一般要求不高的模具,可用 45 钢调质处理,硬度为 235HBS。

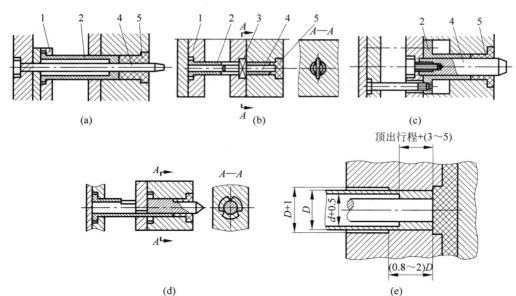

图 4-107

图 4-107　推管脱模机构及推管尺寸
1—推管固定板;2—推管;3—键或销;4—型芯;5—塑件

4. 推件板脱模机构

推件板又称脱模板、刮板,此种脱模机构适用于大筒形塑件、薄壁容器及各类罩壳形塑件。推件板脱模的特点是顶出均匀、力量大,运动平稳,塑件不易变形,表面无顶出痕迹,不需要设置复位装置;但对于非圆形的塑件,其配合部分加工困难,并因增加推件板而使模具重量增加,对于大型深腔容器,尤其是采用软质塑料时,要在推板附近设置引气装置,防止在脱模过程中形成真空。

推件板结构形式如图 4-108 所示,图(a)、(b)推件板与推杆之间采用了固定连接,以防止推件板在顶出过程中脱落;图(c)、(d)、(e)、(f)推件板与推杆之间无固定连接,通过严格控制顶出距离,导柱有足够长度保证推件板不脱落,其中图(f)为带推件板脱模模具的三维剖视图。其中图(a)应用最广;图(b)推件板镶入动模板中,又称环状推件板,结构紧凑;图(c)结构为注射机顶杆直接作用在推件板上,适用于两侧带有顶杆的注塑机,模具结构可大大简化,但推件板尺寸要适当加大,和注射机两侧顶杆的间距相适应,推件板厚度要适当增加以增加刚性;图(d)用定距螺钉的头部一端顶推件板,另一端和推板连接,省去推杆固定板;图(e)和(f)中推件板的导向借助于动、定模的导柱,为了防止塑件成型过程中推件板从导柱上脱落,必须严格控制推出行程并保证导柱要有足够的长度。

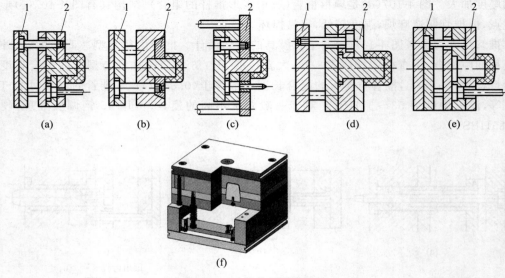

图 4-108

图 4-108 推件板脱模机构
1—推杆固定板;2—推件板

推件板与型芯之间的配合为间隙配合,如 H7/f6 等,配合表面粗糙度 $Ra0.8\sim0.4\mu m$。推件板的常用材料为 45 钢、32Cr2Mo、4CrNiMo 等,热处理硬度要求 28~32HRC。

5. 推块脱模机构

平板状带凸缘的塑件,如用推件板脱模会黏附模具,则可采用推块脱模结构。这类塑件有时也用推杆脱模机构,但塑件容易变形,且表面有顶出痕迹。

推块是型腔的组成部分,应有较高的硬度和较低的表面粗糙度,推块与型腔、型芯之间应有良好的间隙配合,要求滑动灵活且不溢料。推块所用的推杆与模板的配合精度要求不高。

推块脱模机构如图 4-109 所示。图(a)中无复位杆,推块复位靠主流道中的熔体压力来实现;图(b)中复位杆在推块的台肩上,结构简单紧凑,但复位杆的孔距离型腔很近,对型腔强度有一定影响;图(c)中复位杆固定在推杆固定板上,适用于推块尺寸不大且无台肩的情况。

推块与型腔间的配合为 H7/f6 等,配合表面粗糙度为 $Ra0.8\sim0.4\mu m$。推块材料用 T8

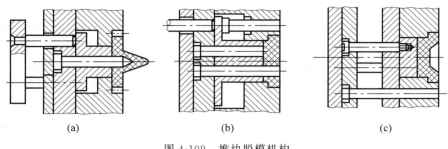

(a)　　　　　　　　　　　　(b)　　　　　　　　　　　　(c)

图 4-109　推块脱模机构

等材料,经淬火硬度为 53～55HRC,或 45 钢调质硬度为 235HBS。

6. 利用成型零件的脱模机构

成型零件(如镶块、凹模等)在推杆的作用下带出塑件的装置,称为利用成型零件的脱模机构。

图 4-110 是利用活动成型镶块在推杆的作用下,完成塑件顶出的结构。顶出后,镶块和塑件需要在模外分开,镶块再重新安装在模内成型下一个塑件。其中图(a)利用推杆顶出螺纹型芯;图(b)中推杆顶出的是螺纹型环,为便于型环安放,推杆采用弹簧复位;图(c)利用成型塑件内部凸边的活动镶块顶出;图(d)镶块固定于推杆上,脱模时,镶块不与模体分离,要手动取出塑件。图 4-111 是利用型腔带出塑件的顶出机构,塑件脱离型芯后,还要用手将塑件从型腔中取出。

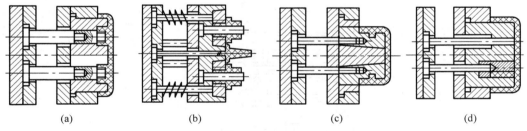

(a)　　　　　　　(b)　　　　　　　(c)　　　　　　　(d)

图 4-110　利用成型零件的脱模机构

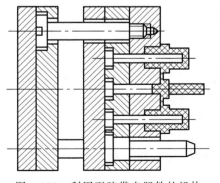

图 4-111　利用型腔带出塑件的机构

这里要说明的是,前面讲的推块脱模机构可认为是推件板脱模机构的一种变异,也可认为是利用镶块的脱模机构。

7. 多元件联合脱模机构

有些塑件在模具设计时,往往不能采用上述单一的简单脱模机构,否则塑件就会变形或损坏,特别是对于深腔壳体、薄壁,局部有管状、凸筋、凸台及金属嵌件的复杂塑件,多采用两种或两种以上的简单脱模机构联合推顶,以防止塑件脱模变形,如图 4-112 所示。

图 4-112(a)为推杆和推件板并用的例子,由于型芯内部部分形状脱模阻力较大,若仅用推板脱模,可能产生断裂或残留现象,增加推杆可顺利脱模,但不利于型芯冷却;图(b)是推管、推杆并用的机构,原因在于有局部拔模斜度小且深的管状凸起,凸起及周边的脱模阻力较大;图(c)中塑件与图(b)相同,但脱模采用推管、推板并用的类型。

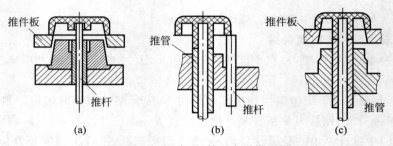

图 4-112　二(多)元件联合脱模机构

图 4-113 是同时利用推板、推杆、推管、活动镶块的顶出机构。

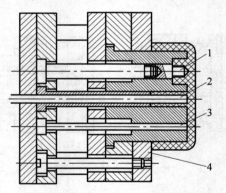

图 4-113　四(多)元件联合脱模机构
1—螺纹型芯;2—推管;3—推杆;4—推板

8. 气动脱模机构

气动脱模机构指通过装在模具内的气阀(气缝)把压缩空气引入塑件和模具之间使塑件脱模的一种装置,它特别适用于深腔薄壁类容器,尤其是软性塑料的脱模。气动脱模装置虽然要设置压缩空气的通路和气门等,但模具结构大为简化,型芯和凹模都可使用气动脱模,可在开模过程任意位置推出塑件。

图 4-114 所示气动脱模机构,塑件固化后开模,通入 100~400kPa 的压缩空气,空气进入型腔与塑件之间,完成塑件脱模。图 4-115 为推件板、气压联合脱模的机构,塑件为深腔薄壁塑件,为保证脱模质量,除了采用推件板顶出外,还在推件板和型芯之间吹入空气,使脱模顺利可靠。

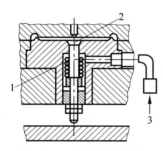

图 4-114　气动脱模装置

1—弹簧；2—阀杆；3—压缩空气

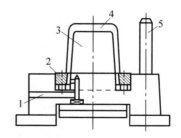

图 4-115　推板、气压联合脱模机构

1—压缩空气通道；2—推板；3—型芯；
4—塑件；5—导柱

9. 推出零件的尺寸确定

在脱模机构中,最主要的零件就是推件板和推杆,而推件板厚度、推杆直径、长度的确定又是设计的关键。因此,下面着重从强度、刚度两方面介绍推出零件的尺寸计算公式。

1) 推杆尺寸

(1) 推杆直径。推杆的受力状态可简化为"一端固定、一端铰支"的压杆稳定性力学模型,由欧拉公式简化得

$$d = \Phi \left(\frac{L^2 Q}{nE} \right)^{\frac{1}{4}} \tag{4-26}$$

式中：d——推杆直径,mm；

　　　Φ——安全系数,范围在 1.4～1.8 之间,通常取 1.5；

　　　L——推杆长度,mm；

　　　Q——脱模阻力,N；

　　　n——推杆根数；

　　　E——推杆材料的弹性模量,MPa。

推杆直径确定后,还应进行强度校核：

$$\sigma = \frac{4Q}{n\pi d^2} \leqslant [\sigma] \tag{4-27}$$

式中：σ——推杆所受的应力,MPa；

　　　$[\sigma]$——推杆材料的许用应力,MPa。

(2) 推杆长度。推杆总长度的计算公式为

$$h_{杆} = h_{凸} + \delta_1 + h_{动垫} + S_{顶} + \delta_2 + h_{顶固} \tag{4-28}$$

或

$$h_{杆} = h_{凸} + \delta_1 + h_{动垫} + h_{垫块} - h_{限钉} - h_{顶垫} \tag{4-29}$$

式中：$h_{杆}$——推杆的总长度,mm；

　　　$h_{凸}$——凸模的总高度,mm；

　　　$h_{动垫}$——动模垫板的厚度,mm；

　　　$S_{顶}$——顶出行程,mm；

　　　$h_{顶固}$——推杆固定板厚度,mm；

$h_{垫块}$——模具垫块(垫脚)的厚度,mm;

$h_{限钉}$——顶出板限位钉的厚度,mm;

$h_{顶垫}$——推板的厚度,mm;

δ_1——富余量,推杆端面应比型腔平面高出的尺寸,一般为 0.05~0.1mm;

δ_2——顶出行程富余量,一般为 3~6mm,以免推板直接顶到动模垫板。

另外,如果在推板和动模板之间加上弹簧(起平稳缓冲作用,有时起到一定的先复位作用),推杆总长度还要再加上弹簧压紧后的高度。如果不加限位钉,则把 $h_{限钉}=0$ 代入上面的计算公式进行计算。

2) 推件板厚度尺寸

(1) 筒形或圆形塑件。推件板受力状况可简化为"圆环形平板周界受集中载荷"的力学模型,最大挠度产生在板的中心。

刚度计算公式:

$$h = \left(\frac{CQR^2}{E[\delta]} \right)^{\frac{1}{3}} \tag{4-30}$$

强度计算公式:

$$h = \left(K \frac{Q}{[\sigma]} \right)^{\frac{1}{2}} \tag{4-31}$$

式中: h——推件板厚度,mm;

C——系数,随 R/r 值而异,其值见表 4-17;

R——推杆作用于推件板上的几何半径,mm;

Q——脱模阻力,N;

r——推板圆形内孔(或型芯)半径,mm;

E——推件板材料弹性模量,MPa;

$[\delta]$——推板中心允许变形量,mm,通常取塑件尺寸公差的 1/5~1/10,即 $[\delta]=(1/5\sim1/10)\Delta_i$;

Δ_i——塑件在被顶出方向上的尺寸公差,mm;

K——系数,随 R/r 值而异,其值见表 4-17;

$[\sigma]$——推件板材料的许用应力,MPa。

取两式计算结果中大者作为设计依据。

表 4-17　圆环形平板系数

R/r	C	K	R/r	C	K
1.25	0.0051	0.227	3.00	0.2090	1.205
1.50	0.0249	0.428	4.00	0.2930	1.514
2.00	0.0877	0.753	5.00	0.3500	1.745

(2) 矩形或异环形截面的塑件。截面为矩形或异环形的塑件脱模时,推板受力状况可简化为"中间受集中载荷的简支梁"的力学模型,最大挠度产生在板的中心。推板厚度由下式计算:

$$h = 0.54 L_0 \left(\frac{Q}{EB[\delta]} \right)^{\frac{1}{3}} \tag{4-32}$$

式中：h——推板厚度，mm；

L_0——两推杆作用在推板长度方向的距离，mm；

Q——脱模阻力，N；

B——推件板宽度，mm；

E——推件板材料弹性模量，MPa；

$[\delta]$——推件板中心允许变形量，mm。

4.7.4　二次脱模机构

当塑件形状特殊或有生产自动化的需要时，在一次脱模推出动作后，塑件仍难于从型腔中取出或不能自动脱落时，必须再增加一次脱模动作，才能使塑件脱模；有时为了避免一次脱模使塑件受力过大而变形或损坏，也采用二次脱模推出，以保证塑件质量，这类使用两次推出动作使塑件可靠脱模的机构称为二次推出脱模机构。这类机构一般有两个或两组顶出行程具有一定差值的推出零件，如果它们同时动作，则需要行程较小的推出零件提前停止动作；若它们不同时动作，则要求行程较大的推出零件滞后运动。因此，二次脱模机构必须设有控制推出行程的装置。

下面介绍几种二次脱模机构的工作过程。

1. 单推板二次脱模机构

单推板二次脱模机构的特点是有一套简单脱模机构，但需完成二次脱模动作，另一次的推出靠一些特殊的机构来实现，这里介绍常见的几种形式。

1）弹簧式

图 4-116 中，垫板 2 和推板 3 之间的距离应大于第二次推出的距离。开模时，定、动模分开后，注射机顶杆 8 推动推板 3，通过推杆 5 将型腔 7 顶起，塑件由型芯 6 上脱出，完成第一次脱模，如图（b）所示；此后，弹簧 1 的弹力推动垫板 2，通过推杆 4 将塑件由型腔 7 内顶出，如图（c）所示，塑件由模具内自由脱落。该方法结构简单，缺点是动作不牢靠，弹簧容易失效，需要及时更换。

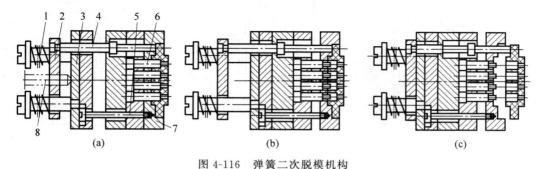

图 4-116　弹簧二次脱模机构

1—弹簧；2—垫板；3—推板；4,5—推杆；6—型芯；7—型腔；8—注射机顶杆

2）滑块式

图 4-117 通过斜导柱滑块实现二次脱模。图（a）为闭模状态；当注塑机顶杆顶动推板

时,推板带动推件板 3 和推杆 6 一起运动,使塑件脱离型芯 1,与此同时,滑块在斜导柱的作用下向内移动,如图(b)所示;再继续运动时,由于滑块右边斜面的作用,使推杆 6 移动的距离大于推件板移动的距离,塑件脱离推件板,如图(c)所示,完成二次推出。

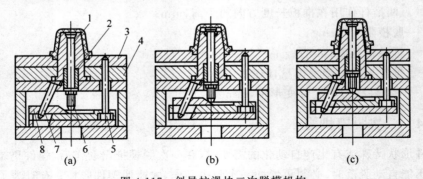

图 4-117　斜导柱滑块二次脱模机构
1—型芯;2—塑件;3—推件板;4—动模板;5,6—推杆;7—斜导柱;8—滑块

2. 双推板二次脱模机构

此类脱模机构具有两组简单脱模装置,利用两组脱模装置的先后动作完成二次脱模。

1) 八字形摆杆式二次推出脱模机构

图 4-118 是利用八字形摆杆来完成二次推出的机构。塑件为罩形,周围带有凸缘,内腔有较大的凸筋。顶动型腔用的长顶杆 2 固定在一次推出板 7 上,顶动塑件用的短顶杆 3 固定在二次推出板 8 上,在一次推出板与二次推出板之间有定距块 5,它固定在一次推出板上。开模时注塑机顶杆 6 顶动一次推出板,通过定距块 5 使二次推出板 8 以同样速度顶动塑件,这时型腔 1 和塑件一起运动而脱离动模型芯,完成一次顶出。当顶到图(b)所示位置时,一次推出板 7 接触到八字形摆杆 4,由于摆杆 4 与一次推出板 7 接触点比二次推出板 8 接触点距支点的距离小,使二次推出板 8 向前运动的距离大于一次推出板 7 向前运动的距离,因而将塑件从型腔 1 中顶出,完成二次推出,如图(c)所示。

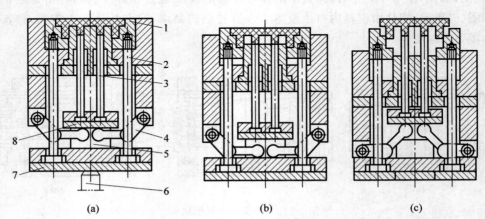

图 4-118　八字形摆杆式二次推出脱模机构
1—型腔;2—长顶杆;3—短顶杆;4—八字形摆杆;5—定距块;6—注射机顶杆;
7——一次推出板;8—二次推出板

2）卡爪式二次脱模机构

图 4-119 是卡爪式二次脱模机构。顶动型腔推板 1 的推杆 2，固定在一次推出板 4 上，中心推杆 8 固定在二次推出板 3 上，卡爪 6 与一次推出板 4 铰链连接，可以绕轴转动。开模时注塑机顶杆顶动二次推出板 3，由于弹簧 5 拉住卡爪 6 使一次推出板 4 随之运动，使塑件脱离型芯，完成一次脱出。再继续运动时，卡爪 6 接触到动模固定板 7 的斜面，迫使卡爪 6 转动而脱离二次推出板 3，一次推出板 4 停止运动，在中心推杆 8 的作用下塑件脱离型腔推板 1，完成二次脱出。

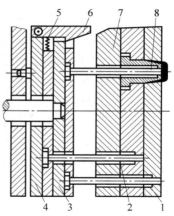

图 4-119 卡爪式二次脱模机构

1—推板；2—推杆；3—二次推出板；
4—一次推出板；5—弹簧；6—卡爪；
7—动模固定板；8—中心推杆

4.7.5 双脱模机构

如果塑件结构特殊，开模时塑件可能滞留于动模一侧，也可能附着在定模一侧，这时应考虑动模和定模两侧都设置脱模机构，故称作双脱模机构。

图 4-120 为常见的双脱模机构，图（a）是弹簧式双脱模机构，利用弹簧的弹力使塑件首先从定模内脱出，留于动模，然后再利用动模上的脱模机构使塑件脱模。这种形式结构紧凑、简单，适用于在定模上所需顶出力不大、顶出距离不长的塑件，但弹簧容易失效；图（b）是杠杆式双脱模机构，利用杠杆的作用实现定模脱模的结构，开模时固定于动模上的滚轮压动杠杆，使定模顶出装置动作，迫使塑件留在动模上，然后再利用动模上的脱模机构将塑件顶出。

图 4-121 所示的双脱模机构，在动定模均有进气口与气阀。开模时，首先定模的电磁阀开启，使塑件脱离定模而留在动模型芯上，定模电磁阀关闭。开模终止时，动模电磁阀开启把塑件吹落。

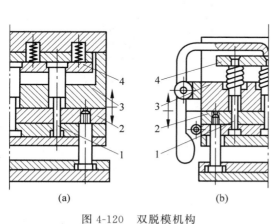

(a)   (b)

图 4-120 双脱模机构

1—型芯；2—推板；3—型腔板；4—定模顶出板

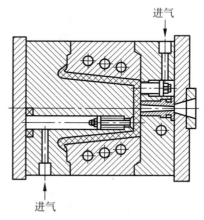

图 4-121 气动双脱模机构

4.7.6 顺序脱模机构

顺序脱模机构又称顺序定距分型机构。有些模具需要有两个或两个以上的分型面，必

须按一定顺利进行多次分型。如点浇口双分型面模具,需要先将
中间板(型腔板)与定模部分分型,再将动模部分与中间板分型。
下面介绍几种常用的顺序脱模机构。

1. 弹簧螺钉式

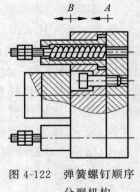

这种形式的脱模机构结构简单,制造方便,适用于抽拔力不
大的场合。图 4-122 所示机构,模内装有弹簧和定距螺钉。开模
时,型腔在弹簧的作用下使分型面 A 首先平稳分开,当型腔移动
至定距螺钉起限制作用时,型腔停止移动,此时动模继续移动,分
型面 B 分开。

图 4-122　弹簧螺钉顺序
分型机构

2. 摆钩(拉钩)式

当抽拔力较大时,可采用摆钩拉紧的形式。如图 4-123 所示,设置了拉紧装置,由压块
1、挡块 3 和拉钩 2 组成,弹簧 6 的作用是使拉钩处在拉紧挡块的位置。开模时首先从 A 面
分型,开到一定距离后,拉钩在压块的作用下,产生摆动而脱钩,定模在拉板的限制下停止运
动,从 B 面分型。

3. 导柱式

如图 4-124 所示,开模时,由于弹簧的作用,使定位钉紧压在导柱的半圆槽内,以使模具
从 A 面分型,当拉杆导柱上的凹槽与限位钉相碰时,型腔板停止运动,强制定位钉退出导柱
的半圆槽,模具从 B 面分型,分型结束时,在推杆的作用下,推件板将塑件顶出。这种结构
简单,但是拉紧力小,只能用于塑料黏附力小的场合。

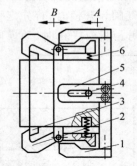

图 4-123　摆钩式顺序分型机构

1—压块;2—拉钩;3—挡块;

4—限位螺钉;5—拉板;6—弹簧

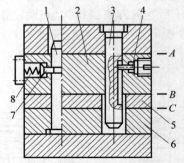

图 4-124　导柱顺序脱模机构

1—导柱;2—型腔板;3—拉杆导柱;

4—限位钉;5—推件板;6—动模固定板;

7—定位钉;8—弹簧

4.7.7　带螺纹塑件的脱模机构

通常,塑件的内螺纹由螺纹型芯成型,外螺纹由螺纹型环成型,由于螺纹具有侧向凹沟
槽,带螺纹的塑件需要特殊的脱模机构,即螺纹型芯、型环的脱出机构。

带螺纹塑件的脱模方式可分为三种:强制脱螺纹、活动螺纹型芯或螺纹型环脱模形式、
塑件或模具的螺纹部分回转。

1. 强制脱螺纹

这种模具结构简单,通常用于精度要求不高的塑件。

(1) 利用塑件的弹性强制脱模。对于聚乙烯、聚丙烯等具有较好弹性的塑件,采用推件板将塑件从螺纹型芯上强制脱出,如图 4-125(a)、(b)所示。但应避免图(c)所示的圆弧端面作为推动塑件的接触面,否则塑件脱模困难。

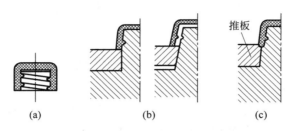

图 4-125　利用塑件的弹性强制脱模

(2) 利用硅橡胶螺纹型芯的弹性强制脱螺纹。图 4-126 所示为硅橡胶制成的螺纹型芯。开模时,由于弹簧的作用,首先退出橡胶螺纹型芯中的芯杆,使橡胶螺纹型芯产生收缩,再在推杆的作用下将塑件顶出。该模具结构简单,但硅橡胶螺纹型芯的寿命低,适于小批量生产。

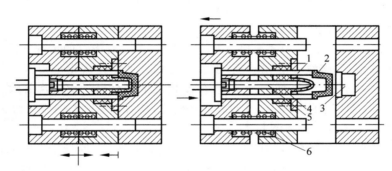

图 4-126　利用硅橡胶螺纹型芯的弹性强制脱模
1—推杆；2—塑件；3—型腔；4—橡胶型芯；5—芯杆；6—弹簧

2. 活动螺纹型芯或型环脱模

将模具螺纹成型部分做成活动型芯或型环,随塑件一起脱模,在模外与塑件脱离。这种模具结构简单,但需要数个螺纹型芯或型环交替使用,并需要预热装置及模外取芯装置。缺点是生产率低,劳动强度大,只适用于小批量生产。

图 4-127(a)所示螺纹型芯随塑件顶出后,由电机带动螺纹型芯尾部相配合的四方套筒,使螺纹型芯脱出塑件。图(b)为手动脱螺纹型环形式,当塑件的外螺纹尺寸精度要求较高,不能采用组合螺纹型环时,可用此结构。开模后螺纹型环随塑件顶出,用专用工具插入螺纹型环的孔,脱出塑件;若将专用工具装于电机上,可提高生产效率。

3. 螺纹部分回转的脱模方式

利用塑件与螺纹型芯或型环相对转动与相对移动脱出螺纹。回转机构可设在动模或定模,通常模具的回转机构设在动模一侧。

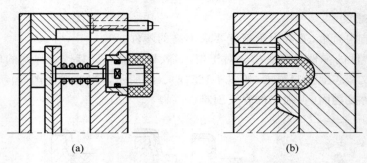

图 4-127　活动螺纹型芯或型环脱模

1) 对塑件和模具的要求

(1) 对塑件的要求。塑件成型后,要从螺纹型芯或螺纹型环上脱出,两者必须作相对转动和移动,为此塑件的内部、外部或端面需有防止转动的措施,否则难以脱出。为了达到这个目的,塑件通常设置防止转动的花纹或图案。

(2) 对模具的要求。塑件要求止转,模具就要有相应防转机构来保证。当模具的型腔与螺纹型芯同时设计在动模上时,型腔就可以保证不使塑件转动。但是,当型腔不可能与螺纹型芯同时设计在动模上时,如型腔在定模,螺纹型芯在动模,模具开模后,塑件就离开定模型腔,此时,即使塑件外形上有防转的花纹也不起作用,塑件会留在螺纹型芯上和它一起转动,不能脱模,因此在设计模具时应考虑止转结构。

2) 螺纹回转部分的止转方式

(1) 塑件外部止转。图 4-128 是塑件外部有止转,内部有螺纹的情况。图(a)是外点浇口的情况,型腔在定模,螺纹型芯在动模,螺纹型芯回转使塑件脱出的形式。图(b)是内点浇口的情况,型腔在动模,螺纹型芯在定模,使动模上的塑件回转而脱离螺纹型芯的形式。这两种脱螺纹形式不使用脱模机构,在设计时需注意,使螺纹型芯与塑件保留必要的螺扣时(一般为一扣左右),塑件再脱离型腔。

图 4-129 是塑件外部和模具型腔有止转,型腔和螺纹型芯同时处于动模的情况,当止转部分长度 H 和螺纹部分长度 h 相等时,回转结束,塑件可自动落下;当 $H > h$ 时,如图所示,则要用推杆将塑件顶出型腔。

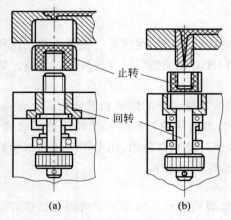

图 4-128　塑件外部止转

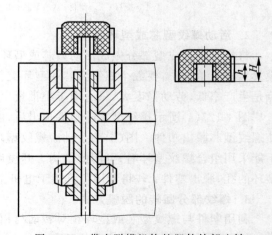

图 4-129　带有脱模机构的塑件外部止转

　　（2）塑件内部止转。图 4-130 是内螺纹塑件在内顶部平面有止转的情况，止转型芯带着塑件回转并沿轴向移动，使塑件脱离螺纹型芯。设计时需注意，止转型芯上螺纹的螺距和塑件上螺纹的螺距必须一致，并且塑件脱离螺纹型芯后，顶部平面还和止转型芯连接着，要实现自动脱模还必须考虑其他顶出方法。

　　图 4-131 是外螺纹塑件在内侧有止转的情况，型芯回转带动塑件回转并沿轴向移动，使塑件脱离型腔，再在推杆作用下使塑件脱离型芯。

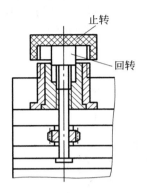

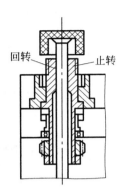

图 4-130　内螺纹端面止转　　　　　　　图 4-131　外螺纹内部止转

　　图 4-132 是内螺纹塑件在内侧面有止转的情况，型芯回转使螺纹脱开，然后由推件板顶出。图（a）是以推杆将推件板顶起，图（b）是使用弹簧将推件板顶起。

　　（3）塑件端面止转。图 4-133 是塑件的端面有止转的例子，通过螺纹型芯的回转，推件板推动塑件沿轴向移动，使塑件脱离螺纹型芯，再在推杆的作用下使塑件脱离推件板。

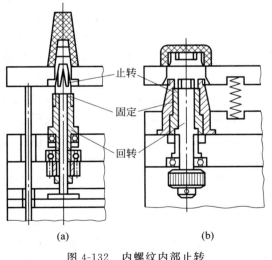

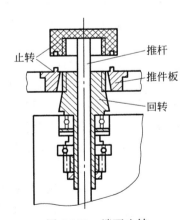

图 4-132　内螺纹内部止转　　　　　　　　图 4-133　端面止转

　　小型塑件使用侧浇口的时候，当螺纹部分脱模后，如果不顶出塑件只顶出浇注系统，也能使之完全脱离型腔，即使塑件的外形不设止转，把浇口适当增大也能起止转作用，但是对于软性塑料，浇口若不够大，则有切断的危险。

3) 螺纹回转部分的驱动方式

按驱动的动力分为人工驱动、开模运动、电驱动、液压缸或气缸驱动、液压马达驱动等多种方式。

(1) 人工驱动。在设计时必须注意螺纹型芯的非成型端的螺距要与成型端的螺距相等。如果不等,在脱出螺纹型芯时会将塑件损坏。图 4-134 为模内装有变向机构的手动脱出螺纹型芯的模具机构,当人工摇动蜗轮 2 时,与它啮合的蜗杆 3 通过键 8 的作用使螺纹型芯 5 旋转。由于螺纹型芯凸台处的螺距与成型螺距相等,螺纹型芯旋转的同时向左移动,螺纹型芯即可顺利脱出塑件。当螺纹型芯移至 A 处时,再继续旋转螺纹型芯,则推件板 4 在 Ⅰ 面分型顶出塑件,顶出距离由定距螺钉 7 限制。

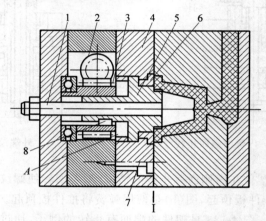

图 4-134　模内设变向机构的手动脱出螺纹
1—型芯;2—蜗轮;3—蜗杆;4—推件板;5—螺纹型芯;6—定位块;7—定距螺钉;8—键

(2) 利用开模运动脱出螺纹。利用开模时的直线运动,通过齿条齿轮或是螺杆的传动,使螺纹型芯作回转运动而脱离塑件。螺纹型芯可一边回转一边移动脱离塑件,也可只作回转运动脱离塑件,还可以通过大升角的螺杆螺母使螺纹型芯回转而脱离塑件。下面分别介绍。

① 一边回转一边作往复运动。图 4-135 所示是脱出侧向螺纹型芯的例子。开模时,齿条导柱 1 带动螺纹型芯 4 旋转并沿套筒螺母 3 作轴向移动,套筒螺母 3 与螺纹型芯 4 配合处螺纹的螺距应与塑件成型螺距一致,且螺纹型芯上的齿轮宽度应保证在左右移动到两端点时能与齿条导柱的齿形啮合。

图 4-136 是多型腔的模具利用开模力退出螺纹型芯的例子。通过齿条齿轮来实现一边回转一边自身往复运动的。

② 大升角的丝杠螺母使螺纹型芯回转。图 4-137 是在齿轮轴上加工出图示的大升角螺杆,与它配合的螺母是固定不动的。开模时,动模移动,带动大升角螺杆转动,通过大升角螺杆使齿轮 3 转动而带动螺纹型芯转动。

③ 只作回转运动。对于侧浇口多型腔塑件,螺纹型芯只作回转运动就可以脱出塑件。如图 4-138 所示,由于螺纹型芯和螺纹拉料钩的旋转方向相反,所以螺纹拉料钩需做成反牙螺纹。

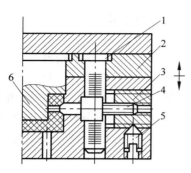

图 4-135　螺纹型芯旋转并作移动的结构

1—齿条导柱；2—固定板；3—套筒螺母；

4—螺纹型芯；5—紧固螺钉；6—型芯

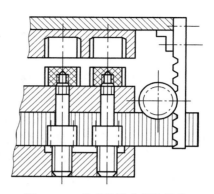

图 4-136　多型腔脱出螺纹机构

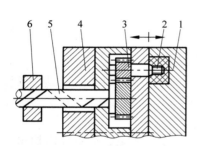

图 4-137　大升角螺杆结构

1—定模；2—螺纹型芯；3—齿轮；4—动模；

5—大升角螺杆；6—固定螺母

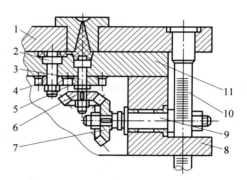

图 4-138　螺纹型芯只作回转运动的结构

1—定模板；2—螺纹型芯；3—螺纹拉料钩；

4，5—齿轮；6，7—锥齿轮；8—垫块；

9—齿轮轴；10—导柱齿条；11—动模板

（3）其他动力源。图 4-139 所示是靠液压缸或气缸给齿条以往复运动，通过齿轮使螺纹型芯回转。图 4-140 是靠电动机和蜗轮蜗杆使螺纹型芯回转的。

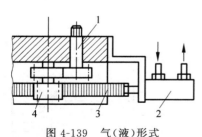

图 4-139　气（液）形式

1—螺纹型芯；2—液压缸；3—齿条；4—齿轮

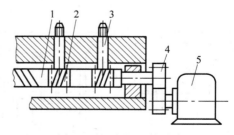

图 4-140　电机驱动形式

1—蜗杆；2—蜗轮；3—螺纹型芯；4—齿轮；5—电机

用液动、气动或电动机为动力源时，都需要控制装置，一般电动机多用于螺纹扣数多的情况。

4.8　侧向分型抽芯机构设计

当塑件侧壁内外表面带有孔、凹槽或凸起时,如图 4-141 所示,因其与开模方向不一致,为了能对所成型的塑件进行脱模,必须将成型侧孔、侧凹槽或侧凸起的部位做成活动零件,即侧型芯或侧型腔,然后在模具开模前(或开模后)将其抽出。完成侧型芯或侧型腔抽出和复位动作的机构称为侧向分型抽芯机构。以往,成型侧向凸起的部分称为侧向分型,成型侧向孔或凹槽的机构叫做侧向抽芯,但现在两者往往不加区分,通称为侧向分型抽芯机构,或简单叫做侧向抽芯机构。

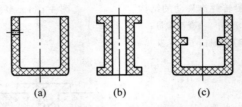

(a)　　　　　　　(b)　　　　　　　(c)

图 4-141　有侧孔、侧凹和侧凸的塑件

4.8.1　侧向分型抽芯机构的类型

根据驱动方式的不同,侧向分型抽芯机构可分为手动抽芯、机动抽芯、液压(或气动)抽芯、联合作用抽芯四种类型,其中以机动抽芯机构最为常用。

1. 手动分型抽芯机构

手动分型抽芯机构采用手工方法或手工工具将侧型芯或侧型腔从塑件内抽出,多用于试制和小批量生产塑件的模具,可分为模内抽芯和模外抽芯两种类型。

(1)手动模内抽芯是指在开模前依靠人工直接抽拔,或通过简单传动装置抽出侧型芯或分离侧型腔。如图 4-142(a)所示为旋转体侧型芯手动模内抽芯机构,把侧型芯和螺杆做成一体,通过手工转动螺杆,使侧型芯抽出。如图 4-142(b)所示为非旋转体侧型芯手动模内抽芯机构,侧型芯和螺杆单独制造,手工旋转螺杆,驱动侧型芯完成抽芯动作。

(2)手动模外抽芯是指开模后将侧型芯或侧型腔连同塑件一起脱出,在模外手工将侧型芯或侧型腔从塑件中抽出,如图 4-143 所示。

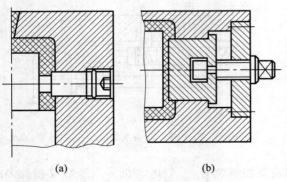

(a)　　　　　　　(b)

图 4-142　手动模内抽芯机构

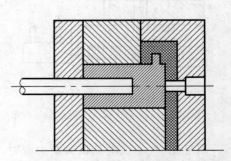

图 4-143　手动模外侧向分型与抽芯机构

手动抽芯机构结构简单,制模容易,但是侧向分型与侧向抽芯的动作由人工来实现,工人劳动强度大,操作麻烦,生产效率低,仅适用于塑件的小批量生产。

2. 机动分型抽芯机构

机动分型抽芯机构是指利用注射机的开模运动和动力,通过传动零件完成模具的侧向分型、抽芯及其复位动作的机构。这类机构结构比较复杂,但是具有较大的抽芯力和抽芯距,且动作可靠,操作简单,生产效率高,因此广泛应用于生产实践中。根据传动零件的不同,可分为斜导柱抽芯、斜滑块抽芯、斜导杆抽芯、弯销抽芯、斜导槽抽芯等多种形式。

3. 液压或气动抽芯机构

液压或气动抽芯机构主要是利用液压或气压传动机构,实现侧向分型和抽芯运动。图 4-144 所示为液压抽芯机构。注射成型时,侧型芯 2 由定模板 1 上的楔紧块 3 锁紧,开模过程中楔紧块 3 离开侧型芯 2,然后由液压抽芯机构抽出侧型芯。图 4-145 所示为气动抽芯机构。它以压缩空气作为动力,通过气缸中活塞的往复运动来实现侧向抽芯和复位,开模之前先抽出侧型芯,开模后由推杆将塑件推出。

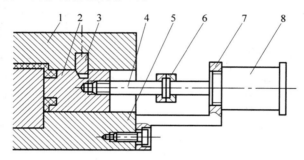

图 4-144　液压抽芯机构

1—定模板;2—侧型芯;3—楔紧块;4—拉杆;5—动模板;6—联轴器;7—支架;8—液压缸

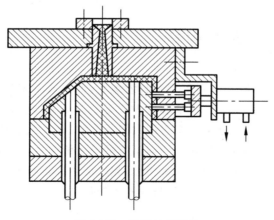

图 4-145　气动抽芯机构

这类机构的特点是:抽芯力大,抽芯距长,侧型芯或侧型腔的移动不受开模时间或推出时间的限制,抽芯动作比较平稳,但成本较高,多用于大型管件类注射模具,例如四通管接头等。

4. 联合作用抽芯机构

所谓联合作用抽芯机构,是指由于受塑件结构限制,仅采用一种抽芯机构不能完成抽芯工作,需采用两种或两种以上的抽芯机构联合作用完成抽芯工作的机构。如图 4-146 所示,图(a)塑件由于右半部分限制,选 C—C 面为分型面,则 D 处需侧抽芯,但由于此处有与侧抽方向垂直的侧凹,显然用单一的侧抽芯机构无法完成抽芯工作,需设计联合作用抽芯机构。如图(b)所示,该模具采用斜导柱与斜滑块联合抽芯机构,侧滑块 8 上开有斜向导滑槽,内装斜滑块 4。开模时,在斜导柱 7 的驱动下,滑块向右移动,由于弹簧 9 和塑件的限制,先完成斜滑块 4 的抽芯,当限位螺钉 10 限位时,斜导柱 7 带动侧滑块 8 及斜滑块 4 完成全部抽芯。

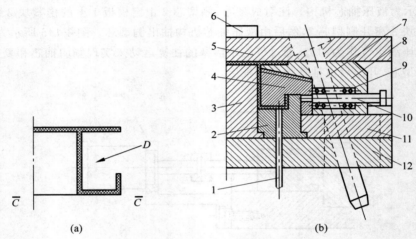

图 4-146　联合作用侧向抽芯机构

1—推杆;2—凹模;3—型芯;4—斜滑块;5—定模座板;6—定位环;
7—斜导柱;8—侧滑块;9—弹簧;10—限位螺钉;11—挡块;12—动模座板

4.8.2　抽芯力与抽芯距的计算

1. 抽芯力的计算

塑件在模具内冷凝收缩时,将对侧型芯收缩包紧,此时要抽出侧型芯,抽芯机构所产生的抽芯力则必须大于抽芯阻力。这里抽芯阻力除了包紧力外,还包括侧抽芯机构的摩擦阻力,对于不带通孔的壳体塑件,还需克服表面大气压造成的阻力。开始抽拔时所需的抽拔力称为起始抽芯力,以后继续抽拔,直至把侧向型芯抽至或侧向型腔分离至不妨碍塑件脱出的位置所需的抽拔力称为相继抽芯力。两者相比,起始抽芯力比相继抽芯力大,故在设计计算时,只需计算起始抽芯力。抽芯力的计算与脱模力的计算相同,也可按下面的简化公式进行计算:

$$F_{抽} = lhp_2(f_2\cos\alpha - \sin\alpha) \tag{4-33}$$

式中:$F_{抽}$——抽芯力,N;

　　　l——型芯被塑件包紧部分的断面形状周长,mm;

　　　h——成型部分的深度,mm;

　　　p_2——塑件对型芯单位面积的挤压力,一般取 8～12MPa;

f_2——摩擦系数，一般取 0.1～0.2；

α——脱模斜度，(°)。

2. 抽芯距的计算

侧向分型抽芯机构的抽芯距，是指侧型芯或侧型腔从成型位置抽至或分开至不妨碍塑件脱模位置时，侧型芯或侧型腔在抽拔方向上所移动的距离。一般抽芯距取侧孔或侧凹的深度（或凸台高度）加上 2～3mm 的安全距离，如图 4-147 所示。

当塑件的结构比较特殊，在活动型芯脱出侧孔或侧凹后，其几何位置有碍于塑件脱模的情况下，如圆形线圈骨架类注射模侧向分型时，抽芯距不能简单地按这种方法确定，如图 4-148 所示，其计算公式如下：

$$S_{抽} = S + (2～3)\text{mm} = \sqrt{R^2 - r^2} + (2～3)\text{mm} \tag{4-34}$$

式中：$S_{抽}$——抽芯距，mm；

S——抽芯极限尺寸，mm；

R——塑件最大外形半径，mm；

r——塑件最小外形半径（侧凹处），mm。

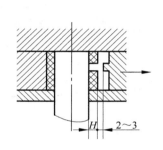

图 4-147 带侧孔塑件抽芯距

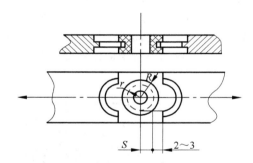

图 4-148 圆形骨架塑件抽芯距

4.8.3 斜导柱侧向抽芯机构

1. 组成与工作原理

斜导柱侧向抽芯机构结构简单、制造容易、工作安全可靠，因此最为常用。如图 4-149 所示，斜导柱 3 和滑块 8 为主要工作零件，斜导柱 3 与模具开模方向成一定角度，固定在定模座板 2 上，侧型芯 5 用销钉 4 固定在滑块 8 上，滑块 8 可以在动模板 7 的导滑槽内滑动。其工作原理是：开模时，开模力通过斜导柱作用在滑块上，迫使滑块向外滑动，于是侧型芯从塑件侧孔中脱出，完成抽芯动作。继续开模，斜导柱与滑块脱离接触，滑块则贴靠在限位挡块 9 上（起定位作用）。塑件则由推管 6 推出。为了保证抽芯动作安全可靠，设有滑块定位装置，由限位挡块 9、弹簧 10 及螺钉 11 组成，以确保滑块抽芯后的最终位置，同时保证合模时斜导柱能准确地进入到滑块的斜孔内，带动滑块复位。锁紧块 1 的作用是防止在注塑成型时，滑块受到模腔内塑料熔体压力作用向外移动。

2. 斜导柱侧向抽芯机构的结构形式

根据斜导柱和滑块在模具上安装位置的不同，通常可分为下列四种结构形式。

图 4-149

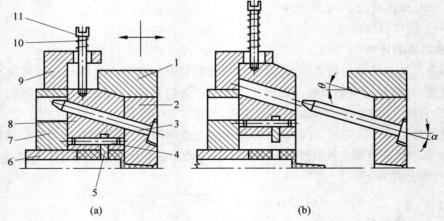

(a)　　　　　　　　　　(b)

图 4-149　斜导柱侧向抽芯机构

1—锁紧块；2—定模座板；3—斜导柱；4—销钉；5—侧型芯；6—推管；

7—动模板；8—滑块；9—限位挡块；10—弹簧；11—螺钉

1) 斜导柱在定模、滑块在动模上

如图 4-150 所示为斜导柱在定模、滑块在动模上的结构形式。斜导柱 1 固定在定模座板 3 上，滑块 2 安装在动模一侧，可以沿推件板 4 的导滑槽滑动。开模时，滑块在斜导柱的作用下，沿推件板的导滑槽向左滑动而脱离塑件。

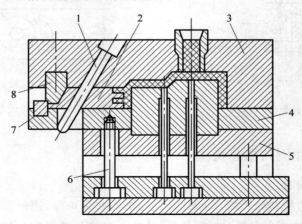

图 4-150　斜导柱在定模、滑块在动模上的结构

1—斜导柱；2—滑块；3—定模座板；4—推件板；5—动模板；6—推杆；7—小楔紧块；8—楔紧块

此类结构可以采用结构比较简单的单分型面模具，故应用最为广泛。但在设计时必须注意复位时滑块与推出系统之间不能发生干涉现象。所谓干涉现象是指在合模过程中滑块的复位先于推杆的复位致使滑块上的侧型芯与推杆相碰撞，造成模具损坏。下面介绍避免干涉的条件。

如图 4-151 所示，当推杆 3 与侧型芯滑块 2 在垂直于开模方向的投影出现重合部位 S。时，侧型芯复位先于推杆复位，将导致侧型芯与推杆相撞而损坏，如图(a)所示。因此在结构允许的条件下，应尽量避免推杆(推管)与侧型芯在垂直于开模方向的投影出现重合。如果受模具结构限制，二者的投影必须重合时，如图(b)所示，满足侧型芯与推杆不发生干涉的

条件为

$$h_c \tan\alpha \geqslant S_c \qquad\qquad (4\text{-}35)$$

式中：h_c——合模时，沿开模方向推杆端面到侧型芯底面的最短距离，mm；

S_c——在垂直于开模方向，侧型芯与推杆的重合长度，mm；

α——斜导柱的倾斜角，$(°)$。

一般只要使 $h_c \tan\alpha - S_c > 0.5$mm 即可避免干涉。当 $h_c \tan\alpha$ 稍小于 S_c 时，可通过适当增大斜导柱的倾斜角 α 来避免干涉。但如果 $h_c \tan\alpha$ 比 S_c 小很多时，在模具结构中必须设置推杆先行复位机构。下面介绍几种常见形式。

（1）弹簧先复位机构。如图 4-152 所示，在推杆固定板与动模支承板之间装上弹簧，开模推出塑件时，弹簧被压缩，合模开始时，推杆靠弹簧的弹力迅速先行复位，因此可以避免与侧型芯的干涉。这种机构结构简单，装配和更换弹簧都很方便，但弹簧力量小，可靠性差，一般用于复位力不大的场合。

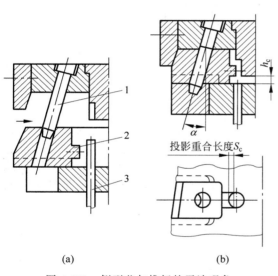

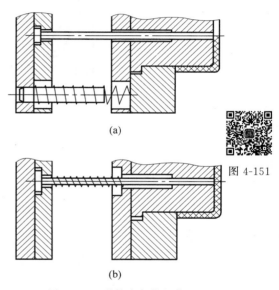

图 4-151

图 4-151　侧型芯与推杆的干涉现象

1—斜导柱；2—侧型芯滑块；3—推杆

图 4-152　弹簧先复位机构

（2）楔杆-滑块先复位机构。如图 4-153 所示，楔杆 1 固定在定模板 2 上，在推板 7 与动模板 3 之间设置三角形滑块 4，合模时楔杆 1 与三角形滑块 4 的接触先于斜导柱与滑块的接触，三角形滑块在楔杆斜面驱动下沿推板的导滑槽向内移动，三角形滑块另一斜面迫使动模板向右移动，使推板 7 带动推杆 6 先于侧型芯复位，从而避免干涉现象的发生。由于三角形滑块不宜太大，所以推杆先复位距离也较小。

（3）楔杆-摆杆先复位机构。如图 4-154 所示，用摆杆代替三角形滑块，其复位原理与图 4-153 基本相同。合模时楔杆 1 迫使摆杆 3 转动，摆杆 3 压迫推板 6 带动推杆 4 向左移动，先于侧型芯复位，从而避免推杆与侧型芯发生干涉。此结构推杆的复位距离比楔杆-滑块先复位机构大，摆杆越长，推杆回退距离越大，而且摆杆端部装有滚轮，滑动灵活，因此这种形式在生产中经常采用。

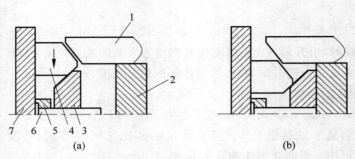

图 4-153　楔杆-滑块先复位机构

1—楔杆；2—定模板；3—动模板；4—三角形滑块；5—推杆固定板；6—推杆；7—推板

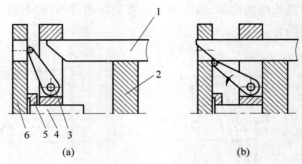

图 4-154　楔杆-摆杆先复位机构

1—楔杆；2—定模板；3—摆杆；4—推杆；5—推杆固定板；6—推板

（4）杠杆先复位机构。如图 4-155(a)、(b)所示分别为杠杆先复位机构开、合模时的情形，杠杆 4 铰接在推杆固定板 1 上，合模时，楔杆 5 驱动杠杆 4 转动，从而迫使推杆 2 先行复位。

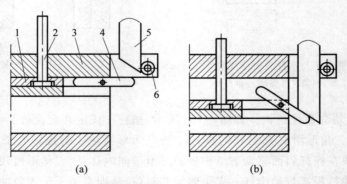

图 4-155　杠杆先复位机构

1—推杆固定板；2—推杆；3—支承板；4—杠杆；5—楔杆；6—滚轮

2）斜导柱在动模、滑块在定模上

如图 4-156 所示为斜导柱在动模、滑块在定模上的结构，该模具的特点是没有推出机构。斜导柱 3 与侧型芯滑块（这里即为瓣合凹模 6）上斜导柱孔之间有较大的配合间隙（$C=1.6\sim3.6\mathrm{mm}$），故动、定模分开距离 $D(D=C/\sin\alpha)$ 之后，侧型芯滑块才侧向分型，此时侧型芯滑块已带动塑件脱离动模型芯相对移动 D 距离,产生了松动,然后用人工取出塑件。这种模具结构比较简单,但由于人工取件,操作不方便,故生产率低,仅适用于小批量的简单模具。

　　3) 斜导柱和滑块同在定模上

　　如图 4-157 所示,斜导柱 2 固定在定模座板上,侧型芯滑块 1 也安装在定模,且与定模中间板 4 之间形成移动副。由于斜导柱 2 和侧型芯滑块 1 同在定模上,要想实现侧向分型与抽芯动作,两者之间必须有相对运动,因此通常在定模部分需增加一个分型面(图中 A—A 面),并设置顺序分型机构。开模时,由于弹簧 6 的作用,模具先沿 A—A 面分型,与此同时侧型芯滑块 1 在斜导柱 2 的驱动下完成侧抽芯,抽芯结束时,限位螺钉 5 钩住凹模板 7 使其不能再随动模运动,然后沿 B—B 面分型,动、定模分开,塑件随着型芯 3 脱离型腔,再由推件板 8 将塑件推出。

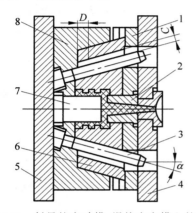
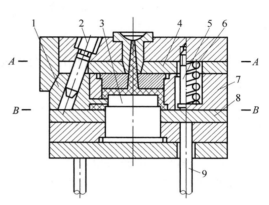

图 4-156　斜导柱在动模、滑块在定模上的结构　　　图 4-157　　斜导柱和滑块同在定模上的结构
1—定模板；2—定模型芯；3—斜导柱；4—定模座板；　　　1—侧型芯滑块；2—斜导柱；3—型芯；4—中间板；
5—动模座板；6—瓣合凹模；7—动模型芯；8—模套　　　5—限位螺钉；6—弹簧；7—凹模板；8—推件板；9—推杆

　　4) 斜导柱和滑块同在动模上

　　当斜导柱和滑块同时安装在动模一边时,可以通过推出机构使斜导柱和滑块做相对运动,抽出侧向型芯,如图 4-158 所示。滑块 3 装在推件板 4 的导滑槽中,合模时滑块 3 依靠装在定模上的锁紧块 2 锁紧。开模时,定模分型,斜导柱 1 和滑块 3 一起随动模后退,由于斜导柱和滑块同在动模上,这时斜导柱与滑块无相对运动,故滑块不向外侧移动。当注射机顶杆推进,推出机构开始工作,在推杆和推件板的作用下,塑件脱离型芯,与此同时,滑块作为侧向活动型芯在斜导柱的驱动下完成侧向分型抽芯。在整个脱模过程中由于滑块始终不会脱离斜导柱,所以不必对滑块设置定位装置,从而简化了模具结构。

　　3. 斜导柱的设计与计算

　　斜导柱是侧抽芯机构中的关键零件,设计时需要确定其倾斜角、形状、材料、直径、长度以及安装孔的位置等方面的内容。

　　1) 倾斜角

　　斜导柱轴线与开模方向的夹角 α 称为斜导柱的倾斜角,如图 4-159 所示,它是斜导柱侧抽芯机构中的一个重要参数。由于注射机所提供的开模力较大,倾斜角的选取应使斜导柱所承受的弯曲力最小,但同时要兼顾抽芯距。

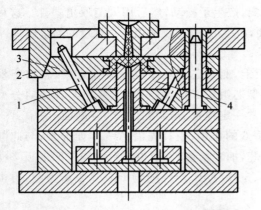

图 4-158　斜导柱和滑块同在动模上的结构
1—斜导柱；2—锁紧块；3—滑块；4—推件板

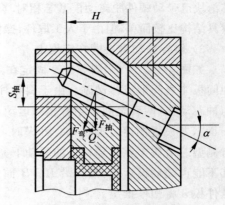

图 4-159　斜导柱受力分析

斜导柱所承受弯曲力的简化计算公式为

$$F_{弯} = \frac{F_{抽}}{\cos\alpha} \tag{4-36}$$

式中：$F_{弯}$——弯曲力，N；

　　　$F_{抽}$——抽芯力，N；

　　　α——斜导柱的倾斜角，(°)。

如图 4-160 所示，斜导柱的倾斜角 α 与有效工作长度 L_4、抽芯距 $S_{抽}$ 三者之间的关系如下：

$$L_4 = S_{抽} / \sin\alpha \tag{4-37}$$

可以看出：当抽芯力 $F_{抽}$ 一定时，斜导柱所承受的弯曲力 $F_{弯}$ 随着倾斜角 α 的减小而减小；当斜导柱的有效工作长度 L_4 一定时，抽芯距 $S_{抽}$ 随着倾斜角 α 的减小也将减小，这对侧抽芯不利。所以为了减小斜导柱所受的弯曲力，同时又要兼顾对抽芯距的影响，生产中一般取 $\alpha = 15° \sim 20°$ 已能满足抽芯的要求，α 最大不超过 25°。

2) 形状和材料

斜导柱形状多数为圆柱形，如图 4-161(a)所示，这种形状加工方便，装配容易，故应用较广。工作时斜导柱和滑块作相对运动，为了减少斜导柱与滑块的摩擦，可将其圆柱面铣扁，如图 4-161(b)所示。斜导柱的端部可做成半球形或锥台形，但必须注意锥部的斜角 θ 一定要大于斜导柱的倾斜角 α(规定 $\theta = \alpha + 5°$)，以避免斜导柱有效工作长度部分脱离滑块斜孔之后，其锥体仍然继续驱动滑块。

斜导柱的材料多用 45、T8、T10，以及 20 钢渗碳。为增加斜导柱的强度和耐磨性，应对其表面进行淬火处理，淬火硬度达 55HRC 以上，表面粗糙度要求 Ra 为 $1.6\mu m$。

3) 直径

斜导柱主要承受弯曲力，根据材料力学可以推导出斜导柱直径的计算公式：

$$d = (F_{弯} \times l / 0.1[\sigma]_{弯})^{1/3} \tag{4-38}$$

式中：d——斜导柱直径，mm；

　　　$F_{弯}$——斜导柱所受的弯曲力，N；

　　l——斜导柱伸出部分根部 A 点距弯曲力作用点 B 之间的距离,mm,如图 4-160
　　　　所示;

　　$[\sigma]_弯$——许用弯曲应力,MPa,对于碳钢可取 137.2MPa。

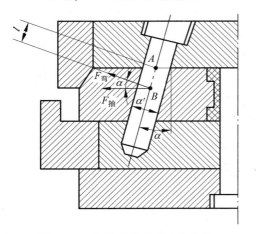

图 4-160　斜导柱截面尺寸的确定

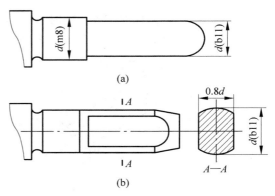

(a)

(b)

图 4-161　斜导柱典型结构

　　斜导柱的直径也可查表来确定,具体可参阅有
关模具设计资料。

　　4) 长度和最小开模行程的计算

　　斜导柱的总长度由五部分组成,由斜导柱的直
径、倾斜角、抽芯距以及斜导柱固定板厚度来决定,
如图 4-162 所示,其计算公式如下:

$$L_总 = L_1 + L_2 + L_3 + L_4 + L_5$$
$$= \frac{D}{2}\tan\alpha + \frac{h}{\cos\alpha} + \frac{d}{2}\tan\alpha + \frac{S_抽}{\sin\alpha} + (5\sim10)\text{mm}$$

(4-39)

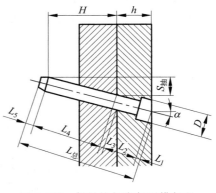

图 4-162　斜导柱长度与开模行程

式中:$L_总$——斜导柱总长度,mm;

　　　L_1——斜导柱大端斜面中心至最高点在轴线上的投影长度,mm;

　　　L_2——斜导柱大端斜面中心至滑块端面交点在轴线上的投影长度,mm;

　　　L_3——滑块孔半径在斜导柱轴线上的投影长度,mm;

　　　L_4——斜导柱工作长度,mm;

　　　L_5——斜导柱端部长度,mm;

　　　D——斜导柱固定部分大端直径,mm;

　　　h——斜导柱固定板厚度,mm;

　　　α——斜导柱倾斜角,(°);

　　　d——斜导柱工作部分直径,mm;

　　　$S_抽$——抽芯距,mm。

　　如图 4-162 所示,一般情况下,开模方向与滑块抽拔方向垂直,此时完成抽芯距 $S_抽$ 模
具所需的最小开模行程 H 可由下式计算:

$$H = S_{抽} \cot\alpha \qquad (4\text{-}40)$$

当开模方向与滑块抽拔方向不垂直,而成一定角度 β 时,如图 4-163 所示,为保证侧向活动型芯从塑件中能够完全抽出,需要分两种情况重新计算模具所需的最小开模行程:

(1)当抽芯方向偏向动模一侧时,如图 4-163(a)所示,模具的最小开模行程为

$$H = S_{抽}(\cos\beta\cot\alpha - \sin\beta) \qquad (4\text{-}41)$$

(2)当抽芯方向偏向定模一侧时,如图 4-163(b)所示,模具的最小开模行程为

$$H = S_{抽}(\cos\beta\cot\alpha + \sin\beta) \qquad (4\text{-}42)$$

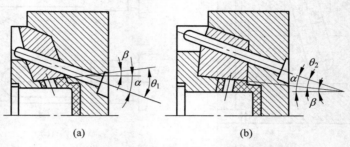

图 4-163　滑块倾斜时斜导柱抽芯机构

5) 斜导柱孔位置的确定

如图 4-164 所示,在滑块顶面长度一半处取 B 点,通过 B 点作倾斜角为 α 的点画线(此点画线即为倾斜角为 α 的斜导柱轴线)与斜导柱固定板顶面相交于 A 点,取 A 点到模具型腔中心线距离并调整为整数,即为孔心距尺寸 a,a_1、a_2 的尺寸可查表 4-18。滑块分型面上斜导柱孔的位置应位于滑块的中心线上。

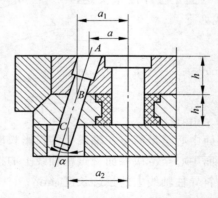

图 4-164　斜导柱孔位置的确定

表 4-18　不同斜角时 a_1,a_2 值

α	10°	15°	18°	20°	22°	25°
a_1	$a+0.176h$	$a+0.286h$	$a+0.329h$	$a+0.364h$	$a+0.404h$	$a+0.466h$
a_2	$a_1+0.176h_1$	$a_1+0.286h_1$	$a_1+0.329h_1$	$a_1+0.364h_1$	$a_1+0.404h_1$	$a_1+0.466h_1$

注: α 为斜导柱倾斜角,h 为斜导柱固定板的厚度,h_1 为滑块的高度。

6) 斜导柱的安装配合

斜导柱固定段与模板之间采用 H7/m6 过渡配合。斜导柱在开、合模过程中主要用来

驱动滑块沿导滑槽做往复运动,滑块的运动平稳性由导滑槽与滑块间的配合精度来保证,为了运动灵活,斜导柱与滑块导柱孔间可采用较松的间隙配合 H11/a11 或在两者之间保留0.5～1.0mm 的间隙。

4. 滑块与导滑槽的设计

1) 侧型芯与滑块的连接形式

滑块是斜导柱侧抽芯机构中的重要构件,分为整体式和组合式两种。整体式就是把侧型芯(或侧型腔)和滑块做成一个整体,多用于型芯较小和形状简单的场合;而组合式则是把侧型芯(或侧型腔)单独加工后,再安装到滑块上,这样可以节省优质模具钢,且加工容易,维修方便,因此在生产中应用广泛。

侧型芯与滑块的常见连接形式如图 4-165 所示。图(a)和(i)是把侧型芯嵌入滑块,然后采用销钉定位,其中图(i)为三维图;侧型芯一般比较小,为了提高其强度,可以将侧型芯嵌入滑块部分的尺寸加大,并用两个骑缝销钉定位,如图(b)所示;当侧型芯比较大时,可以采用图(c)所示的燕尾槽式连接,或图(h)所示的螺钉固定;对圆截面小侧型芯,也可以用螺钉顶紧,如图(d)所示;图(e)是采用通槽固定,适于薄片形状的侧型芯;当有多个侧型芯时,可加压板固定,如图(f)和(g)所示,把侧型芯固定在压板上,然后用螺钉或销钉把压板固定在滑块上。

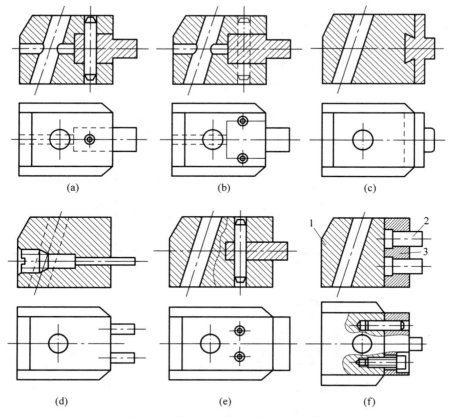

图 4-165　侧型芯与滑块的常见连接形式

1—滑块;2—侧型芯;3—压板

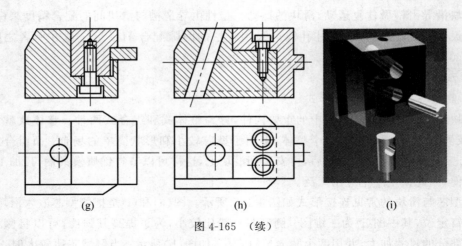

(g)　　　　　　　　　　(h)　　　　　　　　　　(i)

图 4-165 （续）

2）导滑槽结构及滑块的导滑长度

在抽芯过程中,滑块与导滑槽必须很好的配合,使滑块运动平稳且有一定精度,这样才能保证侧型芯或侧型腔可靠地抽出和复位。常用的导滑槽形状有两种：一种是 T 形槽,如图 4-166(a)、(b)、(c)、(d)所示；另一种是燕尾槽,如图 4-166(e)所示。燕尾槽导滑精度高,但制造比较困难,模具中常用的是 T 形槽。

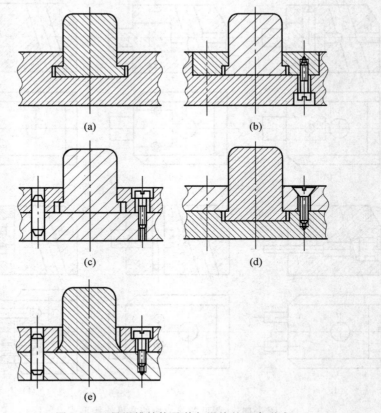

(a)　　　　　　　　　　　(b)

(c)　　　　　　　　　　　(d)

(e)

图 4-166　导滑槽结构及其与滑块的配合形式

如图 4-167 所示,滑块的导滑长度通常要大于滑块宽度的 1.5 倍,以避免运动时发生倾斜。滑块完成抽拔动作后,需停留在导滑槽内,保留在导滑槽内的长度 L_1 不应小于导滑长度 L 的 2/3,以避免复位困难。当不宜加大导滑槽的长度时,可采用延长导滑槽的方法,如图 4-168 所示。

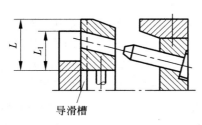

图 4-167　滑块的导滑长度

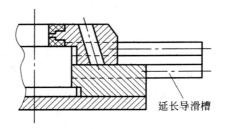

图 4-168　局部延长导滑长度

3) 滑块的定位装置

滑块定位装置的作用是:保证开模后滑块能停留在与斜导柱刚分离的位置上,不任意滑动,以便合模时斜导柱伸出端能准确可靠地进入滑块的斜孔中,不至于损坏模具。各种定位形式如图 4-169 所示,图(a)、(b)为挡块定位形式,其中图(a)利用滑块 1 自身重力紧靠在限位挡块 3 上定位,结构简单,适用于模具向下抽芯的情况;图(b)利用压紧弹簧的弹力使滑块紧靠在限位挡块 3 的侧面上,适用于模具采用任何方向侧抽芯的情况,故应用较广。图(c)、(d)均利用弹簧和活动定位销来定位,因挡板的厚度不同,安装弹簧的方式有所不同。图(e)是以钢球代替活动定位销联合弹簧的定位形式,钢球直径可选 5~10mm,适用于模具侧面方向抽芯的情况。

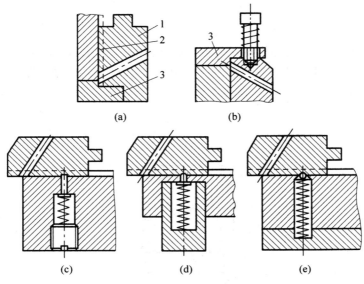

图 4-169　滑块定位装置

1—滑块;2—导滑槽;3—挡块

4）锁紧块的设计

在注射成型过程中，侧型芯或侧型腔在抽芯方向会受到型腔内熔融塑料较大的推力作用，使滑块产生位移，影响塑件侧向成型的精度，同时这个力会通过滑块传给斜导柱，致使细长杆状的斜导柱产生弯曲变形，甚至断裂。因此，必须设置锁紧块，以便在模具合模后锁紧滑块，代替斜导柱承受来自侧型芯的推力。

锁紧块的结构和锁紧形式如图 4-170 所示，图(a)为整体式锁紧块结构，锁紧块与定模座板制成一体，这种结构强度高，锁紧牢靠，但金属材料耗费大，热处理困难，因此在模具中大量采用的是镶拼式结构，如图(b)、(c)、(d)所示。图(b)是用螺钉和销钉将锁紧块 1 固定在定模板 2 上，这种形式结构简单，加工方便，用于侧压力较小的场合，应用广泛。图(c)为整体镶入式结构，锁紧块 1 通过过盈配合整体镶入定模板 2 上，刚性较好，装配和维修方便。图(d)是对锁紧块起加强作用的形式，将锁紧块用螺钉和销钉固定在定模板上，并用楔形块压紧，可用于侧压力很大的场合。

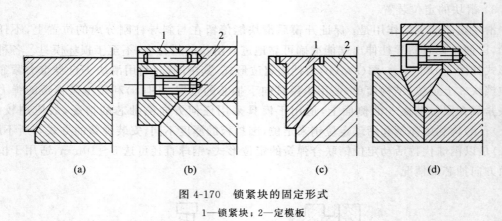

图 4-170　锁紧块的固定形式
1—锁紧块；2—定模板

如图 4-171 所示，锁紧块的楔角 α' 应大于斜导柱的倾斜角 α，一般取 $\alpha'=\alpha+(2°\sim3°)$。这样模具一开模，锁紧块就能和滑块脱开。如果 $\alpha'<\alpha$，锁紧块不能和滑块脱开，抽芯无法实现。

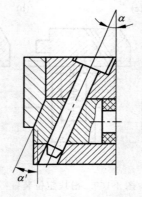

图 4-171　锁紧块楔角 α' 的大小

4.8.4　斜滑块分型抽芯机构

1. 工作原理及类型

斜滑块抽芯机构是利用成型塑件侧孔或侧凸凹的斜滑块,在模具脱模机构的作用下,沿斜导槽滑动,从而使分型抽芯和推出塑件同时进行的一种侧向分型抽芯机构。适用于塑件侧壁上的孔、凹槽或凸起较浅,所需的抽芯距较小,但侧向凸凹的成型面积较大,需要较大的抽芯力的场合。斜滑块抽芯机构通常要比斜导柱抽芯机构简单,制造方便,动作平稳可靠。

按斜滑块所处的位置不同,可分为斜滑块外侧抽芯和内侧抽芯两种形式。

(1) 斜滑块外侧抽芯机构。如图 4-172 所示,模具的型腔由两个斜滑块 4(瓣合式型腔镶块)组成,定位螺钉 2 起限位作用,避免滑块脱出模套 3。完全开模后,如图 4-172(b)所示,推杆 5 驱动斜滑块 4 沿模套 3 内的导滑槽的方向移动,同时向两侧分开,塑件也逐渐脱离型芯,塑件的顶出和外侧抽芯动作同时完成。

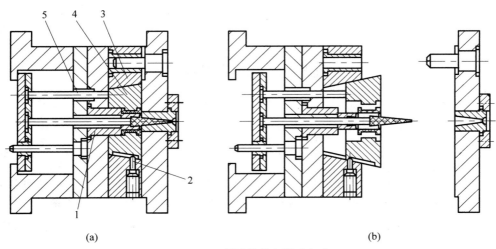

(a)　　　　　　　　　　　　　　　　　　　(b)

图 4-172　斜滑块外侧抽芯机构
1—型芯；2—定位螺钉；3—模套；4—斜滑块；5—推杆

(2) 斜滑块内侧抽芯机构。如图 4-173 所示,斜滑块 1本身是内侧型芯同时有顶出塑件的作用。开模后,注射机推顶装置通过模具推板使推杆推动斜滑块沿型芯的导滑槽移动,在动模板 2 的斜孔和拼合型芯的斜面作用下,斜滑块同时向模具内侧移动,从而使斜滑块在塑件上抽出。

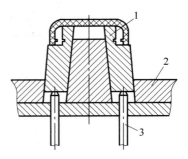

图 4-173　斜滑块内侧抽芯机构
1—斜滑块；2—动模板；3—推杆

2. 设计要点

(1) 斜滑块的倾斜角与推出行程。由于滑块的刚性较好,强度较高,因此倾斜角可比斜导柱的大一些,但最好不要超过 $26°\sim30°$。若塑件各部位的侧向凸、凹结构深浅不同,可将斜滑块相应各部位设计成不同的倾斜角,以便在相同的推出行程下得到不同的侧抽芯距。

斜滑块的推出行程不能大于斜滑块高度的 1/3,具体计算方法与斜导柱抽芯机构中最小开模行程的计算相似。

（2）斜滑块的组合形式。对于外抽芯斜滑块,通常由 2～6 块组成瓣合式型腔镶块,特殊情况下,斜滑块的块数还可分得更多。斜滑块的组合形式如图 4-174 所示,其中图 4-174(a)～(e)为外抽芯斜滑块的组合形式,如果塑件外形有转折,则斜滑块的镶拼线应与塑件上的转折线重合,如图 4-174(e)所示。图 4-174(f)为内抽芯斜滑块的组合形式之一。在设计斜滑块的组合形式时,应根据塑件的形状决定选用哪种形式,其原则是既要满足分型与抽芯的要求,又要尽量保证注出的塑件外表美观,表面没有明显的镶拼痕迹,而且滑块的组合部分强度应足够。

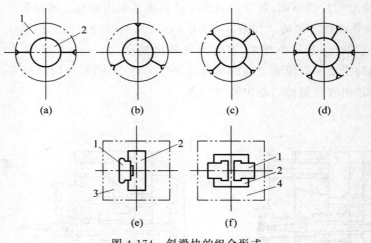

图 4-174　斜滑块的组合形式
1—斜滑块；2—型芯；3—凹模；4—型芯固定板

（3）斜滑块的导滑。图 4-175 所示为外抽芯斜滑块常用的导滑形式,根据导滑部分的特点,图 4-175(a)～(d)分别称为镶块导滑、凸耳导滑、圆销导滑和燕尾导滑。前三种加工比较简单,应用广泛；第四种燕尾式加工比较复杂,但因占用面积较小,适合于斜滑块的镶拼块数较多时的情况。

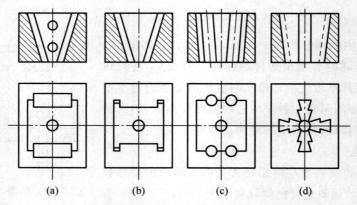

图 4-175　外抽芯斜滑块导滑形式

图 4-176 所示为内抽芯斜滑块常用的导滑形式,图 4-176(a)和(b)分别为矩形槽内导滑和 T 形槽内导滑。设计时为了保证内侧抽芯动作的顺利完成,尺寸 L 应保证斜滑块有足够

的侧向移动距离。

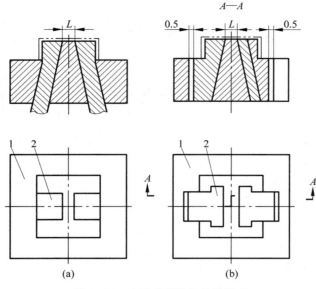

图 4-176　内抽芯斜滑块导滑形式
1—型芯；2—斜滑块

（4）斜滑块的装配要求。如图 4-177 所示，模具闭合后斜滑块 2 底部与动模模套 1 之间应留 0.2～0.5mm 间隙，以便保证合模时拼合紧密，注射成型时不产生溢料现象。斜滑块 2 还必须高出动模模套 1 端面 0.2～0.5mm，这样，斜滑块与动模（或导滑槽）之间有了磨损之后，可通过修磨端面继续保持合模时的紧密性。

（5）斜滑块的推力问题。由于推杆存在加工误差，当其直接推动斜滑块运动时，往往会出现推力不均的现象，使斜滑块运动不平稳，严重时会造成模具或塑件的损坏。因此，可在推杆与斜滑块之间增设一个推件板，从而使斜滑块的受力均匀。

（6）主型芯的位置。一般应将主型芯设置在动模上，如图 4-178（a）所示，这样开模取件时，可以利用主型芯对塑件的定位和导向作用，使塑件与各斜滑块脱离的机会均等，而不会黏附在黏着力较大的一侧，从而顺利脱模。相反，如果把主型芯设置在定模上，如图 4-178（b）所示，开模时主型芯立即与塑件脱开，塑件离开主型芯，失去了主型芯对其定位和导向的作用。当推杆推动斜滑块开始分型并推出塑件时，塑件很容易黏附在斜滑块上某塑料收缩较大的部位，因而不能顺利脱模。

（7）斜滑块的止动方法。斜滑块通常设置在动模部分，且塑件对动模部分的包紧力应大于定模部分，以保证开模时塑件留在动模一侧。但有时由于塑件的形状特点，使得塑件对定模部分的包紧力大于动模部分，此时必须设置止动装置，防止开模时斜滑块可能被定模从动模模套内带出损坏塑件，如图 4-179（a）所示。图 4-179（b）所示为斜滑块弹簧止动结构，在定模边设置弹簧顶销 6，开模时，弹簧顶销 6 在弹簧的作用下紧压斜滑块 4，使斜滑块 4 暂时不从模套 3 中脱出。当塑件脱离定模型芯 5 后，斜滑块 4 在推杆 1 的作用下同时达到侧抽芯和推出塑件的目的。

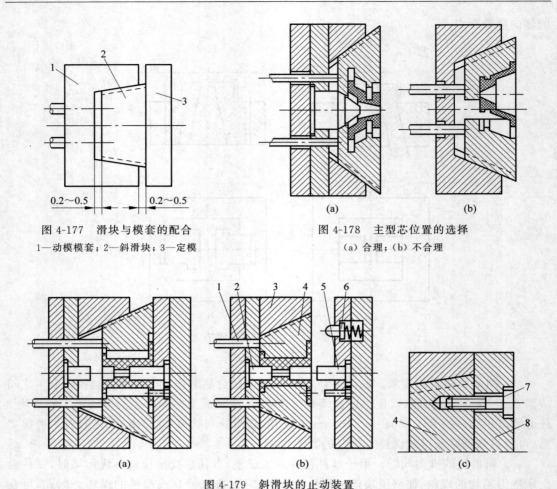

图 4-177　滑块与模套的配合
1—动模模套；2—斜滑块；3—定模

图 4-178　主型芯位置的选择
(a) 合理；(b) 不合理

图 4-179　斜滑块的止动装置
1—推杆；2—动模型芯；3—模套；4—斜滑块；5—定模型芯；6—弹簧顶销；7—止动销；8—定模板

　　图 4-179(c)所示为斜滑块止动销止动结构,在斜滑块 4 上钻一圆孔与固定在定模板 8 上的止动销 7 呈间隙配合,开模分型时,在止动销 7 的作用下斜滑块 4 不能进行斜向运动,塑件随斜滑块 4 与动模一起运动。这种止动结构安全、可靠。

4.8.5　其他机动侧向分型抽芯机构

1. 斜导杆侧向抽芯机构

　　按斜导杆所处的位置不同,可分为斜导杆外侧抽芯和内侧抽芯两种形式。

　　(1) 斜导杆外侧抽芯机构。如图 4-180 所示,脱模推出时,推杆固定板 1 推动滚轮 2 迫使斜导杆 3 沿动模的斜孔运动,同时驱动斜滑块沿模套的锥面方向滑动,从而完成分型抽芯动作,同时塑件也被脱出模外。

　　(2) 斜导杆内侧抽芯机构。如图 4-181 所示,斜导杆与滑块做成一体,又称斜顶,其头部用来成型塑件内侧的凸起,主型芯 5 上开有斜孔,在推出过程中,推板 4 推动斜导杆 2 沿斜孔运动,使塑件一面抽芯,一面脱模。

　　由于斜导杆刚性差,该机构常用于抽芯力和抽芯距均较小的场合。

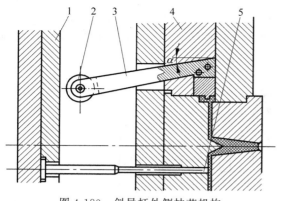
图 4-180　斜导杆外侧抽芯机构
1—推杆固定板；2—滚轮；3—斜导杆；4—动模板；5—推杆

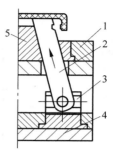
图 4-181　斜导杆内侧抽芯机构
1—模套；2—斜导杆；3—滑轮或滑座；
4—推板；5—主型芯

2. 弯销抽芯机构

弯销是斜导柱的变异形式，其工作原理与斜导柱抽芯机构相同。在结构上弯销具有矩形截面，因此抗弯截面系数比斜导柱大，抗弯能力较强，可采用较大的倾斜角，倾斜角最大可达 30°。根据塑件的抽拔特点，可以把弯销分段加工成不同斜度，以改变抽拔速度和抽拔距，如图 4-182 所示。

通常弯销装在模具外侧，如图 4-183 所示，弯销 1 的一端固定在定模板外侧，另一端由支承块 4 支承。支承块 4 能承受较大的抽拔阻力，阻止滑块 2 在注射时可能产生的位移，同时，弯销 1 本身对滑块 2 也起压紧作用。在设计时，必须注意将弯销与滑块孔之间的间隙设计得大一些（一般在 0.5mm 左右），以免合模时发生弯销运动不灵或出现卡滞现象，同时弯销与支承块的尺寸也应根据抽芯力的大小确定。

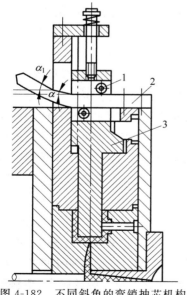
图 4-182　不同斜角的弯销抽芯机构
1—滚轮；2—弯销；3—滑块

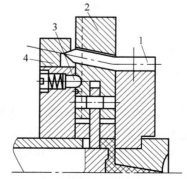
图 4-183　弯销外侧抽芯机构
1—弯销；2—滑块；3—球头销；4—支承块

弯销除了用于滑块的外侧抽芯外,还可用于滑块的内侧抽芯,如图 4-184 所示,开模时,分型面 Ⅰ 首先分开,弯销 1 带动侧型芯滑块 2 向中心移动,完成抽芯动作,合模时,弯销 1 左侧斜面驱动滑块 2 回复到成型位置。

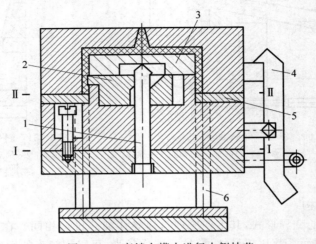

图 4-184　弯销在模内进行内侧抽芯
1—弯销；2—侧型芯滑块；3—组合型芯；4—摆钩；5—推件板；6—推杆

4.9　模具温度调节系统

4.9.1　模具温度调节系统的重要性

注射模具的温度是指模具型腔的表面温度,对于大型塑件是指模具型腔表面多点温度的平均值。注射模具中设置温度调节系统的目的,是通过控制模具温度,使注射成型顺利进行并获得良好的塑件质量和生产效率。

1. 模具温度调节对塑件质量的影响

塑件的质量与模具的温度有密切关系,低的模具温度可降低塑件的成型收缩率,避免塑件收缩产生凹陷,降低脱模后的塑件变形,从而提高塑件尺寸精度。但是模具温度过低将影响塑料的流动,造成充模流动阻力大、不易充满型腔、内部应力过大等缺陷,使塑件易出现翘曲、扭曲、流痕、注不满等问题。提高模具温度可使塑件尺寸稳定,避免后结晶现象造成尺寸和力学性能的变化(特别是玻璃化温度低于室温的聚烯烃类塑料)。但是模具温度过高将导致熔体冷却速度慢,成型周期延长,收缩率波动大,易造成溢边、脱模变形、塑件发脆等。

因此,必须合理控制模具温度,才能确保塑件的质量。

2. 模具温度调节对生产效率的影响

在塑料制品成型周期中,冷却时间占很大比例,一般可占成型周期的 2/3。由于冷却所需的时间长,使得注射成型生产率的提高受到了阻碍,因此缩短成型周期中的冷却时间便成了提高生产率的关键。影响冷却时间的因素很多,如冷却管道与型腔的距离、塑料种类和塑件厚度、冷却介质(水)初始温度及流动状态等。在设计模具冷却系统时,可以从产品设计和工艺设置入手来减少冷却时间,提高生产效率。

4.9.2　模具冷却系统的设计

冷却系统是指模具中开设的水道系统,它与外界水源连通,根据需要组成一个或者多个回路的水道。

1. 冷却参数的计算

1) 冷却时间的确定

塑件在模具内的冷却时间,通常是指塑料熔体从充满型腔时起到可以开模取出塑件时为止这一段时间。开模取出塑件的标准是塑件已充分固化,且具有一定的强度和刚度。冷却时间越短,则开模时的残余温度越高,残余温度将会引起塑件的变形。

冷却时间的确定有两种方法:一种是利用简化公式进行计算,可参阅有关模具设计资料;另外一种是根据塑件厚度大致确定所需的冷却时间,见表 4-19。

表 4-19　塑件厚度与所需冷却时间的关系

塑件厚度/ mm	冷却时间/s						
	ABS	PA	HDPE	LDPE	PP	PS	PVC
0.5			1.8		1.8	1.0	
0.8	1.8	2.5	3.0	2.3	3.0	1.8	2.1
1.0	2.9	3.8	4.5	3.5	4.5	2.9	3.3
1.3	4.1	5.3	6.2	4.9	6.2	4.1	4.6
1.5	5.7	7.0	8.0	6.6	8.0	5.7	6.3
1.8	7.4	8.9	10.0	8.4	10.0	7.4	8.1
2.0	9.3	11.2	12.5	10.6	12.5	9.3	10.1
2.3	11.5	13.4	14.7	12.8	14.7	11.5	12.3
2.5	13.7	15.9	17.5	15.2	17.5	13.7	14.7
3.2	20.5	23.4	25.5	22.5	25.5	20.5	21.7
3.8	28.5	32.0	34.5	30.9	34.5	28.5	30.0
4.4	38.0	42.0	45.0	40.8	45.0	38.0	39.8
5.0	49.0	53.9	57.5	52.4	57.5	49.0	51.1
5.7	61.0	66.8	71.0	65.0	71.0	61.0	63.5
6.4	75.0	80.0	85.0	79.0	85.0	75.0	77.5

2) 传热面积的计算

在设有冷却系统的模具上,热传递具有三种基本方式:热传导、热辐射和对流传热,这三种方式相互作用对冷却模具产生作用。

如果忽略空气对流、热辐射、模具与注射机接触所散失的热量,假设塑料熔体在模内释放的热量,经模具传导全部由冷却水带走,则模具冷却时所需冷却水的体积流量为

$$q_V = \frac{WQ_1}{\rho c_1 (t_1 - t_2)} \tag{4-43}$$

式中:q_V——冷却水的体积流量,m^3/min;

　　　W——单位时间内注入模具中的塑料熔体质量,kg/min;

Q_1——从熔融状态的塑料进入型腔时的温度到塑件冷却到脱模温度为止,塑料熔体
所释放的单位热流量,kJ/kg,可以从表 4-20 中选取;

ρ——冷却水的密度,kg/m³;

c_1——冷却水的比热容,kJ/(kg·℃);

t_1——冷却水的出口温度,℃;

t_2——冷却水的进口温度,℃。

表 4-20　常用塑料熔体的单位热流量

塑料品种	$Q_1/(\text{kJ/kg})$	塑料品种	$Q_1/(\text{kJ/kg})$
ABS	$3.1\times10^2 \sim 4.0\times10^2$	低密度聚乙烯	$5.9\times10^2 \sim 6.9\times10^2$
聚甲醛	4.2×10^2	高密度聚乙烯	$6.9\times10^2 \sim 8.1\times10^2$
丙烯酸	2.9×10^2	聚丙烯	5.9×10^2
醋酸纤维素	3.9×10^2	聚碳酸酯	2.7×10^2
聚酰胺	$6.5\times10 \sim 7.5\times10^2$	聚氯乙烯	$1.6\times10^2 \sim 3.6\times10^2$

求出冷却水的体积流量 q_V 后,可以根据冷却水处于湍流状态下的流速 v 与管道直径 d 的关系,参见表 4-21,确定冷却管道的直径 d。

表 4-21　冷却水的稳定湍流速度与流量

冷却管道直径 d/mm	最低流速 $v/(\text{m/s})$	流量 $q_V/(\text{m}^3/\text{min})$	冷却管道直径 d/mm	最低流速 $v/(\text{m/s})$	流量 $q_V/(\text{m}^3/\text{min})$
8	1.66	5.0×10^{-3}	20	0.66	12.4×10^{-3}
10	1.32	6.2×10^{-3}	25	0.53	15.5×10^{-3}
12	1.10	7.4×10^{-3}	30	0.44	18.7×10^{-3}
15	0.87	9.2×10^{-3}			

冷却管道总传热面积 A 可由下式计算

$$A = \frac{60WQ_1}{h\,\Delta t} \tag{4-44}$$

式中:A——冷却管道总传热面积,m²;

W,Q_1——含义同上;

Δt——模具温度与冷却水温度之间的平均温差,℃;

h——冷却管道孔壁与冷却水之间的传热系数,kJ/(m²·h·℃),对于长径比 $L/d>50$ 的细长冷却管道,h 可由下式求得

$$h = 3.6f\,\frac{(\rho v)^{0.8}}{d^{0.2}} \tag{4-45}$$

式中:ρ——冷却水在一定温度下的密度,kg/m³;

v——冷却水在圆管中的平均流速,m/s;

d——冷却管道的直径,m;

f——与冷却水温度有关的物理系数,$f=0.027\lambda^{0.6}\left(\dfrac{c_1}{\mu}\right)^{0.4}$,可查表 4-22,$\lambda$ 为冷却水的热导率,kJ/(m·h·℃);μ 为冷却水的黏度,Pa·s。

表 4-22　不同水温下的 f 值

平均水温/℃	0	5	10	15	20	25	30	35
f	4.91	5.30	5.68	6.07	6.45	6.48	7.22	7.60
平均水温/℃	40	45	50	55	60	65	70	75
f	7.98	8.31	8.64	8.97	9.30	9.60	9.90	10.20

3）冷却水在圆管中平均流速的计算

$$v = \frac{4q_V}{\pi d^2} \tag{4-46}$$

式中：v——冷却水在圆管中的平均流速，m/s；

　　q_V，d——含义同上。

4）冷却水孔总长度的计算

$$L = \frac{60WQ_1}{3.6\pi f(\rho v d)^{0.8}\Delta t} \tag{4-47}$$

式中：L——冷却水孔总长度，m。

5）冷却水孔数计算

模具应开设的冷却管道的孔数为

$$n = \frac{A}{\pi d l} \tag{4-48}$$

式中：n——冷却水孔数；

　　l——因受模具尺寸限制，每一根水管的长度，m，即冷却管道开设方向上模具长度或宽度；

　　A——冷却管道总传热面积，m²；

　　d——冷却管道的直径，m。

2. 冷却系统的设计

1）设计原则

（1）冷却管道孔至型腔表面的距离应尽可能相等。当塑件厚度均匀时，冷却通道的排列与型腔的形状相吻合，冷却通道至型腔表面的距离相等，如图 4-185(a)所示；当塑件厚度不均匀时，塑件壁厚处冷却通道应靠近型腔，间距要小以加强冷却，如图 4-185(b)所示。一般冷却通道与型腔表面的距离应大于 10mm，为冷却通道直径的 1～2 倍。

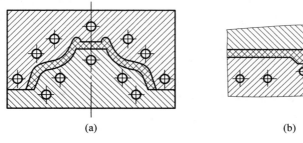

(a)　　　　　　　　　　　　(b)

图 4-185　冷却管道布置示意图

　　(2) 在模具结构允许的前提下,冷却通道的孔径应尽量大,冷却回路的数量应尽量多,以保证冷却均匀。不均匀的冷却会使制品表面光泽不一,出模后产生热变形。

　　(3) 注意水管的密封问题,以免漏水。冷却管道不应穿过镶件,以免在接缝处漏水;必须通过镶件时,应加设管套密封。此外,应注意水道穿过型芯、型腔与模板接缝处时的密封以及水管与水嘴连接处的密封,同时水管接头部位应设置在不影响操作的方向,通常在注射机的背面。

　　(4) 浇口处应加强冷却。当熔融塑料充填型腔时,由于浇口附近温度最高,因此应加强冷却。一般可将冷却回路的入口设在浇口处,这样可使冷却水先流经浇口附近,再流向浇口远端。如图 4-186 所示,图(a)为侧浇口冷却回路的布置,图(b)为多个点浇口冷却回路的布置。

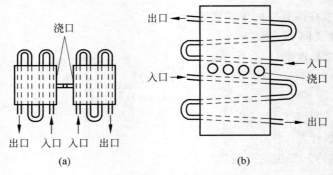

图 4-186　冷却回路入口的选择

　　(5) 降低入水与出水的温度差。如果出入水间温差太大,将使得模具的温度分布不均匀,尤其对流程较长的塑件较为明显。设计时应根据塑件的结构特点、塑料特性及塑件壁厚合理确定水道的排列形式,使得塑件的冷却速度大致相同。冷却管道的排列如图 4-187 所示,其中,图 4-187(a)比图(b)冷却效果好。

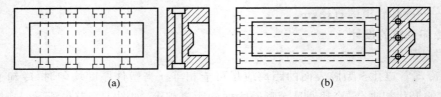

图 4-187　冷却管道的排列

　　(6) 冷却通道要避免接近塑件熔接痕的产生位置及塑料最后充填的部位。因为塑件在熔接痕处的温度一般较其他部位低,为了不使温度进一步下降,保证熔接部位的强度,应尽可能不在熔接痕部位开设冷却管道。冷却水道若靠近塑料最后充填的部位,将会影响塑件质量及充填效果。

　　(7) 冷却通道内不应有存水和产生回流的部位,应避免过大的压力降。冷却通道直径的选择要易于加工和清理,一般为 $\phi(6\sim12)$mm。

　　(8) 冷却管道最好布置在包含模具型腔型芯的零件上,以使模具冷却充分。

　　2) 常见的冷却回路布置

　　(1) 型腔冷却回路

　　如图 4-188 所示为最简单的外接直流循环式冷却回路,其方法是在型腔附近钻冷却水孔,用水管接头和塑料管将模内管道连接成单路或多路并行循环。这种回路结构简单、制造方便,但外连接太多,容易碰坏,因此只用于较浅的矩形型腔。

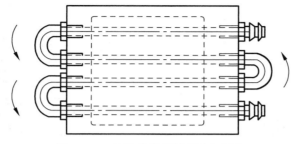

图 4-188　外接直流循环式冷却回路

为避免外部设置接头,可在型腔外周钻直通水道,用塞子或挡板使冷却水沿指定方向流动,如图 4-189 所示,冷却水孔非进出口均用螺塞堵住。该回路适合各种较浅的,特别是圆形的型腔。

图 4-190 所示为左右对称式冷却回路,适合长宽比很大的矩形型腔。

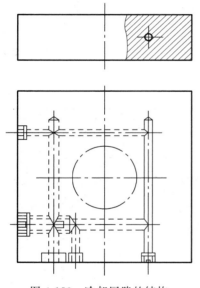

图 4-189　冷却回路的结构

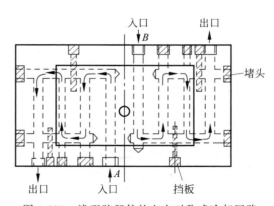

图 4-190　浅型腔塑件的左右对称式冷却回路

对于侧壁较高的型腔,冷却回路通常分层设置,如图 4-191 所示。

对于嵌入式型腔,可在其嵌入界面开设环形冷却水槽,如图 4-192 所示。

（2）型芯冷却回路

在注射成型过程中,型芯总是被温度很高的熔融塑料包围着,并且塑件在固化时因收缩而包紧在型芯上,塑件与型腔之间会形成空隙,这时绝大部分的热量依靠型芯的冷却回路进行传递,因此,在冷却系统的设计中,型芯的冷却显得更为重要。

型芯的冷却回路根据塑件的深度、宽度等不同而不同。当型芯较短时,可将单层冷却回路开设在型芯下部,如图 4-193 所示。

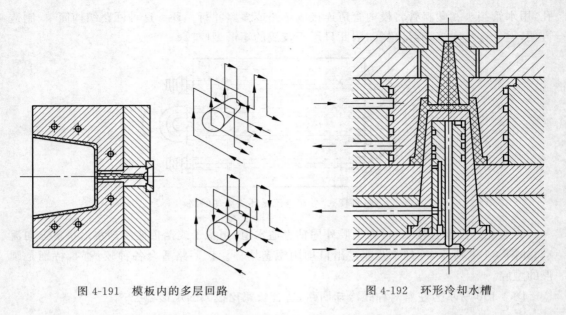

图 4-191　模板内的多层回路　　　　　　图 4-192　环形冷却水槽

对于较长的型芯,为使型芯表面迅速冷却,应设法使冷却水在型芯内循环流动,其形式有如下几种。

① 斜交叉式管道冷却回路。如图 4-194 所示,该形式主要适用于小直径长型芯的冷却。

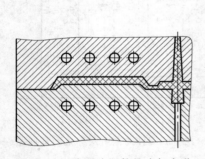

图 4-193　浅型腔塑件的冷却水道

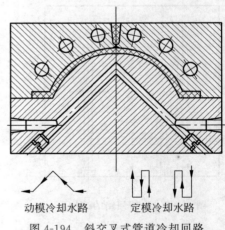

动模冷却水路　　　定模冷却水路

图 4-194　斜交叉式管道冷却回路

② 直孔隔板式冷却回路。如图 4-195 所示,在型芯的直管道中采用隔板结构,与型芯轴线平行的管道与底部横向管道形成了串接冷却回路,水从右侧流入,由于水堵使水上流,在上侧通过隔板流入左侧而完成冷却过程。此方法可用于大直径的长型芯的冷却。

③ 水管喷流式冷却回路。如图 4-196 所示为喷流式冷却回路,在型芯中间装一喷水管,冷却水从喷水管中喷出,分流后冲刷冷却型芯内侧。这种回路冷却效果好,但制造比较困难,适用于长型芯单型腔模。

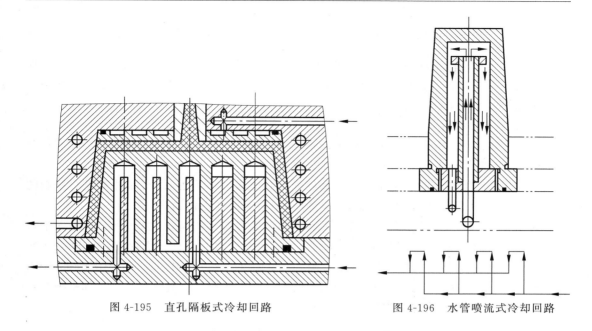

图 4-195　直孔隔板式冷却回路　　　　　　　　图 4-196　水管喷流式冷却回路

④ 热管冷却。对于细小的型芯，常常无法在型芯内直接设置冷却回路，因此需要采用特殊冷却方式。如图 4-197 所示为应用热管冷却型芯。热管是一种特制的散热用标准件，由铜管、铜线芯（起吸抽作用）和工作液（如水）等组成，将它的一端插入小直径型芯中吸热，另外一端置于循环冷却液中散热。热管用于塑料注射模的冷却，至少可缩短成型周期 30% 以上，并能使模温恒定。

⑤ 螺旋式冷却回路。为保证冷却迅速、可靠，可根据型芯的可利用空间，在型芯内部设计螺旋式冷却水道，如图 4-198 所示，即在型芯嵌件外表面车制螺旋沟槽后压入型芯的内孔中，冷却水从中心孔引向芯柱顶端，经螺旋回路从底部流出。此回路适合大型回转体塑件型芯的冷却。

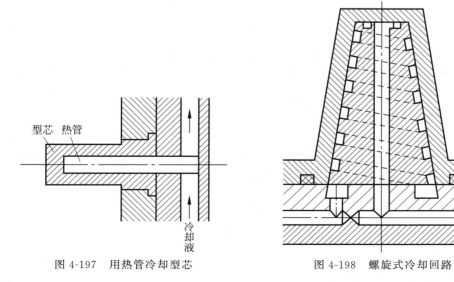

图 4-197　用热管冷却型芯　　　　　　　　图 4-198　螺旋式冷却回路

4.9.3　模具加热系统的设计

当注射模具工作温度要求在 80℃以上时,必须设置加热系统。根据热源不同,模具加热的方式分为电加热(包括电阻加热和感应加热,后者应用较少)、油加热、蒸汽加热、热水或过热水加热等。其中,应用比较广泛的是电阻加热。

1. 电阻加热装置

电阻加热的优点是结构简单,制造容易,使用,安装方便,温度调节范围较大,没有污染等;缺点是耗电量较大。电阻加热装置有三种。

(1)电阻丝加热。将事先绕制好的螺旋弹簧状电阻丝作为加热元件,外部穿套特制的绝缘瓷管后,装入模具中的加热孔道,一旦通电,便可对模具直接加热。

(2)电热套或电热板加热。电热套是将电阻丝绕制在云母片上之后,再装夹进一个特制金属框套内而制成的,云母片起绝缘作用。如图 4-199(a)、(b)、(c)所示,图 4-199(a)为矩形电热套,由四个电热片用螺钉连接而成;图 4-199(b)、(c)为圆形电热套,其中图 4-199(b)为整体式,图 4-199(c)为组合式。整体式结构加热效率高,组合式安装比较方便。如果模具上不便安装电热套,可采用平板框套构成的电热板,如图 4-199(d)所示。

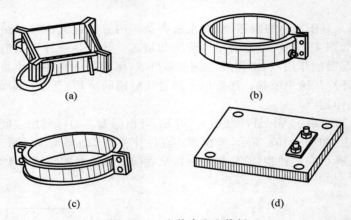

(a)　　　　　　　　　　　(b)

(c)　　　　　　　　　　　(d)

图 4-199　电热套和电热板

(3)电热棒加热。电热棒是一种标准加热元件,它是将具有一定功率的电阻丝密封在不锈钢内制成的。使用时,在模具上适当的位置钻孔,然后将其插入,并装上热电偶通电即可。

2. 电阻加热的计算

1)加热功率计算

根据实际需要计算电功率,是设计模具电阻加热装置的首要任务。其计算方法有两种。

(1)计算法。加热模具需用的总功率可用下式计算:

$$P = \frac{mc_p(\theta_2 - \theta_1)}{3600\eta t} \tag{4-49}$$

式中:P——加热模具需用的总功率,kW;

　　　m——模具质量,kg;

　　　c_p——模具材料的比热容,kJ/(kg·℃);

θ_1——模具的初始温度,℃;

θ_2——模具要求的加热温度,℃;

η——加热元件的效率,为 0.3~0.5;

t——加热升温时间,h。

（2）经验法。加热模具所需要的电功率可按以下经验公式计算,即

$$P = qm \tag{4-50}$$

式中: P——总的电功率,W;

m——模具质量,kg;

q——每千克模具维持成型温度所需要的电功率,W/kg, q 值见表 4-23。

表 4-23　单位质量模具加热所需的电功率　　　　　　　　　　　　　　　W/kg

模 具 类 型	q 值	
	电 加 热 棒	电热圈加热
大型(>100kg)	35	60
中型(40~100kg)	30	50
小型(<40kg)	25	40

2）加热棒数量的确定

总的电功率 P 计算之后,即可根据电热板的尺寸确定电热棒的根数 n,然后计算每根电热棒的功率 P_1。设电热棒采用并联接法,则

$$P_1 = P/n \tag{4-51}$$

根据 P_1 查有关手册选择标准电热棒尺寸,也可以根据模具结构及其所允许的钻孔位置确定 P_1 及电热棒尺寸,再利用上式计算电热棒的根数 n。

4.10　注射模设计实例

某型号电脑的塑料显示器托架如图 4-200 所示,图(a)为二维图,图(b)为外表面,图(c)为内表面。该托架用于支撑电脑显示器,使电脑显示器能稳定地立在桌面上,材料用 ABS塑料,大批量生产,设计其成型注射模具。

4.10.1　塑件成型工艺性分析

该电脑显示器托架形状为薄壁壳体圆盘结构,壁厚比较均匀,最大为 2mm,最小为1mm,平均壁厚为 1.5mm,最大外形尺寸(长×宽×高)为 216mm×216mm×26mm,转折处均带 1~3mm 的圆角。中间部分长度为 33mm、壁厚为 1.5mm 的两瓣结合在一起,其结合处与电脑显示器连接,精度要求较高。结合处两边分布 3 个长度 6mm、厚度 1mm、间隔45°的榫结构,其上部为板状结构。由于该托架尺寸较大、壁较薄,内部径向均布 8 条加强筋来增强其刚度。内表面分布 3 个外径为 15mm 的空心圆柱,起辅助支承作用。除了榫结构,其余尺寸无精度要求,按 ABS 一般精度 MT3 计算榫结构 33mm 的尺寸,其余尺寸则按未注公差 MT5 的精度等级计算。外观要求光滑,无明显缩痕、气泡和翘曲。

ABS 收缩率较小,该塑件沿脱模方向尺寸不大,选择该模具型芯脱模斜度和凹模脱模

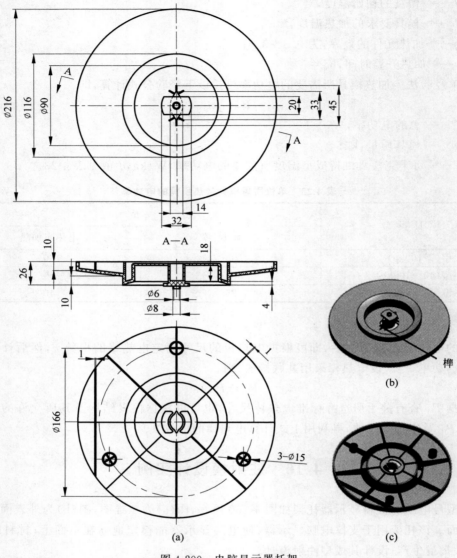

图 4-200　电脑显示器托架

斜度均为 1°。

　　塑件为大批量生产,故模具要具有较高的成型效率,浇注系统最好能自动脱模,可以采用点浇口三板式结构,实现浇口处自动拉断,有利于自动化操作,且浇口痕迹不明显,不影响塑件外观。塑件外形尺寸略大且呈圆盘状,塑料溶体流程就会稍长,浇口形式采用点浇口四点进料,以利于型腔填充。

4.10.2　拟定模具的结构形式

1. 塑件的三维分模

　　分型面选取托架截面最大的底平面上,该托架外形尺寸较大,选择一模一腔的结构。运用三维软件 UG NX 对其分模,设置平均收缩率为 0.6%,选择托架截面最大的底平面为分型线,其通孔(靠破孔)位置需要填补。分模结果如图 4-201 所示,从左到右分别是型芯、塑件内部、塑件外部和型腔。

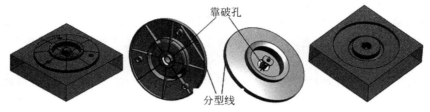

图 4-201 分模结果

2. 注射机型号的选择

ABS 塑料密度为 $1.03 \sim 1.07\text{g/cm}^3$,平均密度 ρ 为 1.05g/cm^3,收缩率为 $0.4\% \sim 0.8\%$,平均收缩率为 0.6%。运用 UG NX 自动计算得到其体积 $V_{塑}$ 约为 125cm^3,其质量 $M_{塑}$ 约为 130g。

浇注系统凝料体积一般根据型腔数量、浇口形式、主流道和分流道的长度和直径,在塑件体积的 $0.2 \sim 1$ 倍区间来估算。该托架注射模为一模一腔结构,其浇注系统凝料体积按塑件体积的 0.2 倍来估算,$V_{浇} = 25\text{cm}^3$,其质量 $M_{浇} = 26\text{g}$,故 $V_{总} = 150\text{cm}^3$,$M_{总} = 156\text{g}$。

根据注射机实际注射量最好在理论注射量的 $35\% \sim 75\%$,选定注塑机型号为 ZYK118,该注射机为震宇塑料机械有限公司生产,其相应技术规范如表 4-24 所示。

表 4-24 ZYK118 注塑机的技术规范

理论注射容积/cm³	216	拉杆内间距 /(宽×高/(mm×mm))	375×375
螺杆直径/mm	401	最大模厚/mm	380
注射压力/MPa	149	最小模厚/mm	150
移模行程/mm	340	合模方式	液压-机械联合
锁模力/kN	1180	定位圈直径/mm	100
顶出行程/mm	100	喷嘴球半径/mm	10
螺杆转速/(r/min)	0~200	喷嘴口孔径/mm	2.5
顶出力/kN	33		

4.10.3 浇注系统设计

1. 主流道的设计

主流道衬套的形式选择国家标准 B 型,其结构和安装形式如图 4-25(c)所示,其主要尺寸如图 4-24 所示。

主流道穿过定模座板和定模板,根据 4.10.5 节所选模架,主流道长度为 $L =$ 定模座板厚度 H_1 + 定模板(水口推板)厚度 $H_3 = 50 + 35 = 85\text{mm}$。

主流道凹球半径 $r_1 =$ 注射机喷嘴凸球半径 $r + (1 \sim 2) = 10 + 2 = 12\text{mm}$,凹球深度取 $3 \sim 5\text{mm}$。

主流道小端直径 $d_1 =$ 喷嘴直径 $d + (0.5 \sim 1)\text{mm} = 2.5 + 0.5 = 3\text{mm}$,大端直径 $d_2 =$

$d_1+2L\tan\dfrac{\alpha}{2}=3+2\times70\times\tan2°\approx8\text{mm}$,主流道锥角 α 取 $4°$。

2. 分流道和冷料穴的设计

选用平衡辐射式分流道,即以托架中间圆孔轴为中心均匀分布,如图 4-202 所示。由于采用点浇口三板式模具,分流道除了在分型面 I 上开设外,还需要深入中间板和凹模中,如图 4-204 所示。

分流道长度取塑件最大尺寸的 2/3 倍,即单边分流道长度 $L_分$ 取 80mm,包括冷料井的长度 $L_{冷料井}$ 取 8mm。

分流道直径按公式(4-9)计算得约为 9mm。

该注射模为三板模结构,不需要设计主流道冷料穴,分流道较长,需设计冷料穴,将分流道在分型面上延伸成为冷料井,直径和分流道一致,长度设为 8cm,如图 4-202 所示。

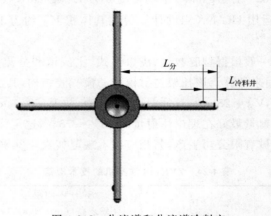

图 4-202　分流道和分流道冷料穴

3. 浇口的设计

托架外形尺寸略大,为了使塑料熔体能够快速高效地流入模具型腔,同时利于排气和补缩,设计 4 个点浇口,与分流道对应,4 个点浇口均布在模具型腔最大尺寸的 2/3 附近,即半径为 72mm 的圆周上,相互之间夹角为 $90°$。点浇口直径 d 取 1.5mm,长度 l 取 2mm,将浇口处的型腔壁做成圆弧状,圆弧高度在 0.5mm 左右,浇口深入塑件表面 0.5mm 左右,如图 4-33 所示。

4.10.4　成型零件设计

1. 成型零件的结构设计

凹模选择不带凸肩的整体嵌入式结构,如图 4-69(d)所示,用螺钉固定凹模与定模板。凸模选用型芯嵌入模板的结构,采用型芯侧面止口定位,如图 4-75(c)所示,该结构定位准确且可以避免塑料熔体挤入连接面,用螺钉连接凸模与动模板。

2. 成型零件的工作尺寸计算

对托架榫结构长度 33mm 的尺寸按 ABS 塑料一般精度 MT3 考虑,其余尺寸则按未注公差 MT5 的精度等级考虑,查表 3-1,得到该塑件各个尺寸的公差,按照各个尺寸的具体情况分别按基孔制、基轴制和双向等值偏差标注塑料托架的上下偏差。模具各个尺寸的制造公差取 IT9,磨损取塑件偏差的 1/6。模具凹模型腔径向尺寸按公式(4-19)计算,凹模型腔深度尺寸按公式(4-21)计算,凸模型芯径向尺寸按公式(4-20)计算,凸模型芯高度尺寸按公式(4-22)计算。具体计算过程和结果略。

4.10.5　模架的选择

中小型标准模架的选型经验公式为

塑件在分型面上的投影宽度 $W'=216$ mm,须满足: $W' \leqslant W_2-10$ mm;

塑件在分型面上的投影长度 $L'=216$ mm,须满足: $L' \leqslant L_t-d-30$ mm。

其中 W_2 为推板宽, L_t 为复位杆在长度方向的间距,如图 4-203 所示,d 为复位杆直径。则推板宽度 $W_2 \geqslant 226$ mm,查龙记注塑模中小型模架标准的尺寸组合可得 $W_2=270$ mm,对应的标准模架的宽度 $W=400$ mm,复位杆的直径 $d=20$ mm。

复位杆在长度方向的间距 $L_t \geqslant 266$ mm,查龙记模架标准可得 $L_t=326$ mm,对应标准模架的长度 $L=400$ mm。故模架的规格为 $W \times L=400$ mm $\times 400$ mm,可选模架型号为龙记小水口 S4040-DCI,该模架主要参数如表 4-25 所示,参考图 4-203。

表 4-25　小水口 S4040-DCI 模架主要参数

导柱直径	32mm
动、定模座板的宽度 W_1	450mm
水口推板厚度 H_3	35mm
复位杆间距 $V_2 \times L_t$	210mm $\times$ 326mm
垫块宽度 W_3	63mm
推杆固定板宽度 W_2	270mm
导柱的间距 $V_1 \times L_t$	326mm $\times$ 340mm
定模座板厚度 H_1	50mm
动模座板厚度 H_2	35mm
复位杆直径	20mm
推板固定板厚度 H_5	25mm
推板厚度 H_4	30mm

由托架塑件的最大外形尺寸为 216mm $\times$ 216mm $\times$ 26mm,可以得到模架的其他尺寸如下。

(1) 中间板厚度 A。中间板是型腔固定板,塑件高度为 26mm,中间板不考虑开设冷却水管道,按模架标准板 A 厚取 70mm。

(2) 动模板厚度 B。动模板是型芯固定板,型芯嵌件深度为 30mm,考虑在型芯和模板上开设冷却水管道,设计动模板厚度 B 为 60mm。

(3) 垫块厚度 C。垫块厚度 $\geqslant$ 脱模行程+推板厚度+推杆固定板厚度+ $(5 \sim 10)$ mm= $(20+25+30+5 \sim 10)$ mm= $80 \sim 85$ mm,选择垫块厚度 C 为 100mm。

(4) 小拉杆。如图 4-204 所示,小拉杆 2 作用为限制分型面 Ⅱ 的分型距离,即水口推板 3(定模板)的推出距离 D,取 D 为 10mm,查龙记模架的拉杆标准,得小拉杆直径为 16mm,长度为 58mm。

(5) 大拉杆。如图 4-204 所示,大拉杆 6 的作用是限制分型面 Ⅰ 的分型距离,分型面

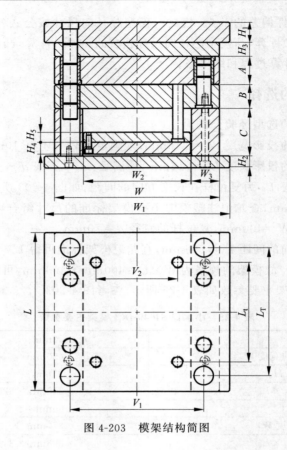

图 4-203　模架结构简图

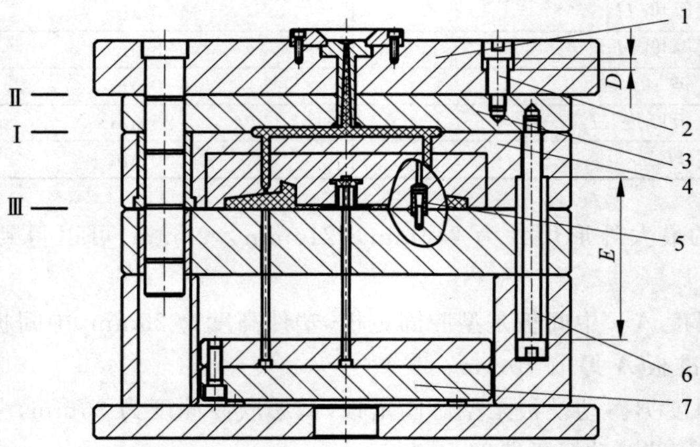

图 4-204　托架注射模闭模状态

1—定模座板；2—小拉杆；3—水口推板；4—中间板；5—橡胶塞；6—大拉杆；7—推板

Ⅰ分型的作用是取出浇注系统凝料，则其分型距离 $E \geqslant$ 主流道长度 $L +$ 分流道和浇口高度 $\approx 85 + 70 - 12 = 143\text{mm}$，取其分型距离 E 为 150mm，查龙记模架的拉杆标准，大拉杆直径为 16mm，长度为 216mm。

(6) 橡胶塞。如图 4-204 所示，橡胶塞 5 的作用是，利用其与中间板的摩擦力，保证模具打开时先从分型面 I 处开模。由于托架的质量约为 130g，在 100～250 之间，选取橡胶塞直径为 13mm。

综合上述计算，模具架结构形式为龙记小水口 S4040-DCI 型的标准模架，外形尺寸长×宽×高为 400mm×450mm×350mm。

4.10.6　其余系统的设计

1. 脱模机构的设计

脱模力按公式(4-25)计算，约为 5kN。

推杆直径按公式(4-26)计算约为 5mm，太小，为了便于加工推杆和推杆孔，保证推出的刚度和稳定性，取标准尺寸 6mm。

2. 冷却系统的设计

该托架塑件材料 ABS 模具温度为 50～80℃，模具需要设置冷却系统，用常温水对模具进行冷却。

冷却时间参考表 4-19，该托架平均壁厚为 1.2mm，冷却时间为 4.1s，考虑到塑件的结构和尺寸，取冷却时间为 6s。

模具冷却时所需要冷却水的体积流量 q_V 按公式(4-43)计算，约为 $7.5\times10^{-3}\,\mathrm{m^3/min}$。根据冷却水处于湍流状态下的流速 v 与管道直径 d 的关系，查表 4-21，确定冷却管道的直径 d 取 12mm，最低流速 $v=1.10\mathrm{m/s}$。

该托架塑件结构比较简单，为薄壁件，中间板部分不方便设置冷却水路，其冷却水路设置在动模板和型芯处，布置在型腔四周，考虑到不影响顶杆的布置，冷却水管道距塑件的距离取 30mm。

导向与定位机构采用模架所带导柱导套导向定位机构，不需要另外设计。

4.10.7　模具工作原理

经过上述设计计算，将结果用组立图(总装配图)和零件工作图表达。组立图比较复杂，零件工作图数量较多，这里省略。

该托架注射模为三板模，需要进行两次分型，必须采用顺序定距分型机构，即定模部分一定先与中间板分型，分开的距离足够取出浇注系统凝料时，第一分型结束，主分型面分型开始。如图 4-204 所示为模具闭模状态。

模具开始分模时，由于橡胶塞 5 对中间板 4 的摩擦阻力，模具从 I 处分开，分开的距离能够取出浇注系统凝料时，也就是达到图 4-204 所示大拉杆 6 的限位距离 E 时，大拉杆限位台阶碰到中间板对应的孔底，模具从分型面 II 处分开，此时水口推板 3(定模板)在大拉杆 6 的带动下，把浇注系统凝料从主流道中拉出。小拉杆 2 的限位台阶碰到定模座板 1 上对应的限位孔底时，也就是达到图 4-204 所示小拉杆限位距离 D 时，小拉杆停止运动，与它相连的水口推板和大拉杆停止运动，与大拉杆限位台阶相碰的中间板也不再移动，模具在注射机脱模机构的带动下，在分型面 III 处分开。模具从 III 处分开距离足够取出塑件时，注塑机顶杆顶动推板 7，将塑件推出，塑件在 III 处落下。

上述过程周而复始重复进行，即可连续生产该塑料托架。

图 4-205 和图 4-206 分别是电脑显示器托架注射模具的三维整体装配图和模具爆炸图。

相关工艺参数校核(略)。

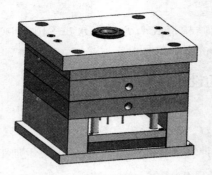

图 4-205　托架注射模三维图

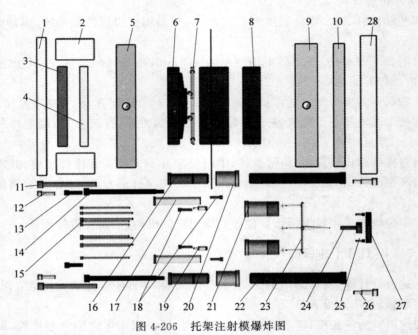

图 4-206　托架注射模爆炸图

1—动模座板；2—垫块；3—推板；4—推杆固定板；5—动模板；6,8—型芯；7—水管道模型；9—中间板；
10—定模板；11,12,13,18,25—螺钉；14—大拉杆；15—推杆；16,22—导柱；17—复位杆；19—橡胶塞；
20—导套；21—导柱导套；23—冷却系统凝料；24—浇口套；26—小拉杆；27—定位圈；28—定模座板

本章重难点及知识扩展

　　塑料注射成型是高效率生产塑料制件的方法,注射成型模具是实现注射成型的重要工艺装备。本章的基本内容包括：塑料注射成型的工艺过程和工艺条件；常见注射模具的结构组成和结构特点；标准模架和标准零件的国家标准和龙记标准；注射机的主要技术参数,模具和注射机相关工艺参数的校核；浇注系统中各个部分的设计,特别是浇口的设计；型腔数目、分型面和排气系统的确定方法；成型零部件的结构类型,成型零部件工作尺寸的计算方法；支承零部件和导向零件；各种脱模机构的类型及动作原理,简单脱模机构中零件的设计与选择；各种侧向分型抽芯机构的结构与动作原理，斜导柱抽芯机构的设计计算；
冷却与加热装置的设计计算等。

　　本章重点是浇注系统、成型零部件、脱模机构和侧向分型抽芯机构的设计，而浇口的设
计、成型零部件工作尺寸的计算、推杆脱模机构的设计和斜导柱抽芯机构的设计是这四个部
分的重点。由于脱模机构和抽芯机构结构和工作原理比较复杂，也是本章的难点。

思考与练习

　　1. 典型注射模由哪几部分组成？各部分主要作用是什么？

　　2. 单分型面和双分型面注射模的主要区别是什么？

　　3. 什么情况下需要注射模有侧向分型抽芯机构？

　　4. 带有活动镶件的注射模的优缺点是什么？

　　5. 简述注射成型原理。

　　6. 请以卧式螺杆注射机为例，叙述注射机的工作过程。

　　7. 何谓注射成型压力？注射成型压力的大小取决于哪些因素？

　　8. 注射模塑成型时，影响料筒温度的因素有哪些？

　　9. 模具设计时，从工艺参数方面考虑，对模具和所选用注射机必须进行哪些方面的
校核？

　　10. 在选择注射机时，都应该校核哪些安装部分相关尺寸？

　　11. 普通浇注系统应遵循哪些基本原则？

　　12. 分流道设计应注意哪些问题？

　　13. 浇口有哪些主要形式？举出四种不同的浇口形式在塑件上的应用。

　　14. 限制性浇口和非限制性浇口各有什么特点？

　　15. 比较潜伏式浇口和点浇口有哪些异同？

　　16. 浇口位置选择的原则有哪些？

　　17. 什么是熔体破裂现象？会造成什么后果？如何避免？

　　18. 分型面选择的一般原则有哪些？

　　19. 凸模和凹模常用的结构形式有哪些？

　　20. 螺纹型芯和螺纹型环常用的结构形式有哪些？

　　21. 为什么要设排气系统？常见的排气方式有哪些？

　　22. 试述注射模国家标准中直浇口基本型模架各个形式的特点。

　　23. 注射模导向机构的作用是什么？导向装置的设计选用有哪些原则？

　　24. 导柱的结构形式有哪些？各结构特点是什么？分别用在什么场合？

　　25. 锥面定位装置有什么特点？适用于哪些场合？

　　26. 简单脱模结构的设计原则有哪些？

　　27. 推杆脱模机构由哪些零部件组成？说明其动作原理。

　　28. 塑件脱模力的影响因素有哪些？

　　29. 推管脱模机构适用于哪些场合？有哪些常用方式？

　　30. 推件板脱模机构适用于哪些场合？

31. 为什么要设置脱模机构的复位装置？常见的有哪些？

32. 什么是二次脱模机构？什么是双脱模机构？

33. 带螺纹的塑件在设计脱模机构时应注意什么问题？常见脱模方式有哪些？

34. 如何确定侧向分型抽芯机构的抽芯力和抽芯距？

35. 斜导柱侧向分型抽芯机构的主要组成零件有哪些？简述各个零件的作用。

36. 在斜导柱侧向抽芯机构中,锁紧块的作用是什么？其倾斜角为什么应大于斜导柱的倾斜角？

37. 何谓斜导柱侧向分型抽芯机构的干涉现象？如何避免？

38. 如何设计斜导柱侧向分型抽芯机构中的斜导柱？

39. 常见的脱模机构先复位机构有哪些？其工作原理怎样？

40. 斜导柱安装在动模、滑块安装在定模的侧抽芯机构,模具动作特点是什么？

41. 简述斜滑块侧向分型抽芯机构的特点。

42. 试述斜顶抽芯机构的工作原理。

43. 什么情况模具需要设置冷却系统？什么情况模具需要设置加热系统？

44. 冷却水回路布置的基本原则是什么？

45. 塑料熔体充满型腔后冷却到脱模温度所需的冷却时间与哪些因素有关？

46. 对于扁平塑件和空心细长塑件冷却系统的结构如何设计？

第5章 注射成型新工艺与新技术

随着塑料工业的发展和技术的进步,注射成型新工艺、新结构、新技术层出不穷,扩展了塑料制品新的应用领域。本章介绍注射成型中新型发展起来的无流道注射成型、气体辅助注射成型、共注射成型、精密注射成型等工艺过程与模具结构特点,并介绍塑料模具 CAD/CAE/CAM 的工作过程、工作内容和模拟技术的应用。使学生初步了解塑料成型的新技术和模具发展方向。

5.1 无流道注射成型

5.1.1 概述

无流道注射成型(runnerless injection molding)是指对模具流道采取绝热或加热的方法,使流道一直保持熔融状态,从而在开模时只需取出塑件,而不必清理浇道凝料。所以无流道模具并非指模具内无流道,而是指成型制品时不会同时产生流道凝料。无流道模具按保持流道温度的方式不同可以分为绝热流道模具和热流道模具两大类。采用绝热方法的称为绝热流道模具,采用加热方法的称为热流道模具。无流道模具是注射成型工艺上的一次革命,也是注射模具设计上的一次革新,这类模具在美国、日本等先进国家应用已很普遍。我国现在处于研制推广阶段,目前应用比例不超过 5%。但发展前景很好,市场的潜在需求非常大,它是今后注射成型模具的一个重要发展方向之一。

1. 无流道浇注成型的工艺特点

无流道模具与普通模具相比有许多优点。

(1) 节省原料。无流道模具在生产中不产生或基本不产生回料,能够节约原材料,降低生产成本。同时避免了普通模具注射成型后,修剪浇口,切除料把的人工操作。

(2) 产品质量好。由于流道内塑料始终处于熔融状态,故压力损失小,可以实现多浇口、多型腔模具及大型塑件的低压注射。同时也有利于压力传递,在一定程度上可克服因补料不足而产生的凹陷、缩孔等缺陷。

(3) 效率高。由于塑件脱模时不需取出流道凝料,操作简化,有利于实现自动化生产。同时可以缩短开合模距离,从而缩短成型周期。

综上所述,无流道模具的使用可以减轻劳动强度,提高劳动生产率,提高产品质量,节约原材料,降低成本,为注射成型实现高效率、低消耗、高速化和自动化创造了必要的条件。

同时无流道模具也存在一些缺点。

(1) 维护成本高。无流道模具的设计和维护较难,若没有高水平的模具和维护管理,生产中模具易产生各种故障。

(2) 模具费用高。使用无流道,增加模具成本,小批量生产时效果不大。特别对于多型腔模具,采用无流道成型技术难度较高。

(3) 适应性差。对塑件形状和使用的塑料有要求,不是所有塑料都适合于无流道成型。

2. 无流道注射成型的塑料特点

(1) 对温度不敏感。即适宜加工的温度范围宽,黏度随温度改变而变化很小,在较低的温度下具有较好的流动性,在高温下具有优良的热稳定性。

(2) 对压力敏感。不加注射压力时熔料不流动,但施以很低的注射压力即可流动。这一点可以在内浇口加弹簧针形阀(即单向阀)控制熔料在停止注射时不流涎。

(3) 热变形温度高。塑件在比较高的温度下即可快速固化顶出,以缩短成型周期。

(4) 热导率高。热量能迅速带走,可缩短冷却时间。

(5) 比热容小。塑料凝固所需放出的热量和塑料熔融所需吸收的热量均少,使熔融和固化所需时间较短。

常见的适宜于无流道注射成型的热塑性塑料有 PE、PP、PS 等。

5.1.2　绝热流道模具

绝热流道模具的特点是流道十分粗大,在注射过程中,靠近流道壁的塑料冷却凝固,形成固化层,对流道中心部位的塑料起绝热作用,从而使其始终保持熔融状态,在注射压力作用下,熔融料通过流道顺利地进入型腔,满足连续注射的要求。下面介绍几种典型的绝热流道。

1. 单浇口绝热流道(井式喷嘴)

单浇口绝热流道又称绝热主流道浇注系统,如图 5-1(a)所示,是一种结构最简单的无流道模,适用于单型腔模。其绝热原理是用主流道杯代替普通模具的主流道衬套,由于杯内的物料层较厚,而且被喷嘴和每次通过的塑料不断加热,所以其中心部分能保持熔融状态,允许物料通过。由于浇口离热喷嘴较远,故该形式适用于成型周期小于 20s 的模具。

为避免主流道杯中的塑料固化,可采用改进型井式喷嘴结构,图 5-1(b)所示的浮动式主流道杯,在每次注射完毕后,主流道杯在弹簧作用下连同喷嘴一起与模具主体稍微分离以减少主流道杯的热量损失。

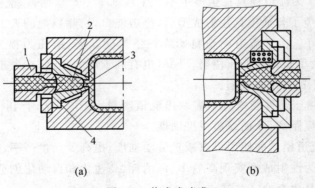

　　　　　(a)　　　　　　　　　　　　　(b)

图 5-1　井式式喷嘴

1—注塑机喷嘴;2—储料井;3—点浇口;4—主流道杯

2. 多浇口绝热流道

多浇口绝热流道又称绝热分流道模具,如图 5-2 所示。无论是主流道还是分流道都做得特别粗大,其断面呈圆形,常用的分流道直径为 $\phi(16\sim32)$mm(最大达 $\phi70$mm 以上),视塑件大小和成型周期长短而定。流道内的塑料外表冻结层对中心层塑料起绝热作用,使其保持熔融状态,但在停机后流道内的塑料即全部凝固,故在分流道的中心线上应设置能快速启闭的分型面。

多浇口绝热流道常用的浇口有直接浇口和点浇口两种。图 5-2(a)所示为采用直接浇口的绝热流道模具。模具上开设分流道的流道板要求温度较高(80℃左右),为减少分流道的热损失,应将其与被冷却的凹模板之间绝热,图中采用减小接触面积的方法,以减少接触传热。同样,给料喷嘴周围也设有环形间隙。流道板和型腔板间的温差毕竟不太大,因此不必考虑热膨胀的问题。图 5-2(b)所示为采用点浇口的绝热流道,脱模时塑件从浇口处断开,不必再进行修整。缺点是浇口处易冻结失效,只能用于成型周期甚短和容易成型的塑料品种。为了克服这一缺点,常在浇口处安放带加热探针的加热器,但分流道仍然处于绝热状态。

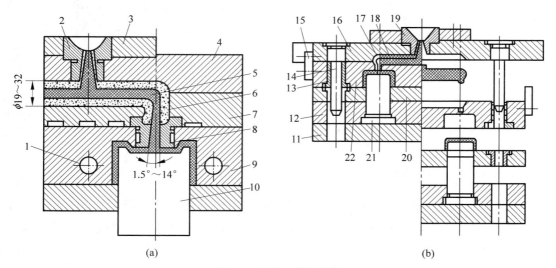

图 5-2　多浇口绝热流道

(a) 主流道型浇口绝热流道模;(b) 点浇口绝热流道模

1—冷却水道;2,19—浇口套;3—定位圈;4,16—定模座板;5—熔体;6—冷凝塑料层;7,22—流道板;
8—浇口衬套;9—定模型腔板;10,21—型芯;11—支承板;12—动模板;13—导套;14—导柱;
15—锁链;17—熔体;18—凝固塑料层;20—推件板

图 5-3 所示为浇口处带内加热器的绝热流道模具,在流道中插入带探针的加热棒,并使其尖端伸到点浇口附近,这就可以使浇口及其附近的熔融料在相当长的时间内不冻结。如设计合理,成型周期可长达 2～3min。由于分流道的主体部分无加热器,因此,应同样设置流道分型面。模具流道部分的温度(图中 A 段)亦应高于型腔部分的温度(图中 B 段)。内加热器设计形式很多,图 5-3 为该设计的一个例子,加热棒的尖端探针一直伸到浇口中心,但不能与浇口的边壁相碰,否则其尖端的温度迅速降低而失去作用。三角形的翼片可改善其对中性。多腔模中加热器的温度应分别控制,保证浇口处物料不能冻结也不能因温度太高而流涎。浇口处温度偏高还会产生拉丝现象,影响塑件自动坠落,此时应稍许降低加热棒的温度。

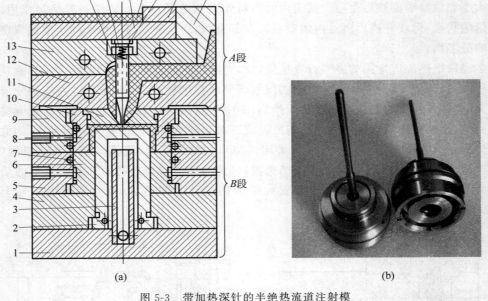

图 5-3　带加热深针的半绝热流道注射模

1—支承板；2—型芯；3—型芯冷却水管；4—动模板；5—推件板；6—动模镶件；7—密封环；
8—型腔冷却水管；9—定模板；10—凹模镶件；11—浇口衬套；12—流道板温度控制管；13—流道板；
14—加热探针体；15—加热器；16—定模座板；17—绝热层；18—碟形弹簧；19—定位圈；20—主流道衬套

5.1.3　热流道模具

绝热流道模具的基本原理是尽量减少流道内塑料的散热，而热流道模具则是由外部提供热量，以使流道内塑料始终保持熔融状态。热流道模具分单浇口（延伸式喷嘴）与多浇口热流道模具。

由于提供了热源，流道内的塑料能始终保持熔融状态，无需顾虑其凝固，停机后也不必取出凝固料，再开机时只需加热流道板，达到所需要的温度即可。与绝热流道相比，热流道模具适用的塑料品种多，热稳定性较好的塑料品种均可适用。因此，它是无流道模具中发展极快、应用很广的形式。

1. 单浇口热流道模具（延伸式喷嘴）

用于单腔模的热流道最常用的为延伸式喷嘴，采用点浇口进料。特制的注射机喷嘴延长到与型腔相接的浇口处，代替了普通点浇口中的菱形流道部分，为了避免喷嘴的热量过多地传向低温的模具，必须采取有效的绝热措施。常用塑料绝热和空气绝热两种办法。

图 5-4(a)所示为塑料层绝热的延伸式喷嘴，喷嘴伸入模具直至浇口附近，喷嘴与模具之间有一圆环形接触面，起承压作用。此面积宜小，以减少二者间的热传递。喷嘴的球面与模具间留有不大的间隙，在第一次注射时，此间隙即为塑料所充满并起绝热作用。间隙最薄处在浇口附近，约为 0.5mm，若太大则浇口容易凝固。浇口外侧的绝热间隙以不超过 1.5mm 为宜。

设计时还应注意绝热间隙的投影面积不能过大,否则注射时反推力将超过注射座移动油缸的推力,使喷嘴后退造成漏料。浇口尺寸一般在 $\phi(0.75\sim1.5)$ mm,要严格控制喷嘴温度。延伸式喷嘴与井式喷嘴相比,浇口不易堵塞,应用范围较广。由于绝热间隙存在,故不适于热稳定性差的塑料。

空气绝热的延伸式喷嘴如图 5-4(b)所示,喷嘴通过直径 $\phi(0.75\sim1.5)$ mm、台阶长度 1mm 左右的点浇口与型腔相连。采用空气绝热时,喷嘴与型腔在浇口附近系直接接触,为了减少热量传递,应减小二者间接触面积,除浇口周围外将其余部位留出间隙。由于与喷嘴尖端接触处的型腔壁很薄,易被喷嘴顶坏或变形,不能靠它来承受喷嘴的全部推力,因此在喷嘴与模具之间还设计有一环形的承压面。

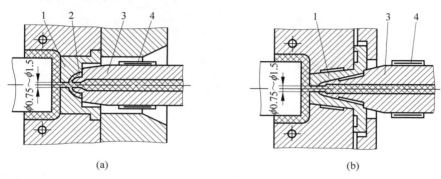

图 5-4　延伸式喷嘴

1—浇口套;2—塑料绝热层;3—延伸式喷嘴;4—加热圈

2. 多浇口热流道模具

多浇口热流道常用于多腔模和单腔模的多点进料模具,这类模具的共同特点是模具内设有一个热流道板,如图 5-5 所示。主流道、分流道设在热流道板内,断面多为圆形,直径为 $\phi(5\sim12)$ mm。流道板用加热器加热,保持流道内塑料始终处于熔融状态。流道板利用绝热材料(石棉板等)或利用空气间隙与模具其余部分隔热,其浇口形式有直接浇口和点浇口两种。

图 5-5

图 5-5　多浇口热流道板

流道板加热后要产生明显的热膨胀,模具设计时必须留出膨胀间隙,否则会因膨胀而产生模具的变形、破坏或发生其他问题。

为节约能量,热流道板的重量要尽量减轻,在不影响强度的条件下,常将热流道板不必要的部分尽量挖去,例如四个浇口的热流道板常采用 X 形或 H 形。

热流道模具最重要的是准确控制浇口附近的温度,其加热可采用加热棒,也可采用电热圈。加热器应能在 0.5～1h 内将流道板温度从常温升至工作温度。

当热流道模具的成型周期过长时,浇口处易凝固,为了避免这种现象,常在浇口处设置棒状加热器。加热器的头部一般呈针状,延伸到浇口的中心易凝固处,这样即使加工周期较长,仍可达到稳定的连续操作,如图 5-6 所示。

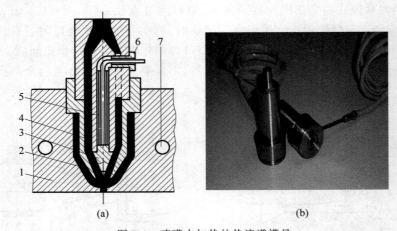

(a)　　　　　　　　　　　(b)

图 5-6　喷嘴内加热的热流道模具

1—定模板；2—喷嘴；3—鱼雷头；4—鱼雷体；5—内加热器；6—引线接头；7—冷却水孔

对于熔融黏度较低的塑料,为了避免流涎,可采用阀式浇口。阀式浇口的启闭可由模具上专门设置的液压或机械驱动机构实现,也可用压缩弹簧达到启闭的目的。

图 5-7 是弹簧阀式浇口热流道模具,物料以高速注入型腔时,将针形阀顶开,注射结束时针形阀在弹簧的作用下,立刻将浇口封闭。为使物料保持良好的熔融状态,喷嘴头外部设有加热装置和绝热层。

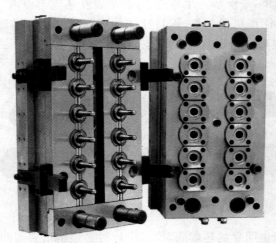

图 5-7　弹簧阀式浇口热流道模具

目前在热流道模具中可采用动态进料技术,它为每个浇口分别设定注射时间、注射压力等参数,根据这些设置进行注塑,可以获得平衡注射和最佳质量保证。为此,动态进料装置内每个热流道喷嘴有一个针阀,用以控制注射的流量和压力,调节塑料的流动。

5.2　气体辅助注射成型

5.2.1　概述

气体辅助注射成型(gas-assisted injection molding,GAIM)简称气辅成型,是克服传统注射成型局限性而发展起来的一种新型注射成型工艺,它是自往复螺杆式注射机问世以来,注射成型工业的第二次革命。这种成型工艺可以看成是注射成型与中空成型的某种复合,从这个意义上讲,也可称"中空注射成型"。

气辅成型技术的应用范围十分广阔,包括汽车部件、大型家具、电器、办公用品、家庭及建材用品等方面。根据产品结构的不同可分为两类:一类是厚壁、扁壁、管状塑件,如手柄、转向盘、衣架、马桶、坐垫等塑件,气辅成型手柄如图 5-8(a)所示;另一类是大型平板塑件,如仪表板、踏板、保险杠及桌面等,气辅成型仪表板如图 5-8(b)所示。

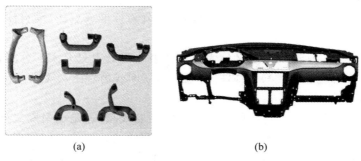

(a)　　　　　　　　　　　　(b)

图 5-8　气辅成型制品

1. 气辅成型原理

气辅成型除了普通注射装置外,还需要一套注射气体装置。气辅成型的主要过程如图 5-9 所示。可将其分为如下三个阶段。

(1)熔体注射。将聚合物熔体定量地注入型腔,该过程与传统的注射成型相同,但是气辅注射为"欠压注射",即只注入熔体充满型腔量的 60%~70%,视产品而异,如图 5-9(a)所示。

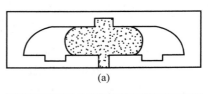

(a)

(2)气体注射。把高压高纯氮气注入熔体芯部,熔体流动前缘在高压气体驱动下继续向前流动,以至于充满整个型腔,如图 5-9(b)所示。

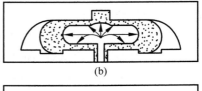

图 5-9

(b)

(3)气体保压。在保持气体压力情况下使塑件冷却,在冷却过程中,气体由内向外施压。保证制品外表面紧贴模壁,并通过气体两次穿透从内部补充因熔体冷却凝固带来的体积收缩,如图 5-9(c)所示,然后使气体泄压,并回收循环使用。最后,打开模腔,取出塑件。

因此,气辅成型除了普通注射装置外,还需要增加一套气体注射装置,如图 5-10 所示。

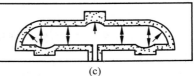

(c)

图 5-9　气辅成型工艺过程

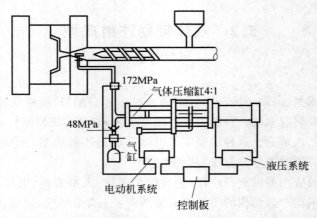

图 5-10　气体辅助注塑装置

2. 气辅成型分类

气体辅助注射成型按照具体的工艺过程,可以分为标准成型法、满料注射成型法、熔体回流法和活动型芯法四种。

(1)标准成型法。标准成型法又称为欠料注射。模具中只充入部分塑料熔体,而没有必要完全充满。在一定量的塑料熔体注入型腔后,立即或稍后注入气体,靠高压气体推动塑料熔体充满模具型腔。

(2)满料注射成型法。满料注射成型法也叫副腔成型法,是在模腔之外设置一个与模腔相同的副模腔。注射开始时先关闭副模腔,向模腔中注入熔体,然后打开副腔,同时向模具模腔内注入气体。气体将部分熔体推入副模腔中,然后关闭副模腔,升高气压进行保压冷却,最后脱模顶出制品。

(3)熔体回流法。熔体回流成型与副模腔成型过程相似,不同之处在于模具无副模腔,由压力将气体排出多余部分的熔料并返回注塑机的料筒中。

(4)活动型芯法。在模腔中安装一活动型芯,在注射熔体时占据模腔部分空间。当注入气体时活动型芯从模腔中退出,同时升高气体压力进行保压补偿,最后脱模顶出,从而得到中空制品。

3. 气辅成型的工艺特点

与传统的注射成型方法相比,气辅成型有以下优点:

(1)能成型壁厚不均匀的塑件以及中空成型和注射成型不能加工的三维中空塑件,提高了塑件设计的自由度。

(2)气体从浇口至流动末端形成连续的气流通道,无压力损失,能够实现低压注射成型,因此,能够获得低残余应力的塑件,塑件翘曲变形小,尺寸稳定。

(3)由于气体能够起到辅助充模的作用,提高了塑件的成型性能,因此,采用气体辅助成型法有助于成型薄壁塑件,减轻塑件质量。

(4)由于注射压力较低,可在锁模力较小的注射机上成型尺寸较大的塑件,模具凹模壁厚也可以减小。

但是,气辅成型存在如下缺点:

(1)需要增设供气装置和充气喷嘴,提高了成型设备的成本,但几台注射机共用一套供气装置,可降低成本。

(2) 采用气体辅助成型技术时对注射机的精度和控制系统有一定的要求。

(3) 在气体辅助成型时,在塑件的注入气体与未注入气体的表面会产生不同的光泽,虽然可以通过模具设计和调整成型工艺条件加以改善,但最好采用花纹装饰或遮盖。

5.2.2 气辅成型工艺设计

气辅成型工艺设计除考虑普通注射成型的工艺参数外,还要控制气体延时切换时间、气体压力及变化、熔体预注射量等一系列参数。

(1) 熔体和模具(注射)温度。气辅成型时,如熔体温度太高,由于熔体黏度太小,不但使气体前进阻力变小,同时也增加了气体进入塑件薄壁的可能性,这样会导致发生吹穿和薄壁穿透现象;如熔体温度低时,熔体黏度增大,气体前进阻力变大,因而气体在气道中穿透的距离缩短,这样会造成未进气部分气道的收缩,影响产品质量,造成废品。实际加工中,在物料加工温度及产品外观质量允许范围内,宜尽量采用较高温度,加快熔体运动,缩短生产时间。

模具温度会直接影响制品气道壁的厚度和冷冻层的建立速度,同时会影响制品的冷却凝固速度。模具各处温度的精确控制,有利于快速获得所需的气道壁厚和制品轮廓。通常模具温度取塑料原料正常注射成型所需的模具温度即可。

(2) 延时切换时间。气体注射延时切换时间是指从熔体开始注射到气体开始注射之间的一段时间,其长短取决于贴近型腔壁熔体冷冻层的厚度。

延时切换时间若过短,塑料熔体的压力较低,气体就有可能吹破熔体前沿和形成"指状流动"现象,造成气道内壁不平整,壁厚不均匀。熔体防吹穿的能力取决于气道截面积熔体前沿壁厚和熔体黏度。对于未充满的型腔,一旦气体压力大于熔体压力,就会导致气体穿透熔体前沿的现象发生。要避免气体吹穿熔体前沿,至少要等到熔体压力等于气体压力时才能注气。

(3) 熔体预注射量与吹穿。熔体预注射量是指熔体预先注入的体积占模具型腔体积的百分比。预注射量过大,不能发挥气体辅助注射成型的诸多优势;过小则会使气体吹穿熔体的前沿,造成型腔充不满等问题,从而导致气体辅助注射成型工艺失败。

(4) 气体的来源与要求。气辅成型的气体来源于在注射机上增设的一个供气装置,该装置由气泵、高压气体发生装置、气体控制装置和气体喷嘴构成。气体的供气装置由特殊的压缩机连续供气,用电控阀进行控制使压力保持恒定。

气体辅助注射成型工艺使用的气体介质应该是不与塑料熔体发生化学反应的惰性气体,一般使用的气体为氮气,气体压力和气体纯度由成型材料和塑件的形状决定。压力一般在 5~32MPa,最高为 40MPa,为了避免注射时熔体流动状态的紊乱,气体注射压力最好控制在熔体压力的一半以上。高压气体在每次注射中,以设定的压力定时从气体喷嘴注入。气体喷嘴有一个或多个,设于注射成型机喷嘴、模具的流道或型腔上。

5.2.3 气辅成型塑件和模具设计

1. 气辅成型塑件与模具设计原则

(1) 气道方向应与熔体流动方向一致,由高压区向低压区,容易在较厚的部位进行穿透,在制品和模具型腔设计时常把加强筋或肋板等较厚部位用做气道。

（2）一般只使用一个浇口，该浇口的设置应使"欠料注射"的熔料可以均匀地充满型腔。

（3）由气体所推动的塑料必须有去处，且应将模腔充满。

（4）气体通道必须是连续的，但不能自成环路。最有效的气体通道是圆形截面。一般情况下，气体通道的体积应小于整个塑件体积的10%。

（5）模具中应设置调节流动平衡的溢流空间，以得到理想的空心通道。

（6）气道布置尽量均匀，尽量延伸至塑品末端。

（7）采用多点进气时，气道之间的距离不能太近。

（8）多型腔成型时，每个型腔应采用单独的注气点。

2. 塑件结构设计

（1）壁厚。气体辅助注射成型中，塑件壁厚可以取较小尺寸，气体可利用内部加强筋等作为压力分布的通道在塑件中均匀分布压力。塑件的厚度一般为3～6mm，只要气体能通过流道充入塑件，在流动距离较短或尺寸较小的塑件中，壁厚还可更薄（1.5～2.5mm）。对于不同的壁厚，在壁的厚薄交接处用气体通道作为过渡。

（2）加强筋。一般情况下，气体辅助注射塑件在加强筋与所接表面处设置气体通道。加强筋的高度（H）可以大于相接处壁厚的3倍，加强筋的宽度（W）可以是相接处壁厚的2倍，两个加强筋之间的宽度应该不小于相连处壁厚的2倍，加强筋两侧面的脱模斜度应为每边1°，较深的加强筋需要更大些。

在薄壁塑件中，塑件的几何形状需使气体能较容易地通过加强筋，即加强筋附近的壁厚不应太大。

（3）拐角。气体辅助注射成型中，制品应避免设计尖锐的边和角以及锐角转弯。这是因为气体的流动总是沿着阻力最小的路径前进的，当气体遇到尖锐的边和角以及锐角转弯时，会选择在路径的内侧流动，这样势必造成内侧壁厚的减少和外侧熔体的堆积，内外侧壁厚差异的增大，在设计时使用大半径的圆角过渡可获得较均匀的壁厚。一般取圆角半径不小于6mm为宜。

（4）气道。由于气道预先规定了气体的流动状态，所以也会影响初始注射阶段熔体的流动，因而其几何尺寸的大小、截面形状的确定和位置的布置会影响气体的穿透行为，从而最终影响成型制品的质量。气道的设计不仅影响制品的刚性同时也影响其加工行为，合理的气道选择对成型较高质量的制品至关重要。典型的气道截面形状如图5-11所示。

3. 模具设计

气辅成型模具设计与普通注射成型模具设计相比，在结构上除同样具有基本框架、浇注系统、冷却系统、成型机构、脱模机构等部分之外，它所特殊的是必须具有气体注入及控制系统。

（1）浇注系统设计。一般只使用一个浇口，该浇口的设置应该使"欠料注射"的塑料可以均匀地充满模腔。通常浇口开设在制品壁厚较厚的部位，这样有利于塑料熔体流动和补料。如果将浇口和气体入射点分开，浇口应尽量使最后填充点靠近气道终点。

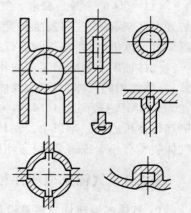

图5-11　气体辅助注射成型制件和气道的截面形状

（2）进气方式与进气位置设计。气体注入零件按进气位置的不同可分为喷嘴进气、浇道进气、分流道进气和型腔内进气等方式。若采用主流道进气方式时，则气体入口位置是唯一的，只能从喷嘴进气；若采用气针进气方式时，气针的位置可设置在分型面、型腔和分流道等任何位置。

一般进气位置设计应遵循如下原则：

① 气嘴的位置，尽可能靠近浇口部位；

② 注气口注入的气体流动方向，应与树脂流动方向相同；

③ 设置的进气位置不能形成气体环流状态；

④ 有气道交叉的制品成型时，在交叉结构上只能设置一个进气口；

⑤ 进气位置一般选择在较厚处；

⑥ 由于气辅注塑成型实行的是"欠料"注射方式，所以注料及注气均最好采用自下而上的注入方式，或水平注入方式。应避免采用自上而下的注入方式，防止因树脂自重而产生的流涎现象。注气口应避免设置在与树脂入口轴线相对的位置。

（3）型腔和溢流腔设计。型腔的设计应尽量保证流动平衡以减小气体的不均匀穿透。在气辅成型模具设计的时候，由于是非高压和欠料注射，欠料量及注射参数在多型腔时要控制一致有点困难，因此建议尽量采用一模一腔。在气辅注射成型模具中，应设置调节流动平衡的溢流空间，以得到理想的空心通道。由于气辅注射是欠料注射，在欠料量难以控制的情况下，气体流动的末端设计溢流腔，可以帮助气体在气道中更好地流动。在气辅成型气体注射阶段，气体推动熔体流动，将多余的熔体流进溢流腔，出模后再将多余料去除。

（4）冷却系统设计。气辅成型模具的冷却系统设计与普通注射成型模具的冷却系统有一些差异。普通注射成型模具的冷却系统设计，一般应遵循制品各部位同时冷却固化的原则，而气辅成型模具设计应考虑气体穿透效果及需求，在不需充气的薄壁部位应先期冷却固化，防止气体进入。作为气道部位的冷却状态与进气延迟时间有密切关系，所以设计此部位的冷却结构时，要考虑在注气延迟时间形成冷凝层的厚度，以保持气体的规则流动。

5.3　共注射成型

5.3.1　共注射原理及类型

共注射成型（co-injection molding，CIM）是指用两个或两个以上注射单元的注射成型机将不同的品种或不同色泽的塑料同时或先后注入模具内的成型方法。此工艺可以生产多种色彩或多种塑料的复合制品。共注射成型的典型代表有双色注射和双层注射。下面主要介绍双色注射成型。

双色注射成型（two-tone injection molding）也称顺序叠层注射成型（sequential over-molding）和双料注射成型（双组分注射成型），属于多组分注射成型的一种，它是在刚性基体上叠加一种更富弹性材料（一般为聚氨酯弹性体）的一种工艺。最终形成一个有不同力学性能、不同视觉与触觉的聚合体组成并永久连接的产品。生活中常见到许多双色塑料制品，如家用电器，牙刷、双色按钮，汽车内外饰件，汽车和摩托车前、尾灯灯罩，旱冰鞋，手柄式电动工具及医疗器械等，如图 5-12 所示为双色注射成型制品，给用户带来纹理和触觉上的享受。

图 5-12　双色注射成型制品

1. 双色注射成型原理

双色注射成型原理:双色注射成型是由两个注射系统分别注射不同的塑料原料而形成单一注射产品的成型方法。其模具最常见的形式是两个相同动模对应两个不同的定模型腔,如图 5-13 所示。其中第二色壳体制品型腔体积往往大于第一色基体(芯层)制品型腔体积,在第一次基体制品注射后先开模,然后动模利用注射机可旋转结构旋转 180°,再合模采用与第一次不同质或不同色的原料进行第二次注射。第二次开模后,已完成两次注射的凸模进行脱模动作。第一次原料注射和第二次原料注射是同时进行的,要求注射机上有两个注射喷嘴,分别注射不同颜色的原料,同时其动模固定板附带有可旋转 180°的回转装置,对于大部分匹配材料双色注塑都可采用动模固定板旋转来成型。此时动模不顶出,然后合模,进行第二种材料的注塑,保温冷却后,定、动模打开,动模侧的产品被顶出。每个成形周期内都会有一模一次产品及一模二次产品产生。

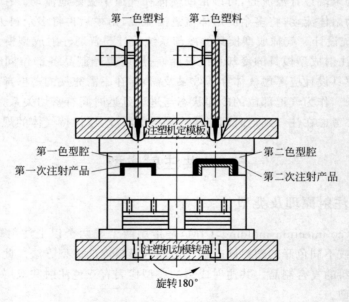

图 5-13　双色注射成型原理图

2. 双色模具的结构类型

双色塑料件的注塑成型有两种方法。一种是使用两副分别成型塑料嵌件和包封塑料的模具,在两台普通注射机上分别注塑成型:首先在一台注射机上注塑成型塑料嵌件,然后将塑料嵌件安装固定于另一副模具型腔中,在第二台注射机上注射另一种颜色的塑料,将嵌件进行包封,从而得到双色塑料件,即所谓的"假双色",这种方法对生产设备没有特殊要求,可以使用现有的普通注塑成型设备来生产。其缺点在于劳动强度大,生产效率低,对工业化生产极为不利,正逐步被淘汰。第二种是用一副模具,在专用的塑料双色注射机上一次注射成型。双色注射机有两个独立的注射装置,分别塑化及注射两种不同颜色的塑料。这种方法克服了第一种方法劳动强度大、生产效率低的缺点,适合于工业化生产,所以得到了广泛应用。因此,普通注塑向专用的双色注塑技术发展是必然的趋势。

现在,国内外流行的双色注塑结构按双色注塑成型不同工艺方法分为型芯旋转式、型芯后退式、型芯滑动式和跷跷板式等多种形式。

(1) 型芯旋转式。首先通过注射装置向小型腔中注射第一种塑料,成型出双色塑料件的第一部分,然后开模,动模旋转 180°,合模,则上一步成型的塑料件转入大型腔中成为嵌件,注射装置向大型腔中注射另一种塑料,将塑料嵌件进行包封,即可成型出双色塑料件。

(2) 型芯后退式。在液压装置作用下,活动型芯被顶到上升位置,此时注塑成塑料件的外表部分。待塑料件外部分固化以后,通过液压装置的作用,活动型芯后退,此时由另一个料筒在型芯后退留下的空间注入嵌件部分塑料熔体,待其固化后,开模取出塑料件即完成一次成型。

(3) 型芯滑动式。将型芯做成一次型芯和二次型芯,先将一次型芯移至模具型腔部位,合模、注射第一种塑料,然后经过冷却开模,安装在模具一侧的传动装置带动一次型芯和二次型芯滑动,将二次型芯移至型腔部位,合模、注射第二种塑料,冷却、开模,脱出制品即完成一次成型。型芯滑动式双色注射技术用于成型尺寸较大的双色塑料件。

(4) 跷跷板式。跷跷板结构就是两边绕中心转轴,一边向上移动,另外一边则向下,如此反复,它是收缩型芯式结构的变种。

实际上,型腔也可旋转、后退、滑动,模具结构在不断发展,以适应不同结构双色塑件的成型。

5.3.2　双色注塑制品的结构设计及材料选择

双色制品的结构设计及材料选择是影响制品质量的关键因素。

1. 双色制品的结合方式

(1) 平面结合。一种材料或制品直接贴合于另一种材料或制品,这种接合面形式主要依靠两种材料在界面分子间黏结增加表面结合力。

(2) 半包结合。二次注塑成型体半包围基体材料,这种接合面方式主要依靠机械设计结构方式(二次壳体注塑材料的收缩对基体材料的包紧作用)增加两种材料的接触面积,从而增加制品的黏结强度,其次第二次注塑对基体注塑产生的基体重熔区域和接合面熔体互溶、摩擦作用及化学变化产生的结合力也起到很大的作用。

(3) 全包结合。一次注塑成型全包围基体材料,实现结构上机械锁紧,增强了制品的界面熔接强度,是三种方式中最好的一种,但该结构的难度在于注塑成型过程中控制界面的互溶质量。

2. 双色塑料注塑制品结构设计要点

(1) 壁厚要求。基体(或芯层)和壳体层的壁厚应尽可能地均匀一致,以达到最佳的循环周期。不同壁厚之间的过渡应该是逐渐的,以减少流动问题,例如反向充填和困气现象。制品的厚度一般在 1.5～3mm 范围内将保证良好的黏结强度。如果某些制品需要较厚的尺寸,则应将其制成空心的,以尽量减小收缩带来的问题并减轻零件重量。

(2) 对于又长又薄的双色零件、基体厚度比壳体层薄的零件、基体材料弹性模数较低的零件,应采用弹性模数较高的基体材料,给基体零件增设加强肋,尽量减小软性弹性体层(TPE)的厚度,采用硬度较低的 TPE 材料,改变浇口位置,以尽量减小流动长度与厚度的比例。

(3) 增加黏结强度。可以增加壳体层和基体层,在非工作面扩大两部分的接触面积;也可以在制品的接触面上设计凹、凸槽,可通过强制脱模生成,深度可以达到 2mm。

(4) 制品的结构形状。由于表面张力总是使熔体截面趋向于圆弧,因而制品的截面形状在急剧拐角处最好做成圆形,若有非圆形,应尽量采用较大的圆弧过渡(最小半径为0.5mm),避免应力集中,应避免较深的无法排气的封闭气穴或拱形部。

(5) 拔模斜度设置。脱模方向较长的工件应具有 3°~5°的拔模斜度以便于脱模。

3. 双色注塑材料性能要求

对于双色注塑成型质量,制品的结构设计是成型的主要因素之一;成型材料也是另一主要因素。首先选取的材料之间的黏合性要好,两种材料的黏合性越好,其界面的黏合力越大,就越不容易脱落、分层。其次,材料的热力学特性和流动特性也应该尽量相近,否则两种材料无法同时到达结合处并固化;最后,两种材料的热成型收缩率不应相差太大,应尽量匹配。

5.3.3　双色模具的设计特点及设计原则

双色模具设计主要针对模具排布定位、模内结构设计、流道设计、浇口设计、冷却水路设计等,遵循如下设计原则:

(1) 聚合物熔体黏度和剪切关系密切,在模具设计和工艺参数设置中就要考虑到塑料的流变特性。

(2) 为获得制品的最佳填充,浇口一般设置在最厚壁处,基体注塑浇口最好被壳体注塑所覆盖。

(3) 为保证双色塑件的外观质量,壳层熔体浇口多采用侧浇口、潜伏式浇口和扇形浇口三种。

(4) 考虑到壳层和芯层熔体是单边冷却,且两熔体温度不同,需要合理排布模具冷却管道可以有效保证结合面及成型质量。

(5) 双色模型腔不同但型芯相同,在旋转 180°成型后要保证模具中心及尺寸配合吻合。

(6) 设计壳层型腔时,为避免擦伤半成型基体,可以设计一部分避空。

(7) 成型芯层材料时,其产品尺寸可以略大,以使塑件在旋转至另一侧型腔时与型腔压得更紧,防止溢料,达到封胶作用。

图 5-14 所示为双色剃须刀注射模具及产品。

5.3.4　双色成型技术进展

随着双色注塑产品市场需求的扩大,成型设备不断创新,成型技术不断发展。欧美厂商已开发出几个基本成型技术的"组合"方法,丰富了双色技术的现有技术,如:双色成型加模内贴标(IML)、双色成型加模内组合(IMA)、双色成型加叠层模(stack mold)、双色成型加

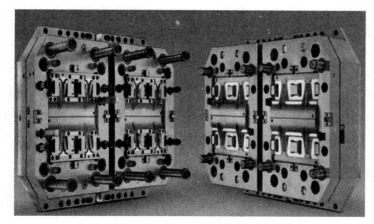

图 5-14　双色剃须刀注射模具及产品

IML、加 IMA、加叠层模、双色成型加夹层射出等,这些都可以在一部注塑机上完成。

5.4　精密注射成型与模具设计

随着塑料工业的发展,塑件在精密仪器和电子仪表等工业中的应用越来越广泛,并且不断地替代许多传统的金属零部件,因此,对于它们的精度要求也就越来越高,而这些精度要求若采用普通注射成型方法则难以达到,所以精密注射成型应运而生,并且正在迅速发展和完善。所谓精密注射成型是指成型塑件的尺寸和形状精度很高、表面粗糙度很低的一种注射工艺。

精密注射成型(precision injection molding)不同于普通注射成型,对设备、模具、工艺和塑料都有很高的要求,需要精密注塑机、精密注塑模具、精密注塑控制设备等才能生产出精密塑件。

5.4.1　精密注射成型的工艺特点

精密注射成型主要工艺特点是注射压力大、注射速度快和温度控制必须精确。

1. 注射压力大

普通注射所用的注射压力一般为 40～200MPa,而对于精密注射则要提高到 180～250MPa,在某些特殊情况下甚至要求更高一些(目前最高已达 415MPa)。其原因如下:

(1) 提高注射压力可以增大塑料熔体的体积压缩量,使其密度增大,线膨胀系数小,降低塑件的收缩率以及收缩率的波动数值。例如,对于温度为 209℃的聚甲醛,采用 60℃的模温和 98MPa 的注射压力成型壁厚为 3mm 的塑件时,塑件的收缩率接近 2.5%;当温度和塑件条件不变时,将注射压力提高到 392MPa 时,塑件的收缩率可降到 0.5%左右。

(2) 提高注射压力可以成型允许使用的流动距离比增大,因此有助于改善塑件的成型性能并能成型超薄壁厚塑件。例如,对聚碳酸酯,在 77MPa 的注射压力时,可成型的塑件壁厚为 0.2～0.8mm;当注射压力提高到 392MPa 时,塑件的壁厚可降到 0.15～0.6mm。

（3）提高注射压力有助于充分发挥注射速度的功效，这是因为形状复杂的塑件一般都必须采用较快的注射速度之缘故，而较快的注射速度又必须靠较高的注射压力来保证。

2. 注射速度快

注射成型时，高的注射压力使注射速度达到相当快的程度，注射速度越快，物料熔体的填充能力越强，可以成型各种形状较复杂的塑件；注射速度快，充模时间短，料流变异小，能以均匀的连续相成型，无论对减少收缩率、提高塑件尺寸精度和形状精度，还是对改善塑件应力状态都是有利的。

3. 注射温度控制必须精确

温度对塑件成型质量影响很大，对于精密注射，不仅存在温度的高低问题，而且还存在温度控制精度的问题。很显然，在精密注射成型过程中，如果温度控制得不精确，则塑料熔体的流动性以及塑件的成型性能和收缩率就不会稳定，因此也就无法保证塑件的精度。所以，采用精密注射成型时，不论对于料筒和喷嘴，或是对于注射模具，都必须严格控制它们的温度范围。例如，在某些专用精密注射机上，对料筒和喷嘴处温度采用 PID（比例积分微分）控制器，温控精度可达 $\pm 0.5℃$。

进行精密注射成型生产时，为了保证塑件的精度，除了必须严格控制料筒、喷嘴和模具的温度外，还要注意脱模后周围环境温度对塑件精度的影响。

5.4.2　精密注射成型的设备要求

由于精密注射成型具有较高的精度要求，所以它们一般都需要在专门的精密注射机上进行，对精密注射机提出如下要求。

1. 注射功率大

精密注射机一般采用比较大的注射功率，这样做除了可以满足注射压力和注射速度方面的要求以外，注射功率本身还会对塑料制件的精度起到一定的改善作用。

2. 控制精度高

精密注射机的控制系统一般都具有很高的控制精度，这一点是精密注射、成型精度本身所要求的。精密注射成型对于注射机控制系统的要求如下：

（1）注射机控制系统必须保证各种注射工艺参数具有良好的重复精度（即再现性），以避免精密注射成型精度因工艺参数波动而发生变化。为此，精密注射机一般都对注射量、注射压力、注射速度、保压压力、螺杆背压压力和螺杆转速等工艺参数采取多级反馈控制，而对于料筒和喷嘴温度则采用 PID 控制器。

（2）注射机对其合模系统的合模力大小必须能够精确控制，否则，过大或过小的合模力都会对塑件精度产生不良影响。例如合模力过大时，精密注射成型精度将会因模具的弹性变形过大而下降。

（3）精密注射机必须具有很强的塑化能力，并且还要保证物料能够得到良好的塑化效果。因此，除了螺杆必须采用较大的驱动扭矩之外，控制系统还应能够对螺杆进行无级调速。

（4）严格控制温度。注射过程中牵涉到的温度包括塑化温度、料筒温度、喷嘴温度、液压回路温度、模具型腔和模具各零部件温度等。前三者主要影响物料注入型腔之前的流变特征，后三者将影响成型时的状态，但它们都与塑件质量紧密相关。温度控制不严，也就无法保证工艺的重复性精度。如小型注射机中的液压油在没有温度调节的情况下,连续工作 5h 以后,油温就升高 28℃,油压升高 0.19MPa,保压压力升高 1.9～2.9MPa。很显然,这种压力变化必然导致精密注射成型尺寸偏差增大。为此,精密注射机一般都对其液压油进行加热和冷却闭环控制,使油温稳定在 50～55℃。

3. 液压系统的反应速度要快

由于精密注射经常采用高速成型,所以也要求为工作服务的液压系统必须具有很快的反应速度,以满足高速成型对液压系统的工艺要求。为此,液压系统除了必须选用灵敏度高、响应快的液压元件外,还可以采用插装比例技术,或在设计时缩短控制元件到执行元件之间的油路,必要时也可加装蓄能器。液压系统加装蓄能器后,不仅可以提高系统的压力反应速度,而且能起到吸振和稳定压力以及节能等作用。随着计算机应用技术不断发展,精密注射机的液压控制系统目前正朝着机、电、液、仪一体化方向发展,这将进一步促使注射机实现稳定、灵敏和精确地工作。

4. 合模系统要有足够的刚性

由于精密注射需要的注射压力较高,因此注射机合模系统必须具有足够的刚性,否则精密注射成型精度将会因为合模系统的弹性变形而下降。为此,在设计注射机移动模板、固定模板和拉杆等合模系统的结构零部件时,都必须围绕着刚性这一问题进行设计和选材。

5.4.3　精密注射成型工艺参数

精密注射成型应使熔融、流动、凝固三个过程尽可能地具有良好的复现性,以实现稳定的成型。换言之,上述过程中有关注射成型工艺条件要不受时间变化的影响,所使用的材料也应具有这方面的特性。

精密注射成型工艺需要控制的参数有注射压力、注射温度、注射速率和时间等,这些参数的微小变化都会影响精密制品的质量。为了能抵抗内外因素的影响,保持已设定工艺参数的稳定性,精密注射成型要求注射机具有良好的综合控制能力,通过严格控制压力、温度、速率及时间等参数,保证精密注射成型工艺的稳定,以获得优质的精密塑料制品。

1. 注射压力

在精密注射成型时,注射压力是塑料制品成型收缩率影响最大的因素。随着注射压力的增大,制品的成型收缩率会减小,当注射压力增大到一定程度(如 392MPa 以上)时,成型收缩率接近于零。另外,注射压力的提高会增加制品的力学性能,其冲击强度、抗弯强度和屈服强度均有显著提高。

2. 注射温度

精密注射成型涉及机筒温度(熔体温度)、喷嘴温度、模具温度和环境温度的控制,对精密注射成型影响较大的是熔体温度,它是通过调节机筒温度和喷嘴温度来控制的,熔体温度还与浇口类型、注射速率等因素有关。提高熔体温度,熔体黏度随之下降,有利于熔体的充模成型。熔体温度对制品的成型收缩率有一定的影响,当熔体温度上升时,流动充模能力增强,熔体在型腔内流动的压力损失减少,熔体在较大的压力下凝固,使成型收缩率减小;但熔体温度提高,制品的热收缩增大,使制品成型收缩率增大。

3. 注射速率

精密注射成型时,注射速率通常大于 300mm/s,超高速注射速率可达 500～1000mm/s,注射速率对制品成型收缩率的影响没有注射压力的影响大,从料温与压力传递角度出发,增大熔料流速有利于压力传递,使成型收缩率下降;但实际注射速率与成型收缩率的关系十分复杂,成型收缩率还与注射压力、浇口位置和大小、模温、料温等因素有关,总体上看,注射速率对成型收缩率的影响并不大。

5.4.4　精密注射成型模具设计与制造要点

1. 模具应有较高的设计精度

模具精度虽然与加工和装配技术密切相关,但若在设计时没有提出恰当的技术要求,或者模具结构设计得不合理,那么无论加工和装配技术多么高,模具精度仍然不能得到可靠保证。为了保证精密注射模不因设计问题影响精度,需要注意下面几点。

(1) 零部件的设计精度和技术要求应与精密注射成型精度相适应。欲使模具保证塑件精度,首先要求模腔精度和分型面精度必须与塑件精度相适应。一般来讲,精密注射模腔的尺寸公差应小于塑件公差的1/3,并需要根据塑件的实际情况具体确定。

模具中的结构零部件虽然不直接参与注射成型,但是却能影响模腔精度,并进而影响精密注射成型精度。因此,无论是设计普通注射模,还是设计精密注射模,均应对它们的结构零部件提出恰当合理的精度要求或其他技术要求。

(2) 确保动模和定模的对合精度。普通注射模主要依靠导柱导向机构保证其对合精度,但是由于导柱与导向孔的间隙配合性质,两者之间或大或小总有一定间隙,该间隙经常影响模具在注射机上的安装精度,导致动模和定模两部分发生错位,因此很难用来注射精密塑件。除此之外,在高温注射条件下,动、定模板的热膨胀有时也会使二者之间发生错移,最终导致塑件精度发生变化。很显然,在精密注射模中,应当尽量减少动、定模之间发生错移,想方设法确保动模和定模的对合精度。鉴此,可以考虑将锥面定位机构与导柱导向机构配合使用。

(3) 模具结构应有足够的刚度。一般来说,精密注射模具必须具有足够的刚度,否则它们在注射压力或合模力作用下将会发生较大的弹性变形,从而引起模具精度发生变化,并因此影响塑件精度。对于整体式凸、凹模,其结构刚度需要由自身的形状尺寸及模具材料来保证;而对于镶拼式凸、凹模,其结构刚度往往还与紧固镶件所用的模框有关。尽量采用盲孔式整体镶拼的形式,这种形式的结构刚度较好。无论采用何种形式的紧固模框,它们一般都需要用合金结构钢制造并且还需要调质处理,硬度要求在30HRC左右。

(4) 模具中活动零部件的运动应当准确。在精密注射模中,如果活动零部件(如侧型芯滑块)运动不准确,即每次运动之后不能准确地返回到原来的位置,那么无论模具零件的加工精度有多高,模具本身的结构精度以及塑件的精度都会因此而出现很大波动。

(5) 防止塑件发生脱模变形。精密注射塑件尺寸一般都不太大,壁厚也比较薄,有的还带有许多薄肋,且脱模斜度一般都比较小,在脱模时易产生变形使塑件精度下降。所以,精密注射塑件最好采用推件板脱模,如采用顶杆脱模,需均衡配置顶杆,对顶杆进行镜面抛光,并且抛光方向要与脱模方向一致,减小脱模阻力。

(6) 确保热平衡和料流平衡。精密注射模时,型腔的布排需要采用平衡式布置,且型腔数量尽量不要超过4个。对于多型腔的精密注射模中最好分别设立凸模(型芯)和凹模(型腔)的冷却水道,分开控制水流和温度。一般来讲,精密注射模中的冷却水温调节精度应能达到±0.5℃,入水口和出水口的温差应控制在2℃以内。使塑件的收缩率保持均匀和稳定。

2. 模具应有较高的加工精度

模具精度是影响塑件精度的主要原因之一。目前模具模腔大部分采用铣削、磨削或电加工方法制造，使塑件能够达到较高的精度，必须对模腔进行磨削。然而，由于模腔形状复杂，难以对其整体磨削。因此，经常把模腔设计成镶拼结构，以便对各个镶件进行磨削，但导致模具精度受到限制，即对模腔进行镶拼时，各镶件必须采用配合尺寸，由于目前能够使用的配合公差等级最高为 IT5，所以，确定精密注射塑件的精度时，一般都不要使模具的公差等级因塑件精度过高而超过 IT5～IT6 级。

3. 模具应选用高级塑料模具材料

精密模具虽然大部分都是小型模具，但经常因磨削而引起变形。因此需要选择淬透性好、变形小、强度和刚度高、硬度高、抛光性好、耐磨及耐腐蚀性好的钢材做精密注塑模具材料，如 3Cr2MnNiMo、4Cr5MoSiV1、8Cr2MnSiWMoV5、Cr12Mo1V1、5NiSCa、25CrNi3MnAl、PMS、Y82 等。而且模具热处理需要真空热处理以减少热处理变形。

5.5　注塑模 CAD/CAE/CAM 技术

5.5.1　注塑模 CAD/CAE/CAM 系统的工作流程

注塑模 CAD/CAE/CAM 技术是模具设计工程师和模具制造工程师在计算机系统的辅助下，根据注塑产品的几何特性和非几何特性进行模具设计和制造的一项先进技术。模具设计工程师根据注塑产品的综合特性，进行模具结构方案设计。经过初步分析和论证，在满足特定技术条件后，进行模具结构的详细设计。同时，进行详细的工艺和力学分析，最终输出相关的技术文档。而模具制造工程师则根据设计信息，进行模具零件的制造工艺设计和 NC 编程，最终生成模具零件制造加工过程的控制信息。

模具 CAD/CAE/CAM 技术在模具行业的广泛应用，彻底改变了传统的模具设计、制造方式，如图 5-15 所示。注塑模 CAD/CAE/CAM 系统工作流程图，如图 5-16 所示，其优越性主要表现在以下几个方面。

（1）提高模具质量。在计算机系统内存储有经过综合整理的技术知识，为模具的设计提供了科学的基础。CAD 技术利用计算机与设计人员交互作用，充分发挥人、机各自的特点，使模具设计更加准确、快速。CAE 技术可以优化模具设计方案，它有助于设计人员设计出正确合理的模具结构。CAM 技术可以自动生成模具成型零件的加工刀具轨迹，使零件尺寸精确高、表面粗糙度好。

（2）缩短模具制作周期。由于 CAD 系统中存储有模具标准件、常用设计计算的程序库及各种设计参数的数据库，加上计算机自动绘图，可以大大缩短设计时间。CAE 技术应用于模具设计，可以减少因单凭经验设计而不得不反复修模花去的时间。数控机床加工的效率高，是一般机床或钳加工不能比拟的。

（3）大幅度降低成本。计算机的高速运算和绘图机的自动化工作节省大量的劳动力。用计算机模拟注塑模成型过程，可以避免模具反复修模、反复试模，从而降低成本。由于应用 CAD/CAE/CAM 技术，新产品开发时间缩短，产品更新换代加快，大大增加了产品在市场上的竞争力。

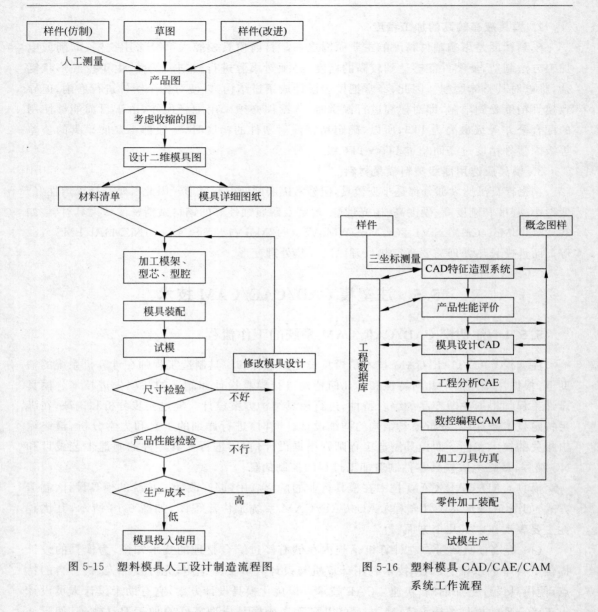

图 5-15　塑料模具人工设计制造流程图　　　　图 5-16　塑料模具 CAD/CAE/CAM
系统工作流程

　　(4)充分发挥设计人员的主观能动性。由于 CAD/CAE/CAM 技术可以使设计人员从繁忙的计算和绘图中解放出来,使其可以从事更多的创造性劳动。

　　(5)提高企业的管理水平。CAD/CAE/CAM 技术的推广,使企业的产品开发,模具设计和制造建立在科学、定量分析的基础上,减少盲目性。同时,可使整个模具生产过程中的人、财、物的管理建立在更加科学合理的基础上。

5.5.2　注塑模 CAD/CAE/CAM 系统的工作内容

　　注塑模 CAD/CAE/CAM 系统的主要工作内容有:塑料制品的几何造型;型腔、型芯自动生成;模具结构概念设计;模具结构详细设计(部装图、总装图及模具零件图的生成);模具开合模运动仿真;注塑过程模拟及工艺优化;模具数控加工等。

1. 塑料制品的几何造型

采用几何造型系统，如框架造型、表面造型和实体造型，在计算机中生成塑件的几何模型，这是 CAD/CAM 工作的第一步。由于塑料制件大多是薄壁件且又具有复杂的表面，因此常用表面造型方法来产生塑件的几何模型。基于特征的三维造型软件（如 Pro/E）为设计师提供了方便的设计平台，强大的编辑修改功能和曲面造型功能，逼真的显示效果使设计者可以运用自如地表达自己的设计意图，真正做到所想即所得，而且制品的质量、体积等各种物理参数一并计算保存，为后续的模具设计和分析打下良好的基础。图 5-17 为 SONY 相机外壳塑料制品在 Pro/E 软件中生成的数字模型。

2. 型腔、型芯自动生成

当塑料制品的数字模型在计算机中生成以后，就以文件的形式存储下来，利用它可自动生成模具型芯、型腔表面形状。在形成型芯、型腔之前，系统可以根据塑料收缩值的大小，变换设计模型尺寸，各个方向可单独尺寸收缩，也可以使整个设计模型收缩，尺寸定了以后，再生成型腔。在 CAD/CAE/CAM 系统中将设计模型（见图 5-17）调入模具模式中，利用系统命令，加上工件模坯并定位，系统将从中自动去除设计模型形成模具型芯、型腔。

3. 模具结构概念设计

模具结构概念设计主要设计浇注系统、分模面、布置型腔、选择模架等。分型面可以采用拉伸、剪切、缝合等曲面编辑技术来生成。模具型腔形成以后，设计者可以根据型腔的位置和特点利用系统在模坯中生成浇口、主流道、分流道等浇注系统。在 CAD/CAM 系统中，用户能方便地从标准模架库中选取合适的标准模架类型及全部模具标准件的图形及数据。在选用适当的模架后，可以确定模具的冷却系统和顶出机构方案。

4. 模具结构详细设计

模具结构详细设计包括部装图、总装图及零件图的生成，根据所选定的标准模架及已完成的型腔布置，模具设计软件以交互方式引导模具设计者生成模具部装图和总装图。模具设计者在完成总装图时，能利用光标在屏幕上拖动模具零件，以搭积木的方式装配模具总图。模具设计软件还能引导用户根据模具卸装图、总装图以及相应的图形库完成模具零件的设计、绘图和标注尺寸。生成零件图，可以用于数控加工。图 5-18 所示为开模后的模具。

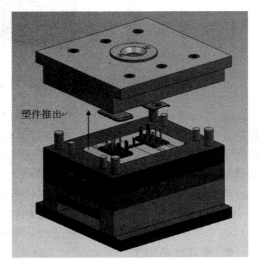

塑件推出

图 5-18

图 5-17　手机盖三维造型图　　　　　　图 5-18　手机盖注塑模具开合模仿真

5. 模具开合模运动仿真

注射模具结构复杂,要求各部件运动自如、互不干涉,且对模具零件的动作顺序、行程有严格的控制。CAD技术可对模具开模、合模以及制品被推出的全过程进行仿真,从而检查出模具结构设计的不合理处,并及时更正,以减少修模时间。

一般的CAD/CAM系统都具有模拟模具开模过程的功能,设计者可以指定除基准件、模坯件之外的模具装配体中的任何部件的运动。模具开模过程由一系列步骤组成,每一步含有一个或多个运动,一个运动是移动一个或多个部件的一种指令,是以指定数值在指定方向上的偏移。当指定一个移动时,就可以检查运动部件对静止部件的干涉,以确定是否正确地定义了模具开模过程。

6. 注塑过程模拟及工艺优化

模具CAE程序根据输入数据以及选定的优化算法,能向模具设计师提供有关熔体充模时间、熔体成型温度、注射成型压力及最佳注塑材料的推荐值。有些软件(如MoldFlow)还能运用专家系统帮助注塑工艺师分析注塑成型故障及制品成型缺陷。

充模和保压过程模拟一般采用有限元方法。模拟提供不同时刻熔体及制品在型腔内各处的温度、压力、剪切速度、切应力以及所需最大的锁模力。优化浇口位置和流道设计,预测可能出现的气坑、熔接线、熔料前锋位置等。如图5-19所示为通过有限元模拟手机盖注塑的填充时间。

图 5-19

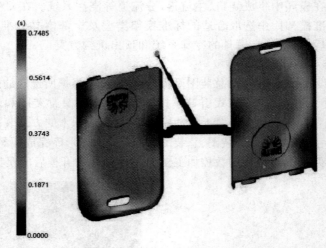

图 5-19　手机盖注塑填充仿真

冷却过程分析一般采用边界元法。用有限差分法分析塑料制品沿着模壁垂直方向的一维热传导,用经验公式描述冷却水在冷却管道中的导热,并将三者有机地结合在一起分析非稳态的冷却过程。其预测结果有助于优化冷却水道设计,缩短模具冷却时间,改善制品在冷却过程中的温度分布不均匀性。

力学分析一般常采用有限元法来计算模具在注塑成型过程中最大的变形和应力,以检验模具的刚度和强度。有些软件还能对制品在注塑成型后可能发生的翘曲进行预测,以便模具加工工艺师在模具制造之前及时采取补救措施。

7. 模具数控加工

模具数控加工编程是CAD/CAE/CAM系统中的重要模块之一。由CAD系统所生成的产品数字模型以及与制造工艺有关的产品信息在 CAM 系统中转换为产品的应用模型，设计与制造所用模型的唯一性保证了产品的精确定义与制造。应用 CAM 系统，产品制造工程师可以在产品的零件模型上完成全部加工过程的模拟，选择优化的加工方法，并通过刀具轨迹的验证以确认加工的正确性、工艺性以及可靠性，从而实现了产品虚拟设计与制造的完整过程。图 5-20 为手机盖注塑模具加工仿真过程。

图 5-20

图 5-20　手机盖注塑模具加工仿真

5.5.3　注塑模 CAE 技术

由于注射模 CAE 技术比传统模具设计技术具有无可比拟的优点，因而世界上各大模具企业纷纷投入大量的人力、物力和财力进行注射模 CAE 技术的开发和应用研究。到目前为止，注射模 CAE 技术的开发已基本成熟，已开发出了比较成熟的注射模 CAE 软件，在实际应用中取得了良好的效果。

1. 注塑模 CAE 及其作用

注塑模 CAE 技术就是根据塑料加工流变学和传热学的基本理论，建立塑料熔体在模具型腔中的流动、传热的物理数学模型，利用数值计算理论构造其求解方法，利用计算机图形学技术在计算机屏幕上形象、直观地模拟出实际成型中熔体的动态充填、冷却过程，定量地给出成型过程的状态参数（如压力、温度、速度等）。

注塑模 CAE 技术能预测注射成型时塑料熔体在模具型腔中的流动情况及塑料制品在模具型腔内的冷却、固化过程，在模具制造之前就能发现设计中存在的问题，改变了主要依靠经验和直觉，通过反复试模、修模修正设计方案的传统设计方法，降低了模具的生产周期和成本，提高了模具质量。

尽管 CAE 技术的出现使注射模设计从传统的经验和技艺走上科学化的道路，但需要指出的是，目前 CAE 技术并不能代替人的创造性工作，只能作为一种辅助工具帮助人去判断设计方案是否合理，还难以提供一个明确的改进方向和尺度，仍需通过反复交互（分析—修改—再分析），才能将设计人员的正确经验体现到模具设计中。随着 CAE 技术研究的深入，人们正在致力于将优化技术与 CAE 技术有机结合起来，力图改变目前 CAE 分析仍"被动"依靠人的经验提供设计方案的局面，实现浇注、冷却系统的自动、优化设计。

2. 注塑模 CAE 的步骤

注塑模的计算机模拟包括前置处理、分析计算及后置处理三大模块。

1) 前置处理

前置处理是指塑件几何形状的建立及有限元网格的自动剖分,注塑材料特性参数及注塑工艺条件的交互输入,为注塑过程的计算机模拟创造必要的条件。

(1) 塑件几何建模。利用专门的图形软件,对塑件库中的塑件进行编辑或者新建图形,以产生所需的塑件几何图形,是前置处理首先要做的事情。

(2) 有限元网格的自动剖分。针对已建立的几何图形,利用专门的网格自动剖分软件,在塑件上生成有限元网格,并指出浇口处网格节点位置,是有限元分析的前奏。

(3) 材料特性数据的选取。对于某一品种的塑料,分析软件需要提供流变学特性数据和热力学特性数据,如导热系数、比热容、密度、固化温度、不流动温度等。

(4) 注射工艺条件的输入。成型工艺条件是分析软件需要的又一方面数据,它们包括模具温度、熔体温度、填充时间。模具温度是指模具表面的平均值温度,熔体温度是指塑料熔体在浇口处的温度,填充时间是指塑料熔体从浇口处进入模腔直到整个模腔充满时的一段时间间隔。在填充时间内假定流动率恒定。成型工艺条件,常常结合典型情况,从工艺条件数据库中检索并视分析情况反复修改,以确定最佳工艺条件。

2) 分析计算

根据输入的材料数据、工艺条件等模拟塑料从注入型腔开始至充满型腔的填充过程和塑件的冷却过程。模拟时间的长短根据模型的复杂程度和单元数目及计算机的配置有关。

3) 后置处理

所谓后置处理是指注塑过程模拟结果的图形化,通常以等值线和等色图的形式来表示。流动分析结果包括提供熔体在型腔中流动过程的动态模拟,给出任一时刻压力、温度、剪切速率和剪切应力分布,预测熔接线和气穴位置等。

3. 注塑模 CAE 软件介绍

早在 20 世纪 50 年代,美国学者就对聚合物加工过程(尤其是塑化挤出)的数值模拟建模做了一系列工作。然而,这些计算模型对加工技术产生的影响并不大,直到 1978 年澳大利亚的 Moldflow 公司推出了第一个注塑成型充填阶段的模拟软件 Moldflow。从此以后,注塑成型模拟成为国际上的研究热点,由中面模型、表面模型发展到今天的实体模型模拟,由一维黏性流动、二维黏性流动发展到今天的黏弹性模拟、三维模拟及新型注射工艺的模拟(共注射、反应注射等),同时推出多个商品化软件,如美国 AC-Tech 公司的注射模 CAE 软件 C-MOLD,包括流动、保压、冷却、翘曲分析等程序;德国 Aachen 大学 IKV 研究所的CADMOULD 软件,包括模具结构设计、模具强度与刚度分析、流动模拟及冷却分析等程序。

国外的一些计算机公司将注射模的 CAE 软件与 CAD/CAM 系统结合起来,陆续在国际市场上推出注射模 CAD/CAE/CAM 软件包(或者称为注射模 CAD/CAE/CAM 工具包),受到用户的欢迎。比较著名的有美国 PTC 公司的 CAD/CAM 软件 Pro/E、CV 公司的CAD/CAM 软件 CADDS5(CADD5)、美国麦道飞机公司的 CAD/CAM 软件 UG(UGⅡ)、美国 SDRC 公司的 CAD/CAM 软件 I-DEAS、法国 CISIGRAPH 公司的 CAD/CAM 软件STRIM100、美国 DELTACAM 公司的 CAD/CAM 软件 DUCT(DUCT5)等,这些 CAD/

CAM 软件与注射模 CAE 软件一道构成了注射模的软件包,为塑料模具设计、制造和分析提供方便。注塑模 CAD/CAE/CAM 系统向更加专业化、集成化、智能化方向发展。

国内研究起步较晚,20 世纪 80 年代初才开始开展聚合物成型数值模拟方面的研究,在数学建模、数值算法、前后置处理以及实验验证、工厂运用等方面取得了较大的发展,研究领域涉及固体输送、熔融、熔体输送、流动、保压、固化、相变、分子取向、纤维取向、翘曲变形等塑料成型过程的变形历史和相态变化。目前,该领域的研究非常活跃,多家研究单位都在开展相关的研究工作,推出商业化 CAE 软件,如华中科技大学的 HSCAE、郑州大学的 Z-MOLD 等,功能和水平向国外看齐。

本章重难点及知识扩展

热流道模具是一种高效、优质、低耗的成型模具。但结构复杂、温度控制要求严格,成本高,要充分发挥热流道的优点,必须掌握其结构与工艺特点。气辅成型是注射成型与中空成型的复合,应根据工艺特点,正确设计塑件和模具。双色注射成型可以有多种结构注射双色塑料,只有正确选择双色材料和合理设计结合面才能满足不同功能需要。精密注射成型对设备、模具、塑料和工艺都有更高的要求,如何获得高精密的塑件是工程界追求的目标。计算机技术在塑料模具开发中发挥着越来越重要的作用,精密、复杂模具必须采用 CAD/CAE/CAM 技术提高设计效率和设计质量。

随着汽车、电子、IT、家电等行业的快速发展,人们对塑料制品的精度、形状、功能、成本、环保等提出了更高要求。传统的注射成型工艺已难以适应,因而又发展了一些新的注射成型工艺,如高速注射、动态注塑、高光注塑、微注射、低发泡注射成型、结构发泡注射成型、排气注射成型、反应注射成型、逆流注射成型、BMC 注射成型、叠层式注射成型等,结合模具技术的创新,还出现了嵌件注射、熔芯注射、模内贴标、模内装饰等。读者如有兴趣,可查阅相关资料学习。

思考与练习

1. 无流道成型有何特点?对塑料有什么要求?常见无流道成型有哪些模具结构?
2. 简述气辅成型原理和工艺特点,塑件与模具设计原则有哪些?
3. 简述精密注射成型工艺特点,模具的设计与制造要点有哪些?
4. 简述双色注射成型原理和工艺特点,常见结构形式有哪些?
5. 简述塑料模具 CAD/CAE/CAM 的主要工作内容和工作特点。
6. 简述塑料模具的发展趋势和应用前景。

第6章　塑料挤出成型模具设计

本章简要介绍塑料挤出成型过程、模具结构特点及其设计原则,详细介绍塑料管材挤出成型模具的结构和设计方法,简要介绍塑料薄膜、棒材、板材、电线电缆覆层、异形截面型材挤出模具的结构特点和设计要点,使学生初步掌握塑料挤出成型模具的结构特点及设计方法。

6.1　概　　述

6.1.1　挤出成型过程

塑料挤出成型是在挤出机上用加热或其他方法使塑料成为熔融状态,在一定压力下通过挤出机头、经定型获得连续型材。

挤出成型过程大致分为三个阶段。

(1) 塑化:通过挤出机加热器的加热和螺杆、料筒对塑料的混合、剪切作用所产生的摩擦热使固态塑料变成均匀的黏流态塑料。

(2) 成型:黏流态塑料在螺杆的推动下,以一定的压力和速度连续地通过成型机头,从而获得一定截面形状的连续形体。

(3) 定型:通过冷却等方法使已成型的形状固定下来,成为所需要的塑料制品。

挤出成型可用于塑料管材、薄膜、棒材、板材、电线电缆覆层、单丝以及异形截面型材等加工。挤出成型还可用于塑料的混合、塑化、脱水、造粒和喂料等准备工序或中空制品型坯等半成品加工。挤出成型几乎能加工所有的热塑性塑料和部分热固性塑料,如聚氯乙烯、聚乙烯、聚丙烯、尼龙、ABS、聚碳酸酯、聚砜、聚甲醛、氯化聚醚等热塑性塑料以及酚醛、脲醛等不含石棉、矿物质、碎布等填料的热固性塑料。因此,挤出成型效率高、应用广、已成为最普通的塑料成型加工方法之一。

6.1.2　挤出成型机头的作用

挤出的主要设备是挤出机。目前常用的是卧式单螺杆挤出机,如图 6-1 所示,它由三部分组成,即传动系统、加热冷却系统和挤出系统。挤出系统包括螺杆、机头和口模。通常把机头以及装于机头上的口模合并起来,统称为机头。

螺杆的作用是把原料从粉状或粒状经过料筒外的加热和螺杆转动时的摩擦生热把原料熔化并通过螺杆的压缩和推进使熔体在压力下流入机头。

机头是挤出模的主要部件,有如下四个方面的作用:

(1) 熔体由螺旋运动转变为直线运动;

(2) 产生必要的成型压力,保证挤出制品密实;

(3) 熔体在机头内进一步塑化;

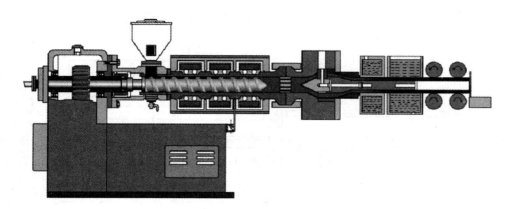

图 6-1

图 6-1　卧式单螺杆挤出机

（4）熔体通过口模成型，获得所需截面形状的制品。

6.1.3　挤出成型机头的典型结构

管材挤出成型在挤出成型中具有代表性，用途较广。管材挤出成型直向机头的典型结构形状，如图 6-2 所示，由口模、芯棒、分流器、分流器支架、栅板等组成。机头分为分流区、压缩区和成型区三大部分。分流区的作用是使从螺杆推出的熔体经过栅板，使螺旋状流动的熔体转变为直线流动。栅板还可以起过滤作用，把未完全熔化的料挡在栅板外，使之继续熔化，防止它进入机头引起阻塞。通过栅板后的熔体，经分流锥使之初步形成中空的管状流后进入压缩区。压缩区主要是通过截面的变化使熔体受剪切作用，进一步塑化。如图 6-2(a) 中的压缩区入口截面积大于其出口的截面积。此两截面积之比即为压缩区的压缩比。压缩比小即剪切力小，熔体塑化不均匀，容易招致融合不良；而压缩比过大则残留应力大，易产生涡流和表面粗糙的缺陷。

成形区即口模，其作用不仅是把熔体形成所需要的形状和尺寸，而且可使通过分流器支架及分流锥的不平稳的流动渐趋平稳，并通过一定长度的通道成型为所需的形状。但由于熔体在受压下流经口模，出口后必然要膨胀（有的部位也可能收缩），因此口模的尺寸和形状与成品不同。

6.1.4　挤出成型机头的分类

由于挤出制品的形状和要求各不相同，因此要有相应的机头来满足，故机头的种类很多，大致可按以下三种特征来分类。

（1）按挤出制品出口方向分，可分为直向机头（直通机头）和横向机头（直角机头）。在直向机头内，料流方向与挤出机螺杆轴向一致，如聚氯乙烯硬管挤出机头在横向机头内，料流方向与挤出机螺杆轴向垂直或成某一角度，如电线包覆机头。

（2）按机头内压力大小分，可分为低压机头（料流压力为 4MPa）、中压机头（料流压力为 4～10MPa）和高压机头（料流压力在 10MPa 以上）。

（3）按挤出制品的形状分，可分管材、棒材、板材、薄膜、线与缆敷层等挤出成型机头。

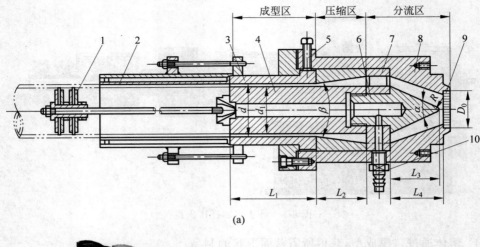

(a)

图 6-2

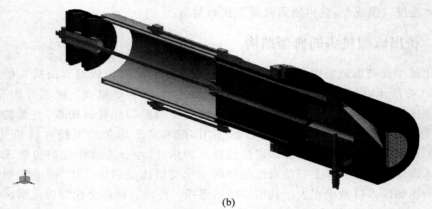

(b)

图 6-2　管材挤出机头

1—气塞；2—定径套；3—口模；4—芯棒；5—调节螺钉；6—分流器；
7—分流器支架；8—机头体；9—栅板；10—空气进口接头

6.1.5　挤出成型机头的设计原则

（1）内腔呈流线型。内腔不能急剧地扩大和缩小，更不能有死角和停滞区，流道应加工得十分光滑，表面粗糙度 Ra 值小于 $0.4\mu m$，以便熔体能沿着机头的流道充满并均匀地挤出成型，避免塑料过热分解。

（2）机头应有足够的压缩比。根据制品种类的不同，在机头内应有足够的压缩比。压缩比是指分流器支架出口处的截面积与口模、芯棒之间的环隙面积之比。压缩比过小时，制品不密实，而且物料通过分流器支架后形成的熔合线不易消除；压缩比过大时，会造成机头结构庞大，物料流动阻力增加，影响制品的产量和质量。一般压缩比取 $3\sim6$ 为宜。

（3）设计正确的断面形状。由于塑料的物理性能以及温度、压力等因素的影响，机头成型部分的断面形状并不就是挤出制品实际的断面形状，在设计时还应考虑留有试模后修整的余地。

（4）设计调节机构。挤出时对挤出力、挤出速度、挤出量等参数要能进行调节，尤其是挤出异型材。机头中最好设置调节流量、调节口模与芯棒各向间隙以及能正确控制和调节温度等结构，保证制品的形状、尺寸和质量。

（5）结构紧凑。在满足强度和刚度的条件下，机头结构应紧凑，机头与机筒连接处要严密，易于装卸。其形状应尽量做得规则而且对称，传热均匀。

（6）选材合理。机头材料应选择耐磨性好、有足够的韧性、热处理变形小、抗腐蚀性好和加工与抛光性能好的钢材。必要时还要表面镀铬，以提高其耐磨性与耐腐蚀性。

6.2　管材挤出成型机头设计

管材挤出机头在挤出机头中具有代表性，管材挤出机头的设计方法对其他机头可以通用。挤管成型模包括挤管机头和定径套。能够用于挤管的塑料品种很多，但目前国内应用比较广泛的有聚氯乙烯、聚乙烯和聚丙烯等几种，不同形状的口模挤出不同形状的管材，如图 6-3 所示。

图 6-3　管材挤出机头挤出的各种管材

6.2.1　管材挤出成型机头典型结构形式

常见的管材挤出成型机头结构有以下三种形式：图 6-4 所示为直通式挤管机头，也称为直管机头；图 6-5 所示为直角式挤管机头，也称为弯机头；图 6-6 所示为旁侧式机头。

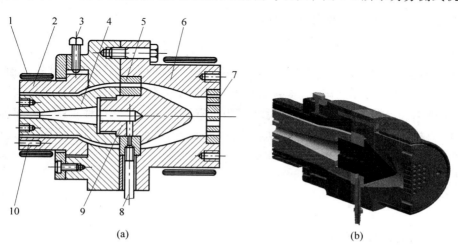

(a)　　　　　　　　　　　　　　　　　　　(b)

图 6-4　直通式机头

1—电加热器；2—口模；3—调节螺钉；4—芯模；5—分流器支架；

6—机体；7—栅板；8—进气管；9—分流器；10—测温孔

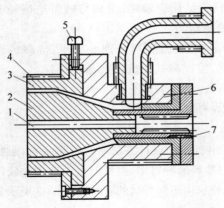

图 6-5　直角式机头

1—进气口；2—芯模；3—口模；4—电加热器；

5—调节螺钉；6—机体；7—测温孔

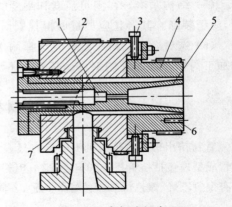

图 6-6　旁侧式机头

1—进气口；2—电加热器；3—调节螺钉；

4—口模；5—芯模；6—测温孔；7—机体

三种结构形式机头的特点如下：

（1）直通式机头结构简单、制造容易，因此成本低。但分流器支架产生的合流线不易消除，同时这种机头长度较大，比较笨重。它适用于 HPVC、SPVC、PE、PA、PC 等塑料薄壁管材的加工。

（2）直角式机头内没有分流器支架，料流包围芯棒，只产生一条合流线。但机头结构较复杂，制造较困难、成本高。当对管材内径尺寸要求比较严格时最为适用，定径精度较高。而且管材的内、外壁同时进行冷却，可以减少机头的挤出阻力、料流稳定、出料均匀、管材质量好、产量高。这种形式的机头特别适用于加工 PE、PP、PA 等塑料管材。由于这种机头挤出管材的方向与挤出机螺杆轴向垂直，故占地面积较大。

（3）旁侧式机头结构与直角机头相似，但结构更复杂些，料流阻力也较大。它除了具备直角机头的优点外，其挤管方向与螺杆轴向一致，占地面积较小。

6.2.2　管材挤出成型机头的设计

1. 口模

口模是成型管材外表面的零件（见图 6-2 件 3）。口模的直径不等于管材的外径，因为挤出时，管材离开口模后，压力降低，塑料制品因弹性回复而膨胀，管材截面积将增大。另一方面，又由于牵引和冷却收缩的影响，管材截面积也有缩小的趋势。这种膨胀与收缩的大小与塑料性质、口模温度与压力、定径套的结构形式以及牵引速度等因素有直接的关系。目前尚无成熟的理论计算方法计算膨胀和收缩值。

口模内径 d，一般可按经验公式确定：

$$d = \frac{D}{k}$$

式中：D——管材外径，mm；

　　　k——与塑料性质、口模温度与压力、定径套的结构形式以及牵引速度等有关的系数，$k=1.04\sim1.08$。

定型段长度 L_1，即口模内壁平直部分的长度，这一参数的确定非常重要。L_1 的确定与制品的壁厚、直径大小、形状、塑料品种以及牵引速度等因素有关。定型段长度不宜过长或过短。过长时，料流阻力增加过大；而过短时，又起不到定型作用。L_1 可按管材的外径 D 和壁厚 t 来确定：$L_1 = (0.5 \sim 3)D$，$L_1 = (8 \sim 15)t$。

2. 芯棒

芯棒是成型管材内表面的零件，如图 6-7 所示。芯棒收缩角 β，对低黏度塑料 $\beta = 45° \sim 60°$，对高黏度塑料 $\beta = 30° \sim 50°$。芯棒的定型长度 L_1 等于芯棒长度 L_1'，芯棒压缩长度 $L_2 = (1.5 \sim 2.5)D_0$，芯棒的直径 $d_1 = d - 2\delta$，其中 D_0 是栅板出口直径（见图 6-2 件 9）；δ 是芯棒与口模之间间隙；d 是口模内径。

由于塑料熔体挤出口模后的膨胀和收缩，δ 不等于制品壁厚，δ 可按下式计算：

$$\delta = \frac{t}{K_1}$$

式中：K_1——经验系数，$K_1 = 1.16 \sim 1.20$；

　　　　t——制品壁厚，mm。

为了使管材壁厚均匀，必须设置调节螺钉（见图 6-2 件 5）以便安装与调整口模与芯模之间间隙。调节螺钉数目一般为 4～8 个。

芯棒是通过螺纹与分流器和分流器支架连接并固定的，见图 6-2 和图 6-7，因而得以保证芯棒与分流器的同心。

3. 分流器

如图 6-7 所示，塑料流经分流器时，料层变薄，这样便于均匀加热，以利于进一步塑化。某些大型挤出机头的分流器内部还设置有加热器。

分流器与多孔板之间的空腔，起着汇集料流、补充塑化和重新组合的作用。所以分流器与多孔板之间的距离 K 不宜过小（见图 6-8），以免出管不匀。但是 K 值也不能过大，否则塑料停留时间长，容易分解。一般取 10～20mm。

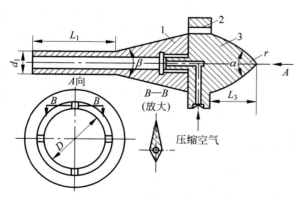

图 6-7　分流器、分流器支架与芯棒
1—芯棒；2—分流器支架；3—分流器

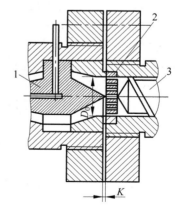

图 6-8　分流器与多孔板的相对位置
1—分流器；2—多孔板；3—螺杆

分流器扩张角 α 的选取与塑料熔融黏度的大小有关，一般取 $30° \sim 90°$，α 角大时阻力大，物料停留时间长，容易分解。α 角过小则势必要增加锥形部分的长度 L_3（见图 6-7），使机头体积增大,不利于塑料均匀受热。一般挤出 HPVC 管时,$\alpha \leqslant 60°$;其他 $\alpha \leqslant 90°$。

4. 分流器支架

分流器支架的作用是用来支撑和固定分流器和芯棒,中小型机头分流器和分流器支架可加工成整体,如图 6-7 所示。分流器支架上分流筋的数目一般为 3～8 根。为了消除塑料流经分流器支架后形成的接合线,分流筋的形状应呈流线型,如图 6-7 中 B—B 剖面所示。其出料端的角度应小于进料端的角度。在满足强度要求的条件下,其宽度和长度应尽可能小些,数量也应尽可能少些。因为筋的数量多,则料流分束过多,制品上形成的接合线也多;而筋过宽则接合线不易消失,影响管材强度。分流器支架内开有进气孔和导线孔,用以通入压缩空气和内部装置加热器时通入导线。通入压缩空气对管材的定径和冷却都会起到良好的作用。

5. 确定压缩比

挤管机头的压缩比是指流道型腔内的最大截面积(通常为分流器出口端处的流道截面)与口模、芯棒间环形缝隙的截面积之比。对低黏度物料可取 4～10,对高黏度物料可选取 2.5～6。

6. 管材壁厚的调节

为了获得壁厚均匀的挤出制品,口模和芯棒的中心线应严格地同心。在多数情况下是芯棒固定,由调节螺钉调节口模的位置保证二者的同心度。调节螺钉的数目一般为 4 个以上,且管材口径越大,所需调节螺钉的数目也越多。

6.2.3　管材的定径与冷却

当管材型坯刚刚离开挤出机头时,由于温度高(如 HPVC 管可达 180℃),形状不定,必须使管材型坯冷却硬化定型。另外,熔体型坯出模后还将产生膨胀效应,也会使管材型坯的形状和尺寸发生变化,因此,必须对离开口模的半熔体型坯采取定形状、定尺寸的措施。这样才能使管材获得准确的尺寸和几何形状,以及良好的表面质量。通常用定径套来完成定型。经过定径套定径和初步冷却后的管材进入水槽继续冷却,通过水槽时,管材被完全浸没在水中,离开水槽后,管材已经完全定型。

挤出管材的定型工艺方法有两种:外径定径法和内径定径法。外径定径法是用定径套控制管材的外径尺寸和圆度,其中,外径定径法又分为内压法和真空法两种,而内径定径法则是通过定径套控制管材的内径尺寸和圆度。

图 6-9 为外径定径的内压法。在管材内通入 0.03～0.05MPa 的压缩空气,为保持管内压力,采用堵塞以防漏气。压缩空气最好经过预热,因为冷空气会使芯棒温度降低,造成管壁内壁不光滑。

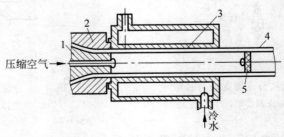

图 6-9　内压外径定径

1—芯棒;2—口模;3—定径套;4—塑料管材;5—塞子

图 6-10 所示为外径定径的抽真空法示意图。抽真空法的定径装置比较简单,管口不必堵塞,但是需要一套抽真空设备,而且由于产生的压力有限,该法限用于小口径管材的挤出。

图 6-11 所示为内径定径的内冷却方式,定径套的冷却水管可以从芯棒中伸进。采用内冷却方式时,通常在管材的外部设置冷风冷却。

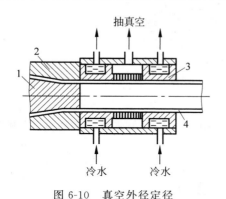

图 6-10 真空外径定径

1—芯棒;2—口模;3—定径套;4—塑料管材

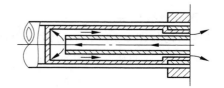

图 6-11 内径定径装置

从结构上看,外径定径比内径定径简单,操作也方便一些,但管材内径定径比外径定径时所产生的内应力要小些。

在选择定径方法时,除了考虑二者的优缺点外,还取决于管材的规格与标准。如果要求管材外径尺寸精度高,应该选用外径定径;而要求管材内径尺寸精度高时,则选用内径定径。由于我国塑料管材均规定外径尺寸有公差要求,故多数厂家采用外径定径法。

6.3 其他挤出成型机头

6.3.1 棒材挤出成型机头

棒材系泛指截面为圆形、方形、正多边形、正三角和椭圆形等,具有规则形状的实心塑料棒材。棒材直径可由几毫米至 500mm。扁平棒材的截面尺寸可达 250mm×100mm。棒材挤出模结构是挤塑模中最简单的一类。用于成型棒材的塑料有 PA、POM、PC、ABS、PSU、PPO 等以及 HPVC、PE、PP 和 PS。

棒材挤出成型机头通常有带分流梭和不带分流梭两种结构。

1. 带分流梭机头

结构如图 6-12 所示,它基本上和挤出管材用的机头相似,所不同的是挤出管材用的机头中的芯棒被一分流梭所代替,口模端部车有阳螺纹,以便于和水冷定径套相连接。机头的中心部分装有一形状似鱼雷体的分流梭,其目的在于减少机头内部的容积和增加塑料的受热面积,以利于停机以后重新开机时缩短加热时间,防止塑料热降解。机头与水冷定径套连接处的通道即平直部分,应该光滑并具一定的长度(约为通道直径的 5 倍),这样有利于制品外观和质量。

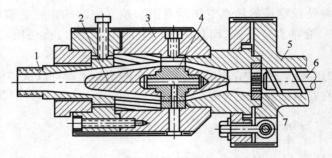

图 6-12　带分流梭棒材挤出机头

1—口模；2—分流梭；3—机头；4—分流器；5—挤出机；6—螺杆；7—栅板

2. 无分流梭机头

典型结构如图 6-13 所示，它没有芯棒，也不需装分流器。由于棒材是实心的，其截面积比管材大得多，因而机头阻力较小。

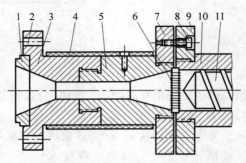

图 6-13　无分流梭圆形棒材挤出机头

1—口模；2—定径套连接螺栓孔；3—机头口模过渡体；4—加热圈；5—机头过渡体；
6—多孔板；7—机头法兰盘；8—连接螺钉；9—机筒法兰盘；10—机筒；11—螺杆

为了获得密实的实心棒，必须增加机头压力，使物料进入冷却定径套处的压力约为 12.5MPa，为此，机头应采取如下结构。

(1) 机头平直部分直径较小，具有阻流阀的作用，以增加机头压力。一般平直部分直径为 16～25mm，它随棒材直径的增大而增大。平直部分长度一般为直径的 4～10 倍。棒材直径小时取大值。

(2) 机头进口处的收缩角为 30°～60°，收缩部分长度为 50～100mm。

(3) 机头出口处为喇叭形，以便于塑料棒中心熔融区快速补料。喇叭口的扩张角为 45°以下，扩张角不能过大，否则会产生死角。应严格控制出口处的直径等于定径套的内径，偏差为 ±0.1mm。

(4) 机头内表面应光滑无死角，粗糙度 Ra 小于 $0.8\mu m$。

6.3.2　吹塑薄膜挤出成型机头

薄膜可以用挤出法生产，也可以用吹塑法生产。吹塑法就是使塑料经机头呈圆筒形薄管挤出，并从机头中心通入压缩空气，将薄管吹成直径较大的管状薄膜(俗称泡管)。吹塑法可以加工软质和硬质聚氯乙烯，高密度和低密度聚乙烯、聚丙烯、聚苯乙烯、尼龙等多种塑料薄膜。吹塑薄膜的生产工艺根据出料方向可以分为平挤上吹法、平挤下吹法和平挤平吹法三种。上吹法和下吹法均使用直角机头。

常用的薄膜机头大致可分为芯棒式机头、十字形机头、螺旋机头、旋转机头四种类型。各种机头的简图与特征如下。

1. 芯棒式机头

熔融塑料自挤出机多孔板挤出,经过联结器压缩后,流至芯棒处分成两股料流,沿芯棒上的分料线流动,在芯棒尖处又重新汇合,然后沿模口缝隙呈薄管挤出。芯棒中心通入压缩空气将管坯吹胀,成型为薄膜,如图 6-14 所示。

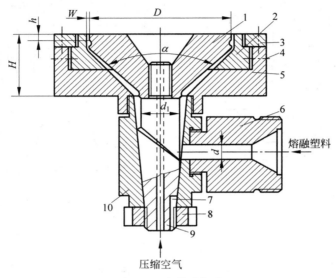

图 6-14　芯棒式机头

1—芯棒(芯模);2—口模;3—压紧圈;4—调节螺钉;

5—上模体;6—机颈;7—定位销;8—螺母;9—芯棒轴;10—下模体

芯棒式机头内存料少,不易发生过热分解,适宜加工聚氯乙烯薄膜。但熔融物料在机头通道中需作 90°转弯,物料流动距离不一样,因而两侧塑化情况也不一样,形成物料熔融黏度的差异,同时由于侧面进料使芯棒两侧受力不均衡,产生偏中现象,以致影响薄膜厚度的均匀性。

2. 十字形机头

吹塑薄膜的十字形机头与直通式挤管机头相似,如图 6-15 所示。分流器支架在保证承受物料推力作用而不变形的前提下,分流筋数目应尽可能少一些,宽度和长度边尽可能小一些,否则料流通过支架时,易产生明显的接合线。为了消除接合线,可在支架上方开设一个缓冲槽。

中心进料式机头出料均匀,薄膜厚度较容易控制,模芯不受侧向力,因此不会产生"偏中"现象。但机头内存料多,不适宜加工聚氯乙烯等热敏性塑料,因分流器支架有多条分流筋,所以挤出薄膜上形成的接台线也较多。这种机头适宜于加工聚乙烯、聚丙烯、尼龙等塑料薄膜。

3. 螺旋机头

结构如图 6-16 所示。塑料从中心流入,然后分成 4～8 股料流通过各个螺纹槽作旋转运动,多股料流从槽中流出并汇合进入缓冲槽,然后均匀地从定型段挤出。熔融物料不是全部通过螺纹槽挤出,有一部分在螺纹顶端与芯模套之间漏流。

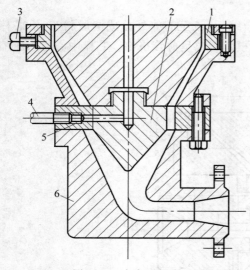

图 6-15　十字形机头

1—口模;2—分流器;3—调节螺钉;
4—进气管;5—分流器支架;6—机体

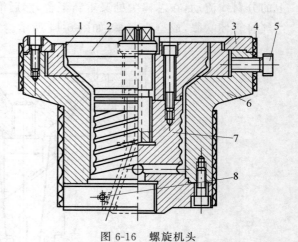

图 6-16　螺旋机头

1—口模;2—芯模;3—压紧圈;4—加热器;
5—调节螺钉;6—机体;7—螺旋芯棒;8—气体进口

这种机头物料的熔合性好,薄膜无接合线,芯模受力均衡,不会产生"偏中"现象,薄膜厚度较均匀。机头内压力较大,吹出薄膜的物理力学性能好,内压力较高,物料在机头内停留时间长,只适宜加工不易分解的塑料,如聚乙烯、聚丙烯、尼龙和聚苯乙烯等。机头安装和操作方便,且使用寿命较长。不足之处是机头体积较为庞大。

4. 旋转机头

为了使薄膜更为均匀和易于卷取,近年来发展起一种新型结构的机头,即旋转机头。机头的旋转方式有:口模转动,芯棒不动;口模不动,芯棒转动以及口模与芯棒一起同向或反向转动等形式。图 6-17 为芯棒与口模可独立旋转的旋转机头。

旋转机头可以达到型腔压力和流速沿圆周均匀分布,同时促使整个流动过程中物料均匀熔合,流速平稳。因此,吹出薄膜的厚度均匀性有明显提高,膜的熔合强度好,物理力学性能指标基本一致。

旋转机头设计应保证传动的可靠性,因此,机头传动结构的零件磨损、密封和配合是机头寿命的关键。密封元件一般由青铜或聚四氯乙烯制成。根据试验,密封处间隙在 0.06～0.08mm 之间,此外,还应注意轴承在高温下的润滑和加热电刷的调整与绝缘,以及便于操作和维修问题。

5. 共挤出机头

共挤出法系指用两台或多台挤出机,经过一个公用的吹膜机头将几种塑料同时挤出并吹塑成多层薄膜的方法(又称多层薄膜吹塑机头)。所获薄膜的最大优点是各种塑料可以取

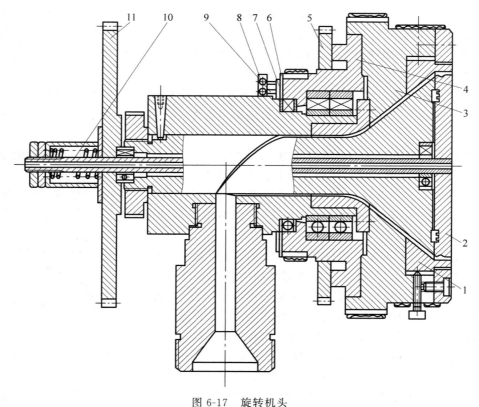

图 6-17 旋转机头

1—口模；2—芯模；3—机头旋转体；4—口模支持体；5,11—齿轮；

6—绝缘杯；7,9—铜环；8—炭刷；10—空心轴

长补短,从而具有较为理想的物理力学性能和其他性能。例如,聚丙烯具有良好的耐热性、透明性,低密度聚乙烯的低温黏接性、耐冲击性较好,这两种塑料相结合可兼具二者的优点,还可弥补聚丙烯低温脆性大和聚乙烯耐热性差和透气性大的缺点,可用作优良的食品包装袋,离子聚合物和尼龙的复合薄膜具有高度的透明性、良好的真空成型性和焊接性能,可用作肉类真空包装袋。

吹塑多层薄膜的关键在于机头,其设计的一个主要问题是要控制机头中流动阻力的比例,一般应要求达到各层薄膜的线速度相等的条件。另一个重要问题是各层薄膜间的黏合,其关键又是温度控制,往往各层的膜厚对温度和挤出速率很敏感。设计机头的温度控制系统时,应按要求高温的塑料设计,并应使其易于调节。

目前国外供挤出用的塑料按其消费量顺序为低密度聚乙烯、聚氯乙烯、聚丙烯、高密度聚乙烯、聚偏氯乙烯、聚苯乙烯、尼龙、聚氨酯等。

关于薄膜机头的设计和有关参数的确定,下面提供一些经验作为参考。

(1) 设置调节装置。为了保证机头出料口环形缝隙宽度均匀一致,需设置调节环和调节螺钉(见图 6-14),且调节螺钉数目不应少于 6 个。调节螺钉太少,拧紧时会使调节环变形,影响挤出薄膜厚度的均匀性。

(2) 口模与芯棒间的环形缝隙尺寸。机头出料口环形缝隙的宽度 W 一般在 0.4～

1.2mm 范围内,通常取 $W=(18\sim30)t$(t 为薄膜厚度)。若 W 值太小则机头内反压力很大,影响产量,且物料易过热分解;若 W 值太大,则要得到一定厚度的薄膜,必定要加大吹胀比和牵引比,结果出现膜管不易稳定或容易被拉断的现象,而且膜管厚薄不易控制均匀,容易起皱。

(3) 吹胀比和牵引比。吹胀比是指吹胀后的泡管膜直径与机头口模直径之比,吹胀比在生产中一般取 $1.5\sim3$。牵引比是指膜管的牵引速度与管坯挤出速度之比,通常牵引比取 $4\sim6$。

(4) 口模定型段长度。一般机头的芯棒端头处为定型段,其长度 h 应比环形缝隙宽度 W 大 15 倍以上(见图 6-14),以便于控制挤出薄膜的厚度。

芯棒定型段内应开设一个或几个缓冲槽,以便消除芯棒尖处的接缝痕迹。缓冲槽的深度 a 可取 $(3.5\sim8)W$,缓冲槽宽度 b 可取 $(15\sim30)W$。缓冲槽断面形状为圆弧形,b 是指开口最宽处的尺寸。

(5) 芯棒的流道角 α 和分料线斜角 β。流道角 α(见图 6-14)不可取得过大,过大将会使流动阻力增大。通常 α 角取 $80°\sim120°$。分料线斜角 β(见图 6-18)取决于物料的流动性,一般 β 角以 $40°\sim60°$ 为宜,不应取得太小,太小则芯棒尖处出料慢,熔体过热易发生分解,同时也易产生芯棒变形。

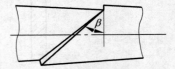

图 6-18　芯棒斜角结构

(6) 压缩比。机头出口部分的横截面积应比机头进口处的横截面积小一半,即压缩比至少应等于 2。压缩比过大将增大料流阻力,造成物料过热分解。

(7) 芯棒的刚度要求。对于芯棒机头,由于内部料流不平衡,造成对芯棒的不对称侧向压力,使芯棒产生弯曲变形,即所谓"偏中"现象。为此,芯棒要有足够的抗弯刚度,可以选用刚性较大的 Cr12 钢材制造芯棒。

6.3.3　板材、片材挤出成型机头

板材及片材机头属于狭缝机头,按结构可分为鱼尾机头、支管机头、螺杆机头、衣架机头四种。

1. 鱼尾机头

鱼尾机头用途最广。熔体从机头入口处的圆形截面逐渐向出口展开成扁而宽的狭缝。此种机头只能挤出宽度不大(一般在 500mm 以下)的板材。宽度在 500mm 以上时,由于机头内压过大,机头容易变形。当宽度大于 500mm 而使用鱼尾式机头时,需要加强阻流作用。

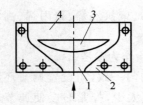

图 6-19　带阻流器的鱼尾形机头
1—进料口;2—机头体;
3—阻流器;4—口模

为了获得厚薄均一的塑料制品,通常在机头的型腔内设置阻流器(见图 6-19)或阻力调节装置(见图 6-20),以增大塑料在机头型腔中部的阻力,使整个口模长度上物料流速趋于相等,压力均匀。

机头口模最好设置模唇调节装置,当塑件出现薄厚不匀时,首先调节料流阻力,在口模压力大致一样的情况下,再调节模唇间隙,使塑件厚度均匀一致。一般模唇间隙调到等于或略小于塑件的厚度,如图 6-20 所示。

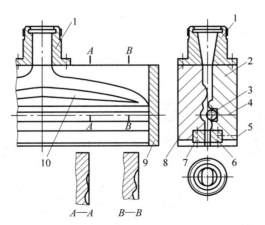

图 6-20　带阻流器和阻力棒的鱼尾形机头

1—进料口；2—上机头体；3—阻力棒；4—阻力棒调节螺钉；5—上口模；6—上口模唇调节螺钉；

7—上口模固定螺钉；8—下口模；9—下口模固定螺钉；10—侧盖板

2. 支管机头

支管式机头的内支管在全长上直径相等，可以是直的也可以有一定的弧度，图 6-21 为一端进料直支管机头，图 6-22 为中间供料直支管机头，图 6-23 为弯形支管机头，图 6-24 为带阻塞棒的支管机头。这种机头的型腔呈管状，从挤出机送出的熔体先进入支管中，然后通过支管经模唇间的缝隙流出成板材坯料。

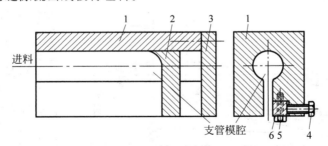

图 6-21　一端供料直支管型机头

1—支管；2—幅宽调节快；3—机头体；4—模唇调节螺钉；5—螺钉；6—模唇调节块

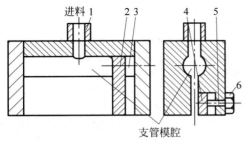

图 6-22　中间供料的直支管机头

1—进料口；2—支管；3—幅宽调节螺钉；

4—幅宽调节块；5—模唇调节块；6—模唇调节螺钉

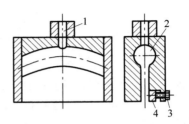

图 6-23　弯形支管机头

1—进料管；2—支管；3—调节螺钉；

4—口模调节块

3. 螺杆机头

螺杆机头实际是支管机头的一种,不过在其支管内装了一对方向相反的螺杆,如图 6-25 所示。熔体经过螺杆的分配,可使模唇的压力均匀,流动能趋于一致,因此适用于宽度较大的片材。

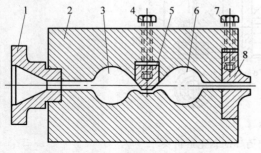 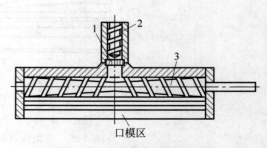

图 6-24　带阻塞棒的支管机头　　　　　　　图 6-25　中间供料的螺杆机头

1—进料口;2—机头体;3,6—支管;　　　　　1—挤出机;2—分配螺杆;3—机头体

4,7—调节螺钉;5—阻力棒;8—口模调节块

4. 衣架机头

衣架式机头是鱼尾式机头和支管式机头的中间形式。型腔内有一八字支管,如同挂衣架,如图 6-26 所示。

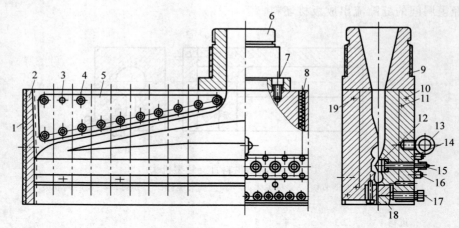

图 6-26　衣架式机头

1—电热片;2—侧板;3,10—圆柱销;4,19—内六角螺钉;5—下模板;

6—接颈;7—六角螺钉;8—电热棒;9—电热圈;11—上模体;12—调节块;

13—吊环;14—压条;15,17—调节螺钉;16—螺母;18—口模

板材及片材机头的经验设计数据如下。

(1)鱼尾式机头。鱼尾式机头的展开角度控制在 80° 以下,模唇的定型部分长度通常为板材厚度 15～50 倍。

(2)支管式机头。支管式机头的支管直径应在 30～90mm 范围内。直径越大则储料越多,储料多则料流稳定,有利于板厚的均匀。但直径太大时熔体在机头内停留的时间过长,会出现一系列问题,一般硬氯乙烯的支管直径在 30～35mm 范围内,聚乙烯的支管直径可在 30mm 以上。

平直部分的长度依熔体特性而不同,一般取长度为板厚的 10～40 倍。但板材厚时,由于刚度关系,模唇长度应不超过 80mm。

（3）衣架式机头。衣架式机头的展开角大,但不应大于 170°,通常在 155°～170°范围内。生产板、片及膜的模唇宽度通常在 700mm 以上。定型段长度应取 15～55 倍板厚,根据熔体特性及板材宽度而定。支管直径应在 16～30mm 范围内。与支管式机头一样,直径过大则熔体停留时间过长,熔体产生局部分解。

6.3.4　电线电缆包覆挤出成型机头

金属芯线为了包覆一层塑料作为绝缘层,当芯线是多股或单股金属线时,通常用挤压式包覆机头,挤出制品即为电线,当芯线是一束互相绝缘的导线或不规则的芯线时,使用套管式包覆机头,其挤出制品即为电缆。

1. 挤压式包覆机头

典型的挤压式包覆机头结构如图 6-27 所示。这种机头呈直角式,俗称"十"字机头。通常被包覆物的出料方向与挤出机成直角。有时为了减少塑料熔体的流动阻力,也可将角度降低为 30°～45°。

物料通过挤出机的多孔板进入机头体中,转过 90°遇到芯线导向棒。芯线导向棒一端要与机头内孔严密配合,不能漏料,物料向另一端运动,包围芯棒体,其作用与吹膜机头中的芯棒作用相同。物料从一侧流向另一侧汇合成一个封闭的物料环后,再朝口模流动,经过口模成型段,最终包覆在芯线上。由于芯线连续地通过芯棒中心向前运动,因此,电线包覆挤出可以连续地进行。

口模和机头分为两体,靠口模端面保证与芯棒的同心度,螺栓可以调节同心度。改变机头口模的尺寸、挤出速度、芯线移动速度以及变化芯棒的位置,都将改变塑料包覆层的厚度。这种机头结构简单,调整方便,被广泛用于电线的生产中。但芯线与包覆层同心度不好,而且由于结构可能引起塑料的不均匀流动,会造成塑料停留时间长,产生过热分解。

图 6-28 是口模局部放大图。口模定型段长度 L 为口模出口直径 D 的 1～1.5 倍。L 长时,塑料与芯线接触较好,但是螺杆背压较高,产量低。芯棒前端到口模定型段之间的距离 M 与定型段长度接近相等。

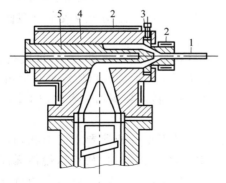

图 6-27　挤压式包覆机头

1—包覆制品；2—电热圈；3—调节螺钉；

4—机头体；5—导向棒

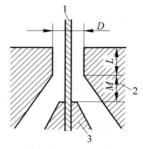

图 6-28　口模局部放大图

1—芯线；2—口模；3—芯棒

2. 套管式包覆机头

典型的套管式包覆机头结构如图 6-29 所示。这种机头也是直角式机头,其结构与挤压式包覆机头相似。不同之处是挤压式包覆机头在口模内将塑料包在芯线上,而套管式包覆机头是将塑料挤成管状,在口模外包覆在芯线上。一般是靠塑料管的热收缩包紧,有时借助真空使塑料管更紧密地包在芯线上。也因芯线是连续地通过芯模中心,故电缆挤出生产能够连续地进行。

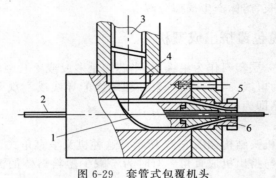

图 6-29 套管式包覆机头

1—螺旋面;2—芯线;3—挤出机;4—多孔板;5—电热圈;6—口模

包覆层的厚度随口模尺寸、芯棒头部尺寸、挤出速度、芯线移动速度等因素的变化而改变。口模定型段长度 L 为口模出口直径 D 的 0.5 倍以下,否则螺杆背压过大,不仅产量低,而且电缆表面出现流痕,影响产品表观质量。

6.3.5 异型材挤出成型机头

异型材挤出机头几乎都是轴向供料。在通常情况下,根据成型塑料品种、型材大小及截面形状复杂程度的不同,异型材挤出机头有以下三种类型。

1. 板式挤出机头

板式挤出机头如图 6-30 所示,由一模座和一口模板组成。板式挤出机头结构简单,成本低,制造快,口模板安装、更换容易,但由于口模横截面急剧变化,易引起局部滞料,发生热分解或烧焦。此外,型材也难以达到高的尺寸准确性。它适用于小规格、小批量、多品种的异型材生产,目前多用于软聚氯乙烯型材的小批量生产,或广泛用于橡胶密封型材加工。

2. 多级式挤出机头

多级式挤出机头如图 6-31 所示,多块孔板串联构成流道的逐渐变化,每块孔板单独加工其外形,且其走向平行于每一块孔板的轴线,仅于每块孔板的入口边缘具有倒角。此种挤出机头的流道加工虽简便易行,但仍不能适应热敏性塑料如聚氯乙烯等的加工。

3. 流线型挤出机头

流线型挤出机头如图 6-32 所示,截面逐步由圆环形渐变成所要求的形状,直至成型区达横截面,如图中 $a—a$,$b—b$,$\cdots$,$f—f$ 所示。整个流道无任何"死点",熔体无滞留点,且流速恒定增加,能获得最佳型材质量。但机头结构复杂,流道加工困难,需经特殊加工(如 CAD/CAM 系统)整体制成。

异形机头设计是机头设计中最困难的。因为制品截面的不规则,如图 6-33 所示,挤出时各部位流速不一致,致使料流的压力分布不均匀。所用口模截面形状与挤出制品的截面

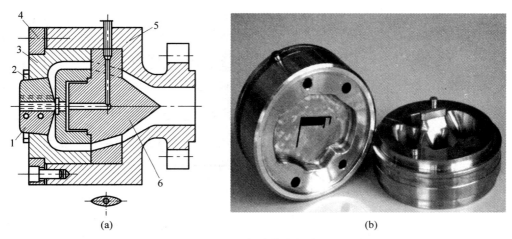

图 6-30　板式挤出机头

1—口模板；2—锁紧螺母；3—模座；4—压环；5—模体；6—鱼雷体

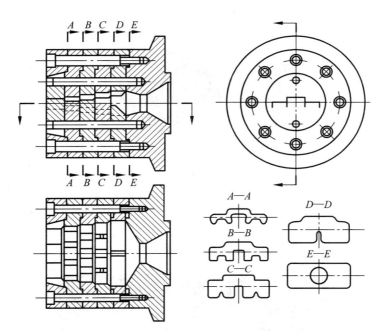

图 6-31　多级式挤出机头

形状不一样，如何确定两截面间的关系是一个很重要的难题。一般根据经验反复修整口模截面形状。口模的定型长度的确定也是异形机头的主要问题。由于料厚的部分阻力小、流速快，料薄的部分阻力大、流速慢，因此，料厚部分的定型长度比料薄部分长。通过调整定型长度来调整流速，使出口流速均匀一致，否则制品将产生皱纹且薄厚不均匀。异形机头的设计，除考虑以上因素外，还应尽量避免流道截面的突然变化，尤其要防止产生死角和拐角。流道最好呈流线型，要有足够的压缩比和定型长度，以保证复杂形状制品密度均匀。当然，口模的结构要方便加工制造。

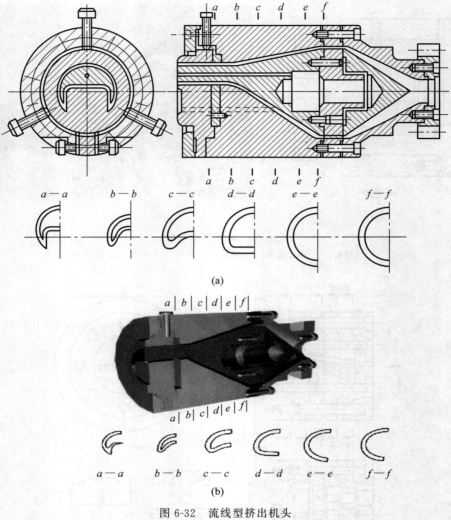

(a)

(b)

图 6-32　流线型挤出机头

图 6-33　异形机头挤出的各种异形材

本章重难点及知识扩展

　　管材挤出成型模具结构典型,应用广泛,是挤出成型的基础,必须掌握其挤出工艺过程、结构特点、结构组成与作用以及各部分设计要点。对于吹塑薄膜、棒材、板材与片材、电线电缆、异形材挤出模具只作一般性了解。在一般情况下,挤出机头的设计以实际经验为主,多数是采用试模的方法确定最后形状。特别是异形机头,由于截面复杂,塑料种类多样,工艺条件变化,根据理论公式设计出完全实用的机头,难度较大。目前,应用 CAD/CAE/CAM 技术可以提高挤出模具的设计效率和设计质量。

思 考 与 练 习

1. 什么叫做挤出成型? 挤出成型过程有哪几个阶段?
2. 挤出成型机头作用与设计原则有哪些?
3. 说明挤出成型机头的典型结构与各零件的作用。
4. 挤出成型为何要设计冷却定型装置? 常见有哪些定型方式?
5. 吹塑薄膜、棒材、板材与片材、电线电缆挤出机头各有何特点?
6. 异形材挤出的流线型机头有何特点? 如何设计?

第 7 章　压缩成型模具和发泡成型模具

压缩成型又称压制成型、压塑成型。压缩成型具有悠久的历史,它主要适合于热固性塑料的成型,但也可以成型热塑性塑料制件,用压缩模具成型热塑性塑件时,模具必须交替地进行加热和冷却,才能使塑料塑化和固化,故成型周期长,生产效率低,因此,它仅适用于成型光学性能要求高的有机玻璃镜片,不宜高温注射成型硝酸纤维汽车驾驶盘以及一些流动性很差的热塑性塑料(如聚酰亚胺等塑料)制件。其基本原理是将粉状或松散粒状的固态塑料直接加入模具的加料室中,通过加热、加压方法使它们逐渐软化熔融,然后根据模腔形状进行流动成型,最终经过固化变为塑料制件。本章主要介绍压缩模具的结构特点与工作原理,使学生初步掌握压缩模具的设计方法。

7.1　概　　述

7.1.1　压缩成型原理及其特点

1. 压缩成型原理

压缩成型原理如图 7-1 所示。热固性塑料原料由合成树脂、填料、固化剂、固化促进剂、润滑剂、色料等按一定配比制成,可制成粉状、粒状、片状、团状、碎屑状、纤维状等各种形态。将粉状、粒状等这些形态的热固性塑料原料直接加入敞开的模具加料室内,如图 7-1(a)所示;然后合模加热(不加压力),当塑料成为熔融状态时,再在合模压力的作用下,熔融塑料充满型腔各处,如图 7-1(b)所示;这时,型腔中的塑料产生化学交联反应使其逐步转变为不熔的硬化定型的塑料制件,最后脱模将塑件从模具中取出,如图 7-1(c)所示。三维示意图如图 7-1(d)所示。

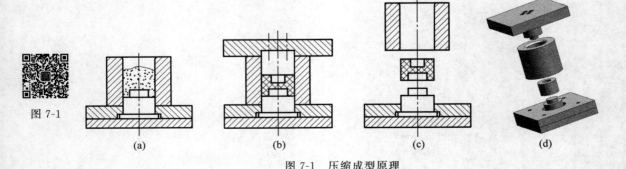

图 7-1

(a)　　　　　　(b)　　　　　　(c)　　　　　　(d)

图 7-1　压缩成型原理

2. 压缩成型特点

与注射模具相比,压缩模具没有浇注系统,直接向模腔内加入未塑化的塑料,其分型面必须水平安装。因此热固性塑料压缩成型与注射成型相比,有以下优点:

(1) 可以使用普通压力机进行生产,使用的设备和模具比较价廉;

（2）压缩模没有浇注系统，结构简单；

（3）塑件内取向组织少，取向程度低，性能比较均匀，成型收缩率小；

（4）适宜成型热固性塑料制品，尤其是一些带有碎屑状、片状或长纤维填充料，流动性差的塑料制件和面积很大、厚度较小的大型扁平塑料制件。

压缩成型的缺点：

（1）成型周期长，生产效率低，特别是厚壁制品；

（2）由于模具要加热到高温，引起原料中粉尘和纤维飞扬，生产环境差；

（3）不易实现自动化，特别是移动式压缩模，劳动强度大；

（4）塑件经常带有溢料飞边，会影响塑件高度尺寸的准确性；

（5）模具易磨损，使用寿命短，一般仅 20 万～30 万次；

（6）带有深孔、形状复杂的塑件难于成型，且模具内细长的成型杆和制品上细薄的嵌件在压缩时易弯曲变形。

典型的压缩成型件有仪表壳、电闸、电器开关、插座等，如图 7-2 所示。

图 7-2　压缩成型制品

7.1.2　压缩模典型结构

典型的压缩模具结构如图 7-3（a）、（b）所示，它可分上模和下模两大部件，模具的上模和下模分别安装在压力机的上、下工作台上，上、下模通过导柱、导套导向定位。上工作台下降，使上凸模 5 进入下模加料室 4 与装入的塑料接触并对其加热。在受热受压的作用下，塑料成为熔融态并充满整个型腔，同时发生固化交联反应，当塑件固化成型后，上工作台上升，上、下模打开，推出机构的推杆将塑件从下凸模 7 上推出。压缩模具按各零部件的功能作用分为以下几大部分。

1．成型零件

直接成型塑件的部件，也就是形成模具型腔的零件，加料时与加料室一起起装料的作用。图 7-3 中的模具成型零件由上凸模 5（常称阳模）、下凸模 7、凹模 4（常称为阴模）、型芯

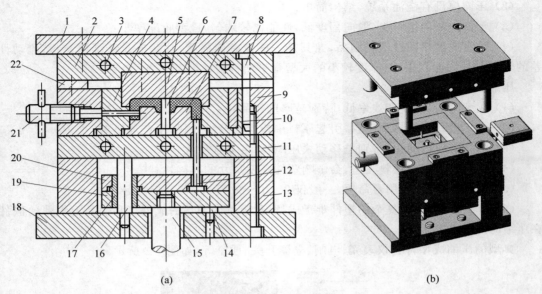

(a)   (b)

图7-3　压缩模典型结构图

1—上模座板；2—上模板；3—加热孔；4—加料室(凹模)；5—上凸模；6—型芯；7—下凸模；

8—导柱；9—下模板；10—导套；11—支承板(加热板)；12—推杆；13—垫板；

14—支承钉；15—推出机构连接杆(尾轴)；16—推板导柱；17—推板导套；

18—下模座板；19—推板；20—推杆固定板；21—侧型芯；22—承压板

6等构成，凸模和凹模有多种配合形式，对塑件成型有很大影响。

2．加料室

压缩模的加料室是指凹模上方的空腔部分，图7-3中为凹模断面尺寸扩大部分。由于塑料原料与塑件相比具有较大的比容，成型前单靠型腔往往无法容纳全部原料，因此在型腔之上设有一段加料室。

3．导向机构

图7-3的导向机构由布置在模具上模周边的4根导柱8以及下模上有导套10的导柱孔组成。导向机构用来保证上、下模合模的对中性。为保证推出机构水平运动，该模具在下模座板上还设有两根推板导柱，在推板上有带推板导套的导向孔。

4．侧向分型抽芯机构

与注塑模具一样，模具带有侧孔和侧凹的塑件，模具必须设有各种侧向分型抽芯机构，塑件方能脱出。图7-3所示塑件带有一侧孔，在推出前用旋转丝杠21(侧型芯)抽出侧型芯。

5．脱模机构

压缩件模具机构与注塑模具相似，一般都需要设置脱模机构(推出机构)，其作用是把塑件脱出模腔。图7-3所示脱模机构由推板19、推杆12、推杆固定板20等零件组成。

6．加热系统

在压缩热固性塑料时，模具温度必须高于塑料的交联温度，因此模具必须加热。热固性塑料压缩成型需要在较高的温度下进行，常见的加热方法有电加热、蒸汽加热、煤气或天然气加热等，但以电加热最为普遍。图7-3中上模板2、支承板11(加热板)分别对上凸模、下凸模和凹模进行加热，加热板圆孔中插入电加热棒。压缩热塑性塑料时，在型腔周围开设温度控制通道,在塑化和定型阶段,分别通入蒸汽进行加热和通入冷却水进行冷却。

7. 支承零部件

压缩模中的各种固定板、支承板(加热板)以及上、下模座等均称为支承零部件,如图 7-3 中的上模座板 1、支承板 11、垫板 13、下模座板 18、承压板 22 等。其作用是固定和支承模具中各种零部件,并且将压力机的压力传递给成型零部件的成型物料。

7.1.3　压缩成型工艺过程

压塑成型工艺过程包括压塑成型前的准备、压缩成型和压后处理等。

1. 压塑成型前的准备

热固性塑料比较容易吸湿,贮存时易受潮,所以,在对塑料进行加工前应对其进行预热和干燥处理。同时,又由于热固性塑料的比容比较大,因此,为了使成型过程顺利进行,有时要先对塑料进行预压处理。

(1) 预热与干燥。在成型前,应对热固性塑料进行加热。加热的目的有两个:一是对塑料进行预热,以便对压缩模提供具有一定温度的热料,使塑料在模内受热均匀,缩短模压成型周期;二是对塑料进行干燥,防止塑料中带有过多的水分和低分子挥发物,确保塑料制件的成型质量。预热与干燥的常用设备是烘箱和红外线加热炉。

(2) 预压。预压是指压缩成型前,在室温或稍高于室温的条件下,将松散的粉状、粒状、碎屑状、片状或长纤维状的成型物料压实成重量一定、形状一致的塑料型坯,使其能被比较容易地放入压缩模加料室内。预压坯料的截面形状一般为圆形。经过预压后的坯料密度最好能达到塑件密度的 80% 左右,以保证坯料有一定的强度。是否要预压视塑料原材料的组分及加料要求而定。

2. 压缩成型过程

模具装上压机后要进行预热。若塑料制件带有嵌件,加料前应将热嵌件放入模具型腔内一起预热。热固性塑料的压缩过程一般可分为加料、合模、排气、固化和脱模等几个阶段。

(1) 加料。加料就是在模具型腔中加入已预热的定量的物料,这是压缩成型生产的重要环节。加料是否准确,将直接影响塑件的密度和尺寸精度。常用的加料方法有质量法、容积法和记数法三种。质量法需用衡器称量物料的质量大小,然后加入模具内,采用该方法可以准确地控制加料量,但操作不方便。容积法是使具有一定容积或带有容积标度的容器向模具内加料,这种方法操作简便,但加料量的控制不够准确。记数法只适用于预压坯料。

(2) 合模。加料完成后进行合模,即通过压力使模具内成型零部件闭合成与塑件形状一致的模腔。当凸模尚未接触物料之前,应尽量使闭模速度加快,以缩短模塑周期和避免塑料过早固化和过多降解。而在凸模接触物料以后,合模速度应放慢,以避免模具中嵌件和成型杆件的位移和损坏,同时也有利于空气的顺利排放。合模时间一般为几秒至几十秒不等。

(3) 排气。压缩热固性塑料时,成型物料在模腔中会放出相当数量的水蒸气、低分子挥发物以及在交联反应和体积收缩时产生的气体,因此,模具合模后有时还需卸压以排出模腔中的气体。排气不但可以缩短固化时间,而且还有利于提高塑件的性能和表面质量。排气的次数和时间应按需要而定,通常为 1~3 次,每次时间为 3~20s。

(4) 固化。压缩成型热固性塑料时,塑料进行交联反应固化定型的过程称为固化或硬化。热固性塑料的交联反应程度即硬化程度不一定达到 100%,其硬化程度的高低与塑料品种、模具温度及成型压力等因素有关。当这些因素一定时,硬化程度主要取决于硬化时间。最佳硬化时间应以硬化程度适中时为准。固化速率不高的塑料,有时也不必将整个固化过程放在模内完成,脱模后用烘的方法来完成它的固化。通常酚醛压缩塑件的后烘温度范围为90~150℃,时间为几小时至几十小时不等,视塑件的厚薄而定。模内固化时间决定于塑料的种类、塑件的厚度、物料的形状以及预热和成型的温度等,一般由30s至数分钟不等。具体时间的长短需由实验或试模的方法确定,过长或过短对塑件的性能都会产生不利的影响。

(5) 脱模。固化过程完成以后,压力机将卸载回程,并将模具开启,推出机构将塑件推出模外。带有侧向型芯时,必须先将侧向型芯抽出,才能脱模。

热固性塑料制件脱模条件应以其在模具中的硬化程度达到适中时为准。在大批量生产中为了缩短成型周期,提高生产效率,亦可在塑件硬化程度适中的情况下进行脱模,但此时必须注意塑件应有足够的强度和刚度以保证它在脱模过程中不发生变形和损坏。对于硬化程度不足而提前脱模的塑件,必须将它们集中起来进行后烘处理。

3. 压后处理

塑件脱模以后的后处理主要是指退火处理,其主要作用是清除内应力,提高稳定性,减少塑件的变形与开裂。进一步交联固化,可以提高塑件的电性能和机械性能。退火规范应根据塑件材料、形状、嵌件等情况确定。厚壁和壁厚相差悬殊以及易变形的塑件以采用较低温度和较长时间为宜;形状复杂、薄壁、面积大的塑件,为防止变形,退火处理时最好在夹具上进行。常用的热固性塑件退火处理规范可参考表7-1。

表 7-1 常用热固性塑件退火处理规范

塑料种类	退火温度/℃	保温时间/h
酚醛塑料制件	80~130	4~24
酚醛纤维塑料制件	130~160	4~24
氨基塑料制件	70~80	10~12

7.1.4 压缩成型的工艺参数

压缩成型的工艺参数主要是指压缩成型压力、压缩成型温度和压缩时间。

(1) 压缩成型压力。压缩成型压力是指压缩时压力机通过凸模对塑料熔体在充满型腔和固化时在分型面单位投影面积上施加的压力,简称成型压力,可采用以下公式进行计算:

$$p = \frac{p_b \pi D^2}{4A} \tag{7-1}$$

式中:p——成型压力,一般为15~30MPa;

p_b——压力机工作液压缸表压力,MPa;

D——压力机工作液压缸活塞直径,m;

A——塑件与凸模接触部分在分型面上的投影面积,m²。

施加成型压力的目的是促使物料流动充模,提高塑件的密度和内在质量,克服塑料树脂在成型过程中的胀模力,使模具闭合,保证塑件具有稳定的尺寸、形状,减少飞边,防止变形,但过大的成型压力会降低模具寿命。

　　压缩成型压力的大小与塑料种类、塑件结构以及模具温度等因素有关,一般情况下,塑料的流动性越小,塑件越厚以及形状越复杂,塑料固化速度和压缩比越大,所需的成型压力亦越大。常用塑料成型压力见表 7-2。

表 7-2　热固性塑料的压缩成型温度和成型压力

塑 料 类 型	压缩成型温度/℃	压缩成型压力/MPa
酚醛塑料(PF)	146～180	7～42
三聚氰胺甲醛塑料(MF)	140～180	14～56
脲甲醛塑料(UF)	135～155	14～56
聚酯塑料(UP)	85～150	0.35～3.5
邻苯二甲酸二丙烯酯塑料(PDPO)	120～160	3.5～14
环氧树脂塑料(EP)	145～200	0.7～14
有机硅塑料(DSMC)	150～190	7～56

　　(2)压缩成型温度。压缩成型温度是指压缩成型时所需的模具温度。显然,成型物料在模具温度作用下,必须经由玻璃态熔融成黏流态之后才能流动充模,最后还要经过交联才能固化定型为塑料制件,所以压缩过程中的模具温度对塑件成型过程和成型质量的影响,比注射成型显得更为重要。

　　压缩成型温度的高低影响模内塑料熔体的充模是否顺利,也影响成型时的硬化速度,进而影响塑件质量。随着温度的升高,塑料固体粉末逐渐融熔,黏度由大到小,开始交联反应,当其流动性随温度的升高而出现峰值时,迅速增大成型压力,使塑料在温度还不很高而流动性又较大时,充满型腔的各部分。在一定温度范围内,模具温度升高,成型周期缩短,生产效率提高。如果模具温度太高,将使树脂和有机物分解,塑件表面颜色就会暗淡。由于塑件外层首先硬化,影响物料的流动,将引起充模不满,特别是压缩形状复杂、薄壁、深度大的塑件最为明显。同时,由于水分和挥发物难以排除,塑件内应力大,模具开启时,塑件易发生肿胀、开裂、翘曲等;如果模具温度过低,硬化周期过长,硬化不足,塑件表面将会无光,其物理性能和力学性能下降。常见热固性塑料的压缩成型温度列于表 7-2 中。

　　(3)压缩时间。热固性塑料压缩成型时,在一定温度和一定压力下保持一定时间,才能使其充分地交联固化,成为性能优良的塑件,这一时间称为压缩时间。压缩时间与塑料的种类(树脂种类、挥发物含量等)、塑件形状、压缩成型的工艺条件(温度、压力)以及操作步骤(是否排气、预压、预热)等有关。压缩成型温度升高,塑料固化速度加快,所需压缩时间减少;压缩成型压力增大,压缩时间也会略有减少。但影响不及压缩成型温度那么明显。由于预热减少了塑料充模和开模时间,所以压缩时间比不预热时要短,通常压缩时间还会随塑件厚度的增加而增加。

　　压缩时间的长短对塑件的性能影响很大。压缩时间过短,塑料硬化不足,将使塑件的外观质量变差,力学性能下降,易变形。适当增加压缩时间,可以减少塑件收缩率,提高其耐热性能和其他物理、力学性能。但如果压缩时间过长,不仅降低生产率,而且会使树脂交联过度使塑件收缩率增加,产生内应力,导致塑件力学性能下降,严重时会使塑件破裂。一般的酚醛塑料,压缩时间为 1～2min,有机硅塑料达 2～7min。表 7-3 列出酚醛塑料和氨基塑料的压缩成型工艺参数。

表 7-3　部分热固性塑料压缩成型的工艺参数

工 艺 参 数	酚 醛 塑 料			氨 基 塑 料
	一般工业用[①]	高电绝缘用[②]	耐高频电绝缘用[③]	
压缩成型温度/℃	150～165	150～170	180～190	140～155
压缩成型压力/MPa	25～35	25～35	＞30	25～35
压缩时间/min	0.8～1.2	1.5～2.5	2.5	0.7～1.0

注：① 系以苯酚-甲醛线型树脂和粉末为基础的压缩粉；
　　② 系以甲酚-甲醛可溶性树脂的粉末为基础的压缩粉；
　　③ 系以苯酚-苯胺-甲醛树脂和无机矿物为基础的压缩粉。

7.1.5　压缩模典型分类

　　压缩模分类的方法很多,可按模具在压力机上固定方式分类;可按上、下模闭合形式分类;可按分型面特征分类;可按型腔数目多少分类。而按照压缩模具上、下模配合结构特征进行分类是最重要的分类方法。

　　1. 按照压缩模具上、下模配合结构特征分类

　　1) 溢式压缩模

　　溢式压缩模形状如图 7-4(a)、(b)所示,这种模具无加料室,型腔本身作为加料室,总高度 h 等于塑件高度。由于凸模与凹模无配合部分,故压缩时过剩的物料容易溢出。环形面积 B 是挤压面,其宽度比较窄,以减薄塑件的径向飞边。合模时的原料压缩阶段,图中环形挤压面 B 仅对溢料产生有限的阻力,合模到终点时挤压面才完全密合。因此塑件密度较低,强度等力学性能也不高,特别是当模具闭合太快时,会造成溢料量增加,既浪费了原料,又降低了塑件密度。相反如果压缩模闭合速度太慢,由于物料在挤压面迅速固化,又会造成塑件的毛边增厚,高度增大。

图 7-4

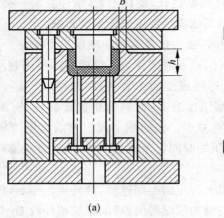

(a)　　　　　　　　　　　　　　(b)

图 7-4　溢式压缩模

　　溢式模具的优点是结构简单,造价低廉、耐用(凸模与凹模无摩擦),塑件容易取出,特别是扁平塑件可以不设推出机构,用手工取出或用压缩空气吹出塑件。由于无加料室,方便在型腔内安装嵌件。它适于压缩流动性好或带短纤维填料以及精度与密度要求不高且尺寸小的浅型腔塑件,如纽扣、装饰品和各种小零件。

由于塑件的溢边总是水平的(顺着挤压面),因此去除比较困难,去除时常会损伤塑件外观。溢式压缩模没有延伸的加料室,装料容积有限,不适用于高压缩率的材料,如带状、片状或纤维状填料的塑料。对溢式压缩模最好采用粒料或预压锭料进行压缩。溢式模具凸模和凹模的配合完全靠导柱定位,没有其他的配合面,因此成型壁厚均匀性要求很高的塑件是不适合的。再加上压缩时每模溢料量的差异,因此成批生产的塑件其外型尺寸和强度要求很难求得一致。此外溢式模具,由于溢料损失要求加大加料量(超出塑件重量 5% 以内),因此对原料有一定浪费。

2）不溢式压缩模

不溢式压缩模如图 7-5 所示。该模具的加料室在型腔上部断面延续,其截面形状和尺寸与型腔完全相同,无挤压面。理论上压力机所施的压力将全部作用在塑件上,塑料的溢出量很少。不溢式压缩模与型腔每边有 0.025～0.075mm 的间隙,为减小摩擦,配合高度不宜过大,不配合部分可以像图中所示那样减小凸模上部断面,也可以将凹模逐渐增大而形成锥面,单边斜角 $15'～20'$。不溢式压缩模的最大特点是塑件成型压力大,故密实性好、机械强度高。因此这类模具适用于压缩形状复杂、精度高、壁薄、流程长或深形塑件,也适于压缩流动性小、比容大的塑料。特别适用于用它压制棉布、玻璃布或长纤维填充的塑料制品。用不溢式压缩模压缩的塑件毛边不但极薄,而且毛边在塑件上与分型面垂直分布,可以用平磨等方法除去。

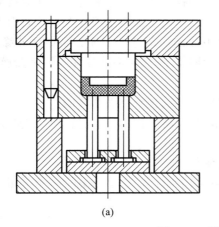

(a)　　　　　　　　　(b)

图 7-5

图 7-5　不溢式压缩模

不溢式压缩模的缺点之一是由于塑料的溢出量少,加料量直接影响塑件的高度尺寸,每模加料都必须准确称量,否则塑件高度尺寸不易保证,因此流动性好、容易按体积计算的塑料一般都不采用不溢式压缩模;它的另一缺点是凸模与加料室侧壁摩擦,将不可避免地会擦伤加料室侧壁,由于加料室断面尺寸与型腔断面相同,在推出时划伤痕迹的加料室会损伤塑件外表面。不溢式模具必须设推出机构,否则塑件很难取出。为避免加料不均,不溢式模具一般不设计成多腔模。因为加料稍有不均衡就会造成各型腔压力不等,而引起一些塑件欠压。

3）半溢式压缩模

半溢式压缩模如图 7-6 所示。其特点是在型腔上方设有一加料室,其断面尺寸大于塑件尺寸,凸模与加料室呈间隙配合,加料室与型腔分界处有一环形挤压面,其宽度为4～5mm,凸模下压时受到挤压面的限制,在每一循环中即使加料量稍有过量,过剩塑料也能通过配合间隙或凸模上开设的溢料槽排出。因此其塑件的紧密程度比溢式压缩模好。

图 7-6

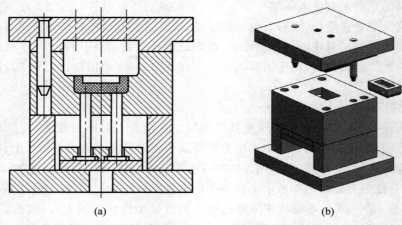

(a)   (b)

图 7-6　半溢式压缩模

半溢式压缩模操作方便,加料时只需简单地按体积计量,而塑件的高度尺寸是由型腔高度 h 决定的,可达到每模基本一致,由于半溢式模具有这些特点,因此被广泛采用。此外,半溢式压缩模兼有溢式和不溢式压缩模特点,塑件径向壁厚尺寸和高度尺寸的精度均较好,密度较大,模具寿命较长,塑件脱模容易,加上压缩模由于加料室尺寸较塑件断面大,加料室侧壁在塑件之外,即使受摩擦损伤在推出时也不会刮伤塑件外表面。当塑件外缘形状复杂时,若用不溢式压缩模则凸模和加料室制造较为困难,采用半溢式压缩模可将凸模与加料室周边配合面形状简化,制成简单断面形状。

半溢式模具由于有挤压边缘,不适于压缩以布片或长纤维做填料的塑料。

以上所述的模具结构是压缩模的三种基本类型,将它们的特点进行组合或改进,还可以演变成带加料板的压缩模、半不溢式压缩模等。

2. 按照压缩模具在压力机上的固定形式分类

按照压缩模具在压力机上的固定形式可分为固定式压缩模、半固定式压缩模和移动式压缩模。

1) 固定式压缩模

固定式压缩模如图 7-3 所示。上、下模分别固定在压力机的上、下工作台上。开合模及塑件的脱出均在压力机上完成,因此生产率较高,操作简单,劳动强度小,模具振动小,寿命长;其缺点是模具结构复杂,成本高,且安装嵌件不如移动式压缩模方便,适用于成型批量较大或形状较大的塑件。

2) 半固定式压缩模

半固定式压缩模如图 7-7 所示,一般将上模固定在压力机上、下模可沿导轨移进压力机进行压缩或移出压力机外进行加料和在卸模架上脱出塑件。下模移进时用定位块定位,合模时靠导向机构定位。这种模具结构便于放嵌件和加料,且上模不移出机外,从而减轻了劳动强度。也可按需要采用下模固定的形式,工作时移出上模,用手工取件或卸模架取件。

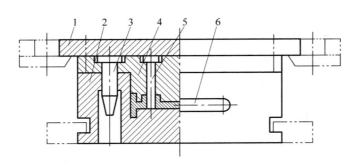

图 7-7

图 7-7　半固定式压缩模

1—上模座板；2—凹模（加料室）；3—导柱；4—凸模（上模）；5—型芯；6—手柄

3）移动式压缩模

移动式压缩模如图 7-8 所示，模具不固定在压力机上。压缩成型前，打开模具把塑料加入型腔，然后将上模放入下模，把合好的压缩模送入压力机工作台上对塑料进行加热，之后再加压固化成型。成型后将模具移出压力机，使用专门卸模工具开模脱出塑件。这种模具结构简单、制造周期短，但因加料、开模、取件等工序均手工操作，劳动强度大、生产率低、模具易磨损，适用于压缩成型批量不大的中小型塑件以及形状复杂、嵌件较多、加料困难及带有螺纹的塑件。

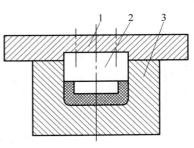

图 7-8

图 7-8　移动式压缩模

1—凸模固定板；2—凸模；3—凹模

7.1.6　压缩模与压力机技术参数

压缩模是在压力机上进行压缩成型的，压缩模设计时必须熟悉压力机的主要技术参数。压力机的成型总压力、开模力、推出力、合模高度和开模行程等技术参数与压缩模设计有直接联系，尤其是压力机的最大能力和模具安装部位的有关尺寸，否则将出现模具在压力机上无法安装，或塑件不能成型、成型后无法取出等问题。

1. 成型总压力的校核

成型总压力是指塑料压缩成型时所需的压力，如压力机施加于塑件上的压力不足，则将生产有缺陷的塑件。成型总压力与塑件的几何形状、水平投影面积、成型工艺等因素有关。成型总压力应满足下列关系式：

$$F_m = nAp \leqslant KF_n \tag{7-2}$$

式中：F_m——模具成型塑件所需的总压力，N；

　　　n——型腔数目；

　　　A——每一型腔的水平投影面积，mm^2；其值取决于压缩模结构形式，对于溢式或不溢式压缩模等于塑件最大轮廓的水平投影面积，对于半溢式压缩模等于加料室的水平投影面积；

　　　p——压缩塑件需要的单位成型压力，MPa；其值取决于压缩模构造、塑件的形状和尺寸、所用塑料品种及型号以及成型时预热情况等，见表 7-2；

　　　K——修正系数，按压力机的新旧程度取 0.75～0.90；

F_n——压力机的额定压力,N。

一般而言,高强度性质的塑料、薄壁深形塑件需要较大的成型压力;以纤维作填料比用无机物粉料作填料的塑料需要更大的成型压力;压缩具有垂直壁的壳形塑件比压缩具有倾斜壁的锥形壳体需要更大的成型压力。

2. 开模力的校核

开模力的校核是针对固定式压缩模的。压力机的压力是保证压缩开模的动力,压缩模所需要的开模力可按下式计算:

$$F_k = kF_m \tag{7-3}$$

式中:F_k——开模力,N;

k——系数,配合长度不大时取 0.1,配合长度较大时取 0.15,塑件形状复杂且凸凹模配合较大时取 0.2。

若要保证压缩模可靠开模,必须使开模力小于压力机液压缸的回程力。

3. 脱模力的校核

脱模力的校核也是针对固定式压缩模的。压力机的顶出力是保证压缩模推出机构脱出塑件的动力,压缩模所需要的脱模力可按下式计算:

$$F_t = A_c p_f \tag{7-4}$$

式中:F_t——塑件从模具中脱出所需要的力,N;

A_c——塑件侧面积之和,mm²;

p_f——塑件与金属表面的单位摩擦力,N,塑料以木纤维和矿物质作填料时取 0.49MPa,塑料以玻璃纤维增强时取 1.47MPa。

要保证可靠脱模,必须使脱模力小于压力机的顶出力。

4. 压力机压缩模固定板有关尺寸校核

压力机压缩模上固定板称为上模板或滑动台,下固定板称为下模板或工作台。模具宽度尺寸应小于压力机立柱或框架之间的净距离,使压缩模能顺利地进入压缩模固定板,模具的最大外形尺寸不超过压力机下固定板尺寸,以便于压缩模具安装。压力机的上下模板设有 T 形槽,T 形槽有的沿对角线交叉开设,有的平行开设。压缩模的上下模直接用 4 个螺钉分别固定在上、下模板上,压缩模固定螺钉通孔(长槽或缺口)的中心应与模板上 T 形槽位置相符合。压缩模具也可用压板螺钉压紧固定,这时应在上下模板上设计有宽度为 15~30mm 的突缘台阶。

5. 压缩模合模高度和开模行程的校核

为了使模具正常工作,压力机上、下模板之间的最小开距、最大开距、模板的最大行程必须与压缩模的闭合高度和压缩模要求的开模行程相适应,如图 7-9 所示。

$$h = h_1 + h_2 \geqslant H_{min} \tag{7-5}$$

式中:h——压缩模合模高度,mm;

h_1——凹模的高度,mm;

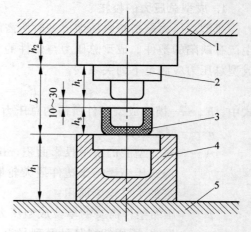

图 7-9 模具高度与开模行程

1,5—上、下工作台;2—凸模;3—塑件;4—凹模

h_2——凸模台肩的高度，mm；

H_{min}——压力机上、下模板最小开距，mm。

如果 $h < H_{min}$，则上、下模不能闭合，模具无法工作，应在压力机上下模板间加垫板，要求 H_{min} 小于 h 垫板厚度之和。

对于固定式压缩模而言，应满足：

$$H_{max} \geqslant h + L \tag{7-6}$$

式中：H_{max}——压力机上下模板最大开距，mm；

　　　L——模具所要求的最小开模距离，$L = h_s + h_t + (10 \sim 30)$ mm。

即

$$H_{max} \geqslant h_1 + h_2 + h_s + h_t + (10 \sim 30) \text{mm} \tag{7-7}$$

式中：h_s——塑件高度，mm；

　　　h_t——凸模高度（凸模伸入凹模部分的全高），mm。

6. 顶出距离的校核

顶出距离即脱模距离，按照下式进行校核：

$$L_n \geqslant L_d = h_3 + (10 \sim 15) \text{mm} \tag{7-8}$$

式中：L_n——压力机推出机构的最大工作行程，mm；

　　　L_d——压缩模需要的推出行程，mm；

　　　h_3——压力机下工作台到加料室上端面的高度，mm。

7.2　压缩模具成型零部件设计

与塑料直接接触用来成型塑件的零件叫成型零部件。成型零部件组合构成压缩模的型腔。压缩模的成型零部件包括凹模（阴模）、凸模（阳模）、瓣合模及模套、型芯、成型杆等。设计压缩模首先应确定型腔的总体结构，再决定凹模和凸模之间的配合结构以及成型零部件的结构。在型腔结构确定后还应根据塑件尺寸确定型腔成型尺寸。根据塑件重量和塑料品种确定加料室尺寸。根据型腔结构大小、压缩压力大小确定型腔壁厚等。有些内容，如：型腔成型尺寸的计算、型腔底板厚度及壁厚尺寸计算，在注射模设计有关章节已讲述的这些内容同样也适用于热固性塑料压缩模的设计。

7.2.1　塑件加压方向的选择

加压方向，即凸模施加作用力的方向，也就是模具的轴线方向，加压方向对塑件的质量、模具结构和脱模的难易程度都有重要影响，在决定加压方向时要考虑下面一些因素。

1. 便于加料

如图 7-10 所示为同一塑件的两种加压方法：图 7-10(a)所示的加料室直径大而浅，便于加料；图 7-10(b)所示的加料室直径小，深度大，不便加料，压缩时还会使模套升起造成溢料。

2. 有利于压力传递，使型腔各处压力均匀

塑件在模具内的加压方向应使型腔各处压力均匀，避免在加压过程中压力传递距离太长，以致压力损失太大。例如，圆筒形塑件一般顺着其轴向施压，如图 7-11(a)所示。圆筒太

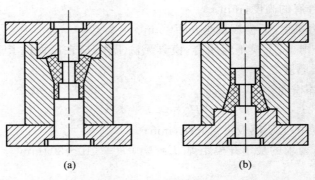

图 7-10　　便于加料的施压方法

长,则成型压力不易均匀地分布在全长范围内,若从上端施压则塑件底部压力小,易发生材质疏松或在角落处填充不足的现象。虽然可以采用不溢式压缩模,增大型腔的压力,或采用上下凸模在压缩时同时深入型腔,以增加塑件底部的紧密度,但之间长度过长时,仍会出现中段疏松的现象。这时可以将塑件横放,采用横向施压的方法,如图 7-11(b)所示。其缺点是在塑件外圆将产生两条溢料线而影响外观。若型芯过长,还容易发生弯曲。

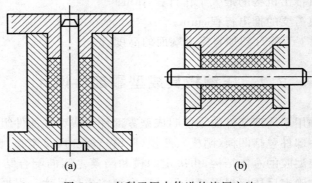

图 7-11　　有利于压力传递的施压方法

3. 便于安放和固定嵌件

当塑件上有嵌件时,应优先考虑将嵌件安装在下模。如将嵌件安装在上模,如图 7-12(a)所示,既费事,嵌件又有不慎落下压坏模具的可能性。将嵌件安装在下模,成为所谓的倒装式压缩模,如图 7-12(b)所示,不但操作方便,而且可利用嵌件来推出塑件,在塑件上不会留下影响外观的顶出痕迹。

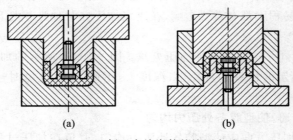

图 7-12　　便于安放嵌件的施压方法

4. 保证凸模强度

不论从正面或从反面都可以成型的塑件,选择加压方向应使凸模形状尽量简单,保证凸模强度,如图 7-13 所示,施压时上凸模受力很大,故上凸模形状越简单越好,图 7-13(a)中所示的简单凸模作为施压的上凸模比图 7-13(b)更为恰当。

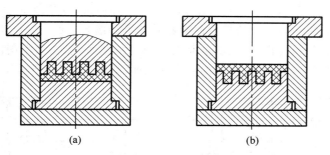

图 7-13 有利于加强凸模强度的施压方向

5. 便于塑料流动

加压方向与塑料流动方向一致时,有利于塑料流动。如图 7-14(a)所示,型腔设在上模,凸模位于下模,加压时,塑料逆着加压方向流动,同时由于在分型面上需要切断产生的飞边,故需要增大压力;图 7-14(b)中,型腔设在下模,凸模位于上模,加压方向与塑料流动方向一致,有利于塑料充满整个型腔。

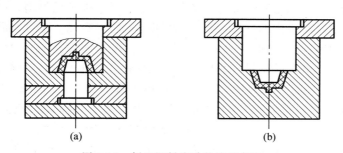

图 7-14 便于塑料流动的施压方向

6. 机动侧抽芯以短为好

当利用开模力做侧向机动分型抽芯时,宜把抽拔距离长的放在施压方向(即开模的方向),而把抽拔距离短的放在侧向做侧向分型抽芯,如果采用模外手动抽芯,则不受此限制。

7. 保证重要尺寸的精度

沿加压方向的塑件高度尺寸不仅与加料量有关,而且还受飞边厚度变化影响,会因飞边厚度不同和加料量不同而变化,特别是对于不溢式压缩模,故对塑件精度要求很高的尺寸不宜与加压方向相同。

7.2.2 压缩模型腔配合形式

各类压缩模的凸模与凹模的配合结构和尺寸随压缩模种类不同而不同,压缩模凸模与凹模配合形式是压缩模设计的关键问题,因此应从塑料特点、塑件形状、塑件密度、脱模难易等方面合理选择。

1. 溢式压缩模的配合形式

溢式压缩模的配合形式如图7-15所示,溢式压缩模没有加料室,利用凹模型腔装料,凸模与凹模也没有引导环和配合环,凸模与凹模在分型面水平接触,接触面光滑平整,为了使飞边变薄,接触面面积不宜过大,一般设计成紧紧围绕在塑件周边的环形,其宽度为3～5mm。过剩的塑料可经过环形面积溢出,故该面又称溢料面或挤压面,如图7-15(a)所示。由于挤压面面积比较小,容易导致挤压面的过早变形和磨损,使凹模上口变成倒锥形,塑件难于取出,为了提高承压面积,可在挤压面之外开设承压面,或在型腔周围距边缘3～5mm处开设溢料槽,槽内作为溢料面,槽外则作为承压面,如图7-15(b)所示。

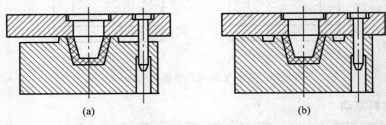

图7-15　溢式压缩模的配合形式

2. 不溢式压缩模的配合形式

不溢式压缩模的配合形式如图7-16所示,其加料室为凹模型腔的向上延续部分,二者截面尺寸相同,之间不存在挤压面,没有挤压环、配合环和排气溢料槽,其配合间隙不宜过小,间隙过小在压缩时型腔内的气体无法顺畅排除,不能得到优质塑件,而且由于压缩模在高温下使用,配合间隙小,二者间易咬死、擦伤。反之,配合间隙亦不宜过大,过大的间隙会造成严重溢料,不但影响塑件质量,而且厚飞边难以除净。由于溢料黏结,还会使开模发生困难,对中小型塑件一般按H8/f7配合,或取其单边间隙为0.025～0.075mm,这一间隙可使气体顺利排出,而塑料则仅少量溢出。间隙大小视塑料流动性决定,流动性大者取小值。塑件径向尺寸大,间隙也应取大一些,以免制造和配合发生困难。图7-16(a)为加料室较浅、无引导环的结构;图7-16(b)为有引导环的结构。为顺利排气,两者均设有排气溢料槽。

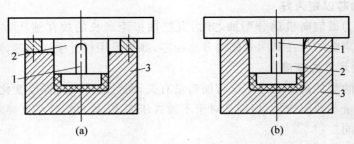

图7-16　不溢式压缩模的配合形式
1—排气溢料槽;2—凸模;3—凹模

上述不溢式压缩模配合结构的最大缺点是:凸模和加料室壁摩擦,使加料室逐渐损伤。因塑件轮廓和加料室轮廓相同,塑件不但脱模困难,而且外表面会被粗糙的加料室擦伤。为了克服这一缺点有以下几种改进形式。图7-17(a)是将凹模型腔内成型部分垂直向上延长

0.8mm 后,每面再向外扩大 0.3～0.5mm(小型塑件取 0.3mm,大型塑件取 0.5mm),以减少压缩和脱模时的摩擦。这时在凸模和加料室之间形成了一个环形储料槽。设计时凹模上的 0.8mm 和凸模上的 1.8mm 可适当变更,但若将尺寸 0.8mm 部分增大太多,则单边间隙 0.1mm 部分太高,在凸模下压时环形储料槽中的塑料就不容易通过间隙进入型腔中。图 7-17(b)所示的不溢式压缩模配合形式最适合于压缩带斜边的塑件,将型腔上端(加料室)按塑件侧壁相同的斜度适当扩大,高度增加 2mm 左右,横向增加值由塑件壁斜度决定,这样塑件在脱出时不再与凹模壁相互摩擦。

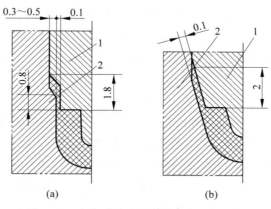

图 7-17　改进不溢式压缩模型腔配合形式
1—凸模;2—凹模

3. 半溢式压缩模的配合形式

半溢式压缩模的配合形式如图 7-18 所示,这种形式的最大特点是具有溢式压缩模的水平挤压环,同时还具有不溢式压缩凸模与加料室之间的配合环和引导环。凸模与加料室间的配合间隙或溢料槽可以让多余的塑料溢出,溢料槽还兼有排出气体的作用,凸模与加料室的单边配合精度按 H8/f7,或取 0.025～0.075mm。为了便于凸模进入加料室同样设有斜度 20′～1°的锥形引导部分,引导部分高约 10mm。

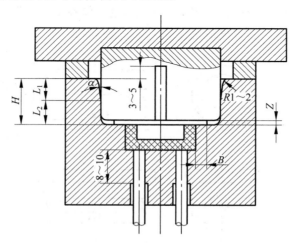

图 7-18　半溢式压缩模的配合形式

7.2.3　压缩模凸、凹模组成及其作用

下面以半溢式压缩模为例,介绍压缩模凸、凹模组成及其作用,凸、凹模一般由引导环、配合环、挤压环、储料槽、排气溢料槽、承压面、加料室等部分组成,如图 7-18 所示。

1. 引导环 L_1

引导环是引导凸模进入凹模的部分,除加料室很浅(高度小于 10mm)的凹模外,一般在加料腔上部设有一段长为 L_1 的引导环。引导环为一段斜度为 α 的锥面,并设有圆角 R,其作用是使凸模顺利进入凹模,减少凸、凹模之间的摩擦,避免在推出塑件时擦伤表面,增加模具使用寿命,减少开模阻力,并可以进行排气。移动式压缩模 α 取 $20'\sim1°$。在有上、下凸模时,为了加工方便,α 一般取 $4°\sim5°$。圆角 R 通常取 $1\sim2$mm,引导环长度 L_1 取 $5\sim10$mm,当加料腔高度 $H\geqslant30$mm 时,L_1 取 $10\sim20$mm。

2. 配合环 L_2

配合环 L_2 是凸模与凹模加料腔的配合部分,它的作用是保证凸模与凹模定位准确,阻止塑料溢出,顺畅排除气体。凸、凹模的配合间隙以不发生溢料和凸凹模侧壁不擦伤为原则。通常移动式模具,凸、凹模经热处理可采用 H8/f7 配合,形状复杂的可采用 H8/f8 配合,或根据热固性塑料的溢料值作为间隙的标准,一般取单边间隙 $0.025\sim0.075$mm。配合环长度 L_2 取 $4\sim6$mm;固定式模具,若加料腔高度 $H\geqslant30$mm 时,L_1 取 $8\sim10$mm。

3. 挤压环 B

挤压环的作用是限制凸模下行位置并保证最薄的水平飞边,挤压环主要用于半溢式和溢式压缩模。半溢式压缩模的挤压环的形式如图 7-18 所示,挤压环的宽度 B 值按塑件大小及模具用钢而定。一般中小型模具 B 取 $2\sim4$mm,大型模具 B 取 $3\sim5$mm。

4. 储料槽

储料槽的作用是储存排出的余料,因此凸、凹模配合后应留出小空间做储料槽。半溢式压缩模的储料槽形式如图 7-18 所示的小空间 Z,通常储料槽深度 Z 取 $0.5\sim1.5$mm;不溢式压缩模的储料槽设计在凸模上,如图 7-19 所示,这种储料槽不能设计成连续的环形槽,否则余料会牢固地包在凸模上,难以清理。

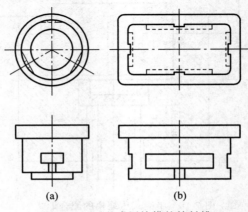

(a)　　　　　　　　(b)

图 7-19　不溢式压缩模的储料槽

5. 排气溢料槽

压缩成型时为了减少飞边,保证塑件精度和质量,必须将产生的气体和余料排出,一般可在成型过程中进行卸压排气操作或利用凸、凹模配合间隙来排气,但压缩形状复杂塑件及流动性较差的纤维填料的塑料时应设排气溢料槽,成型压力大的深型腔塑件也应开设排气溢料槽。图 7-20 所示为半溢式压缩模排气溢料槽的形式。图 7-20(a)为圆形凸模上开设 4 条 0.2～0.3mm 的凹槽,凹槽与凹模内圆面形成溢料槽;图 7-20(b)为在圆形凸模上磨出深 0.2～0.3mm 的平面进行排气溢料;图 7-20(c)和图(d)是矩形截面凸模上开设排气溢料槽的形式。排气溢料槽应开到凸模的上端,使合模后高出加料腔上平面,以便使余料排出模外。

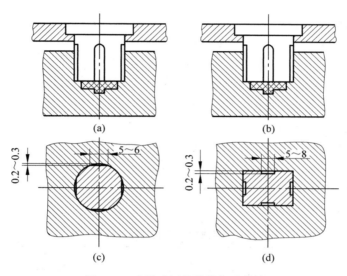

图 7-20　半溢式压缩模排气溢料槽

6. 承压面和承压块

承压面的作用是减轻挤压环的载荷,为了使压力机的余压不致全部承受在挤压边缘上,在压缩模上设计承压面。图 7-21(a)是用挤压环做承压面,模具容易损坏,但飞边较薄;移动式压缩模一般是利用凸模固定板与加料室上平面接触做承压面,理想的情况是凸模与挤压边缘接触时承压面同时接触,但加工误差可能会使压力机的压力全部作用在挤压边缘上,为安全起见可以使承压面接触时挤压边缘处留有 0.03～0.05mm 的间隙,如图 7-21(b)所示,这样模具的寿命较长,但塑件的飞边较厚。图 7-21(c)是用承压块做挤压面,挤压面不易损坏,通常用于固定式的半溢式压缩模,在其上模板与加料室上平面之间设置承压块,通过调整承压块的厚度调节凸模与挤压边缘之间的间隙,使塑件横向飞边减薄到最小厚度,同时又不使挤压边缘因受力过大而破坏。

7.2.4　加料室的设计与计算

溢式压缩模无加料室,塑料堆放在型腔中部;不溢式及半溢式压缩模在型腔以上有一段加料室,其容积应等于塑料原料体积减去型腔的容积。

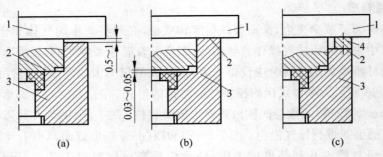

图 7-21　压缩模承压面结构形式

1—凸模；2—承压面；3—凹模；4—承压块

1. 塑料原料体积计算

$$V = (1 + K)kV_p \tag{7-9}$$

式中：V——塑件所需原材料的体积，mm^3；

　　　K——飞边溢料的重量系数，根据塑件分型面大小选取，通常取塑件重量的 $5\% \sim 10\%$；

　　　k——塑料的压缩比，见表 7-4；

　　　V_p——塑件的体积，mm^3。

若已知塑件质量求塑料原料体积，可按下式计算：

$$V = (1 + K)km/\rho \tag{7-10}$$

式中：m——塑件质量，g；

　　　ρ——塑料原材料的密度，g/mm^3。

表 7-4　常用热固性塑料的密度和压缩比

塑 料 名 称	密度 $\rho/(g/mm^3)$	压缩比 k
酚醛塑料(粉状)	$1.35 \sim 1.95$	$1.5 \sim 2.7$
氨基塑料(粉状)	$1.50 \sim 2.10$	$2.2 \sim 3.0$
碎布塑料(片状)	$1.36 \sim 2.00$	$5.0 \sim 10.0$

2. 加料室截面积计算

加料室断面尺寸(水平投影)可根据模具类型确定。不溢式压缩模加料断面尺寸与型腔断面尺寸相等，而其变异形式则稍大于型腔断面尺寸。半溢式压缩模加料室断面尺寸应等于型腔断面加上挤压面的尺寸，挤压面单边宽度一般为 $3 \sim 5mm$。根据断面尺寸(水平投影)可以容易计算出加料室截面积。加料室断面尺寸决定后，即可算出加料室高度。

3. 加料室高度计算

在进行加料室高度的计算之前，应确定加料室高度的起点。一般情况下，不溢式压缩模加料室高度一般以塑件的下底面开始计算，而半溢式压缩模的加料室高度以挤压边开始计算。

图 7-22(a)、(f)为不溢式压缩模，图 7-22(a)为一般塑件，其加料室高度 H 按下式计算：

$$H = \frac{V + V_1}{A} + (5 \sim 10)mm \tag{7-11}$$

式中：H——加料室高度，mm；

V——塑件所需原材料的体积,mm^3;

V_1——下凸模凸出部分的体积,mm^3;

A——加料室的截面积,mm^2。

5～10mm 为不装塑料的导向部分,由于有这部分过剩空间,可避免在闭模过程中塑料粉飞溢出来。

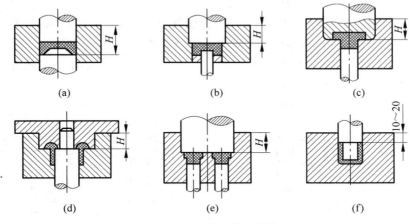

图 7-22　加料室高度计算

图 7-22(f)所示为压缩壁薄且高的杯形塑件,由于型腔体积大,塑件所需原材料的体积较小,塑件原料装入后其体积尚不能达到塑件高度,这时型腔(包括加料室)总高度可采用塑件高度加上 10～20mm,即

$$H = h + (10\sim20)mm \tag{7-12}$$

式中:h——塑件高度,mm。

图 7-22(b)、(c)、(d)、(e)为半溢式压缩模,其中图(b)为塑件在加料室(挤压边)以下成型的形式,图(c)所示为塑件一部分形状在挤压边以上成型的形式。图 7-22(b)、(c)两种形式加料室高为

$$H = \frac{V - V_0}{A} + (5\sim10)mm \tag{7-13}$$

式中:V_0——挤压边以下型腔的体积,mm^3。

图 7-22(d)所示为带中心导柱的半溢式压缩模,加料室高度为

$$H = \frac{V + V_1 - V_0}{A} + (5\sim10)mm \tag{7-14}$$

式中:V_1——在加料室高度内导向柱占据的体积,mm^3。

7.3　导向机构与脱模机构设计

7.3.1　压缩模导向机构

与注塑模具相同,最常用的导向零件是在上模设导柱,在下模设导套,导套又可分为带导向套和不带导向套两类,其结构和固定方式可参照注塑模具。与注塑模具相比,压缩模导

向机构还具有下述特点：

（1）除溢式压缩模的导向单靠导柱完成外，半溢式和不溢式压缩模的凸模和加料室的配合段还能起导向和定位的作用，一般加料室上段设有 10mm 的锥形导向环，能起很好的导向作用。

（2）压缩中央带大穿孔的壳体，为提高质量可在孔中安置导柱，导柱四周留出挤压边缘（宽度 2～5mm），由于导柱部分不需施加成型压力，这时所需要的压缩总吨位可降低一些。如图 7-23 所示，中央导柱设在下模，其头部应高于加料室上平面，中央导柱除要求淬火镀铬外，亦需较高的配合精度，否则塑料挤入配合间隙会出现咬死、拉毛的现象。中心导柱断面如图 7-23 所示，可以与塑件孔的形状相似，但为制造方便，对于带矩形或其他异型孔的壳体也采用中心圆导柱，如图 7-24 所示。

（3）由于压缩模在高温下操作，因此一般不采用带油槽的加油导柱。

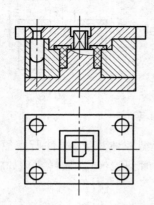　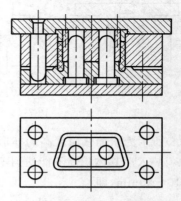

　　图 7-23　带中心异形导柱压缩模　　　　　图 7-24　带中心圆导柱压缩模

7.3.2　压缩模脱模机构设计

压缩模推出脱模机构与注塑模相似，同样有简单脱模机构、二级脱模机构和上、下模均有脱模装置的双脱模机构等几类。简单脱模机构包括推杆脱模机构、推管脱模机构、推件板脱模机构等。

1. 固定式压缩模脱模机构

1）概述

压缩模推出脱模机构按动力来源可分为气动式、手动式、机动式三种。

（1）气动式脱模机构如图 7-25 所示，即利用压缩空气直接将塑件吹出模具。气吹脱模适用于薄壁壳形塑件，当塑件对凸模包紧力很小或凸模脱模斜度较大时，开模后塑件留在凹模中，这时压缩空气由喷嘴吹入塑件与模壁之间的收缩间隙里，将塑件托起，如图 7-25（a）所示。图 7-25（b）的开关板是一矩形塑件，其中心有一孔，成型后用压缩空气吹破孔内的飞边，压缩空气钻入塑件与模壁之间，将塑件脱出。

（2）手动式脱模机构是利用人工通过手柄，用齿轮齿条传动机构或卸模架等将塑件脱出。如图 7-26 所示，工作台正中垂直安装的推出杆与齿条连接在一起，由齿轮驱动作上下运动，摇动手轮即可带动齿轮旋转完成推出与回程运动，这种机构适用于 450kN 及其以下的压机。

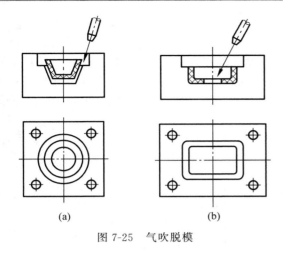

图 7-25　气吹脱模

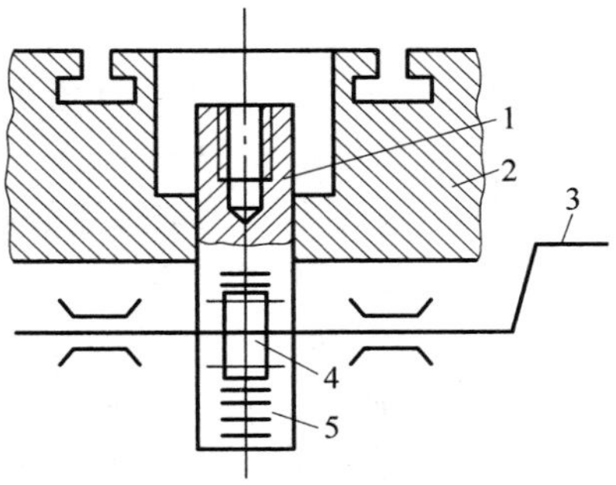

图 7-26　压力机中的手动推顶装置
1—推出杆；2—压力机下工作台；
3—摇动轮；4—齿轮；5—齿条

（3）机动式脱模机构如图 7-27 所示，图 7-27（a）是利用压力机下工作台下方的顶出装置推出脱模；图 7-27（b）是利用上横梁中的拉杆 1 随上横梁（上工作台）上升带动托板 4 向上移动而驱动推杆 6 推出脱模。

固定式压缩模一般均借助压力机的脱模装置驱动模具机构进行脱模。

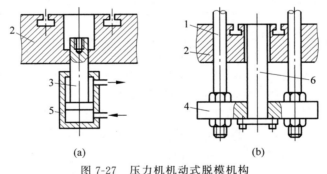

图 7-27　压力机机动式脱模机构
1—拉杆；2—压力机下工作台；3—活塞杆；4—托板；5—液压缸；6—推杆

2）脱模机构与压机连接关系

压力机的顶杆与压缩模脱模机构的连接方式有两种：压力机有带顶出装置和不带顶出装置。一般当采用固定式压缩模和机动顶出时，可利用压力机上的顶出装置使模具上的推出机构工作推出塑件。

（1）液压推出及其与模具连接方式。这是最常见的结构形式，在工作台正中架设有推出液压缸，缸内有差动活塞，可带动中心推杆作往复运动，如图 7-27（a）所示。推杆的正中通过螺纹孔或 T 形槽的推出机构的尾轴相连。

（2）横梁推出及其与模具连接方式。在压机上模板两侧有两根对称布置的拉杆，每根拉杆上均设有位置可调的限位螺母，当上模板上升到一定高度时，与拉杆上的限位螺母接触，通过两根拉杆拖动位于下模板下方的一根横梁（托架），横梁托起中心推杆，推出塑件，如图 7-27（b）所示。

当压力机顶杆端部上升的极限位置只能与工作台平齐时,尚不足以推动模具的推板推出塑件,还必须在推杆上根据需要的推出长度加接一段尾轴。

图 7-28 所示的尾轴仅与推出油缸活塞杆用螺纹连接在一起,推出前尾轴沉入压力机台面,与压缩模脱模机构并无连接,故模具安装较为方便。这种连接方式仅在压力机推杆上升时发生作用,尾轴长度等于塑件所需推出高度加上模具底板厚度,压缩模推板和推杆的下降和复位有赖于压缩模复位杆。

尾轴也可反过来利用螺纹连接在压缩模推出板上,如图 7-29 所示,这时压力机的尾轴伸在模具之外,造成压缩模安装和放置的不便。采用这种结构的压缩模同样要设复位杆。

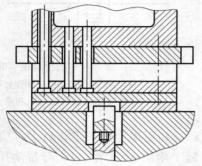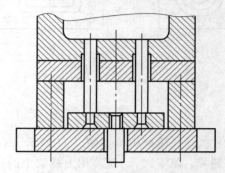

图 7-28　与尾轴不相连的脱模机构　　　　图 7-29　与尾轴相连的脱模机构

压力机推杆头部有的带有中心螺孔,有的带有 T 形槽。尾轴可连接在压力机推杆上;也可连接在模具推板上;也可一端和尾轴连接,另一端和模具推板连接,这样推出油缸活塞上升时推出塑件,下降时又能将模具推出机构拉回原位,而无需复位杆。下面是压力机推杆与压缩模推出系统直接相连的几种结构,这时压力机的推杆不仅在推出时起作用,而且在回程时也能将压缩模的推板拉回,不需要再设复位装置。这种压力机设有差动活塞的液压顶出缸,如图 7-30 所示的尾轴用轴肩连接在压缩模的推板上,尾轴可在推板内旋转,以便装模时将它头部的螺纹拧在推杆中心的螺纹孔内。当压力机推杆的头部为 T 形槽时可以采用图 7-31 所示的尾轴,这时模具装拆比较方便。也可以在带中心螺纹孔的推杆端部先连接一带 T 形槽的轴,再与压缩模的尾轴相连,如图 7-32 所示。

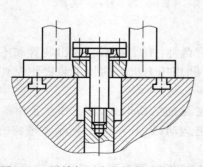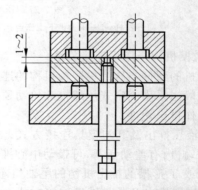

图 7-30　尾轴与压力机推杆连接形式一　　　图 7-31　尾轴与压力机推杆连接形式二

3) 固定式压缩模脱模机构常见形式

(1)推杆推出机构。由于常用的热固性塑件具有良好的刚性,因此,推杆推出是压缩热固性塑件最常用的推出机构。该机构结构简单,制造容易,但在塑件上会留下推杆痕迹。如图 7-33 所示为该机构的一种常见机构。

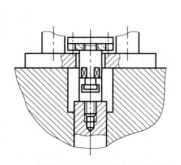

图 7-32 尾轴与压力机推杆连接形式三

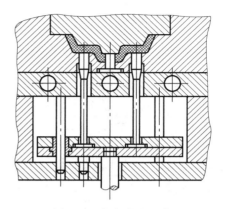

图 7-33 推杆推出机构

(2) 推管推出机构。对于空心薄壁塑件,常采用推管推出机构,其特点是塑件受力均匀,运动平稳可靠。其结构如图 7-34 所示。

(3) 推件板推出机构。对于脱模容易产生变形的薄壁塑件,开模后塑件留在型芯上时,可采用推件板推出机构。由于压缩模的型芯多设在上模,因此,推件板也多装在上模,其结构如图 7-35 所示。但如果型芯装在下模,则推件板也装在下模。

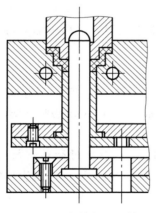

图 7-34 推管推出机构

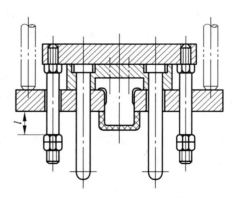

图 7-35 推件板推出机构

(4) 其他推出机构。固定式压缩模的脱模机构除上述三种以外,还有凹模推出机构、二级推出机构、双推出机构等。

如图 7-36 为凹模推出机构,上模分型后,塑件留在凹模内,然后利用推出机构将凹模推起,进行第二次分型。塑件因冷却收缩,故很容易从凹模中取出。

如图 7-37 所示为二级推出机构,由于塑件表面带有很多肋,所以压缩以后用一次推出机构推出比较困难,因而采用二次推出机构。推出开始时推板上的固定推杆 1 和弹簧支承的下模推杆 2 同时作用,将塑件连同活动下模 4 推起,解脱了外围型腔壁对塑件的包紧力,待弹簧支撑的下模推杆 2 上的螺母碰到下加热板(支承板)3 后,弹簧支承的下模推杆 2 和与之连接在一起的活动下模 4 停止前进,固定推杆 1 继续向上运动,使塑件与活动下模分离而脱模。

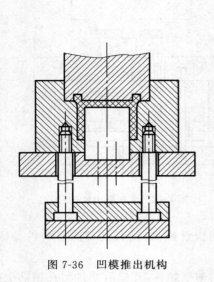

图 7-36　凹模推出机构

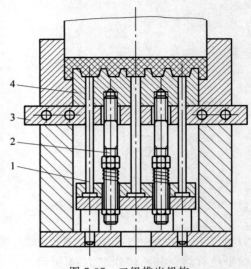

图 7-37　二级推出机构

1—推杆；2—下模推杆；3—加热板(支承板)；4—下模

2. 半固定式压缩模脱模机构

半固定式压缩模是压缩模的上模或下模或模套可以从压力机移出的,在上模或下模或模套移出后,塑件再行脱模,因活动部分不同,脱模方式也不相同。可移出部分可以分为上模、下模、模板、锥形瓣合模或某些活动嵌件。

1) 带活动上模的压缩模

将凸模或上模板做成可沿导滑槽抽出的形式,故又称抽屉式压缩模,其结构如图 7-38 所示,开模分型后塑件留在活动上模上,然后随上模一道抽出模外,再设法卸下塑件,最后再把活动上模送回模内。

当凸模上需要插多个嵌件时,可将凸模做成可抽出的形式,在模外翻转安装比较方便。为了提高生产效率,活动上模应制作相同的两件,一件在模内压制,另一件在模外安放嵌件或卸塑件,这样可提高生产效率。

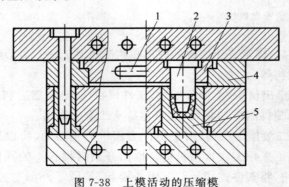

图 7-38　上模活动的压缩模

1—手把；2—上凸模；3—活动上模；4—导滑板；5—凹模

2）带活动下模的压缩模

这类模具其上模固定而下模可以移出。它常用于下模有螺纹型芯或下模内安放嵌件多而费时的场合，也适用于模外推出的场合。

图 7-39 所示为一典型的模外脱模机构。钢板工作台 3 与压力机工作台等高，支承在四根立柱 8 上，为了适应模具不同的宽度，装有宽度可调节的导滑槽 2，在钢板工作台 3 正中装有推出板 4、推杆和推杆导向板 10，推杆与模具上的推出孔位置相对应，当更换模具时则应调换这几个零件。工作台下方设有液压推出缸 9，在液压油缸活塞上段设有调节推出高度的丝杠 6，为了使脱模机构上下运动不偏斜而设有滑动板 5，该板的导套在导柱 7 上滑动。为了将模具固定在正确的位置，安装有定位板 1 和可调节的定位螺钉。

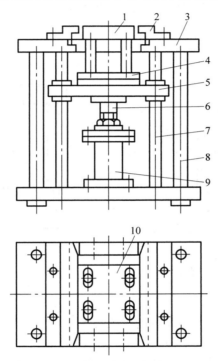

图 7-39　模外液压推顶脱模机构

1—定位板；2—导滑槽；3—工作台；4—推出板；5—滑动板；6—丝杠；
7—导柱；8—立柱；9—液压推出缸；10—推杆导向板

开模后将可动下模的凸肩滑入导滑槽 2，并推到与定位板相接触的位置，开动推出液压油缸推出塑件，待清理和安放嵌件后，将下模重新推入压机的固定滑槽中进行下一模压缩。当下模重量很大时，可以在工作台上沿模具拖动路径设滚柱或滚珠，使下模拖动轻便。本模具的缺点是下模温度波动和热损失较大。

3. 移动式压缩模脱模机构

移动式压缩模脱模方式分为撞击架脱模、卸模架脱模两种形式。撞击架脱模已很少使用，卸模架脱模是主要方式。

1）撞击架脱模

撞击架脱模如图 7-40 所示，压缩成型后，将模具移至压力机外，在特定的支架上撞击，使上、下模分开,然后用手工或简易工具取出塑件。撞击架脱模的特点是模具结构简单,成本低,可几副模具轮流操作,提高生产效率。该方法的缺点是劳动强度大、振动大,而且由于不断撞击,易使模具过早地变形磨损,因此只适用于成型小型塑件。

2) 卸模架脱模

移动式压模可用特制的卸模架利用压力机压力开模和卸模并脱出塑件。其开模动作平稳,模具使用寿命长,可减轻劳动强度,但生产效率较低。对开模力较小的模具可采用单向卸模,对于开模力大的模具要采用上、下卸模架卸模。

(1) 单分型面卸模架卸模方式如图 7-41 所示,卸模时,先将上卸模架 1、下卸模架 6 的推杆插入模具相应的孔内。当压力机的活动横梁即上工作台下降到上卸模架时,压机的压力通过上、下卸模架传递给模具,使得凸模 2 和凹模 4 分开,同时,下卸模架推动推杆 3 推出塑件,最后由人工将塑件取出。

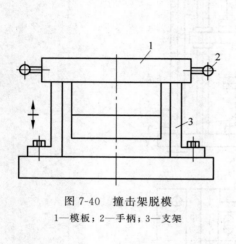

图 7-40　撞击架脱模

1—模板;2—手柄;3—支架

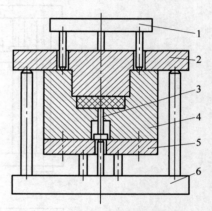

图 7-41　单分型面卸模架卸模

1—上卸模架;2—凸模;3—推杆;

4—凹模;5—下模座板;6—下卸模架

从图 7-42 可知,下卸模架推出塑件的推杆长度为

$$H_1 = h_1 + h_3 + 3\text{mm} \tag{7-15}$$

式中:h_1——塑件与型腔松脱开最小脱出距离,等于或小于型腔深度,mm;

h_3——卸模架推杆进入的导向长度,mm,即从开始进入模具到推杆互相接触的行程。

下卸模架分模推杆长度为

$$H_2 = h_1 + h_2 + h + 5\text{mm} \tag{7-16}$$

式中:h_2——上凸模与塑件松脱开所需的距离,等于或小于凸模高度,mm;

h——凹模高度,mm。

上卸模架分模推杆长度为

$$H_3 = h_1 + h_2 + h_4 + 10\text{mm} \tag{7-17}$$

式中:h_4——上凸模底板厚度,mm。

(2) 双分型面卸模架卸模方式如图 7-43 所示。卸模时,先将上卸模架 1、下卸模架 5 的推杆插入模具相应的孔内。当压力机的活动横梁下降到上卸模架时,上下卸模架上的长推杆使上凸模 2、下凸模 4 分开。分模后,凹模 3 留在上、下卸模架的短推杆之间,最后从凹模中取出塑件。

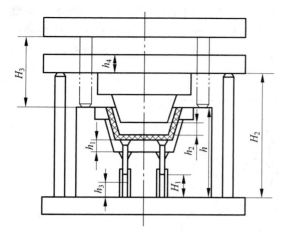

图 7-42　单分型面卸模架与推杆长度关系

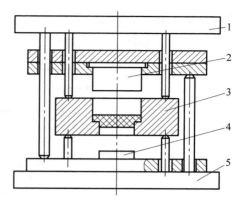

图 7-43　双分型面卸模架卸模

1—上卸模架；2—上凸模；3—凹模；

4—下凸模；5—下卸模架

从图 7-44 可知，下卸模架推杆加粗部分长度（见图 7-44(a)）或短推杆长度（见图 7-44(b)）为

$$H = h + h_1 + 3\text{mm} \qquad (7\text{-}18)$$

式中：h_1——下凸模必须脱出长度，在此等于下凸模高度，mm。

下卸模架推杆全长（见图 7-44(a)）或长推杆长度（见图 7-44(b)）为

$$H_1 = h + h_1 + h_2 + h_3 + 8\text{mm} \qquad (7\text{-}19)$$

式中：h_2——凹模高度，mm；

h_3——上凸模必须脱出长度，mm，在此等于上凸模全高，有时可能小于上凸模全高，视具体情况而定。

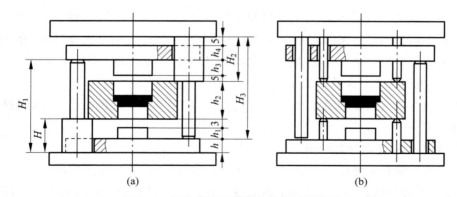

(a)　　　　　　　　　　　　　(b)

图 7-44　双分型面卸模架与推杆长度关系

上卸模架推杆加粗部分长度（见图 7-44(a)）或短推杆长度（见图 7-44(b)）为

$$H_2 = h_3 + h_4 + 10\text{mm} \qquad (7\text{-}20)$$

式中：h_4——上凸模底板厚，mm。

上卸模架推杆全长（见图 7-44(a)）或长推杆长度（见图 7-44(b)）为

$$H_3 = h_1 + h_2 + h_3 + h_4 + 13\text{mm} \qquad (7\text{-}21)$$

（3）垂直分型面卸模架卸模如图7-45所示。卸模时,先将上卸模架1、下卸模架6的推杆插入模具相应的孔内。当压力机的活动横梁下降到上卸模架时,上、下卸模架上的长推杆使下凸模5和其他部分分开。当到达一定距离后,再使上凸模2、模套4和瓣合凹模3分开。塑件留在瓣合凹模中,最后打开瓣合凹模取出塑件。

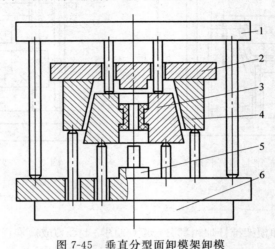

图 7-45　垂直分型面卸模架卸模
1—上卸模架；2—上凸模；3—瓣合凹模；4—模套；5—下凸模；6—下卸模架

7.4　侧向抽芯机构设计

压缩模是先加料后合模,而注塑模是先合模后注入塑料,因此注塑模的某些侧向分型与抽芯机构不能用于压缩模的侧向分型与抽芯机构。例如,开合模时斜销驱动的侧向分型与抽芯模具,用于压缩则加料时瓣合模型腔处于侧向分开状态,如加料必将引起严重漏料,但具有侧向抽芯机构的注塑模则是可行的。此外由于压缩模受力状况比较复杂,分型机构和楔紧块应具有足够的力量和强度,成型周期较长,目前还大量使用着各种手动分型与抽芯机构,机动抽芯机构仅用于大批量塑件的生产。

关于侧向分型与抽芯的原理、计算和结构设计与注塑模相似,下面通过压缩模典型分型与抽芯机构来说明其特点。

1. 模外手动分型与抽芯机构

目前压缩模具还大量使用手动模外分型与抽芯,这种模具结构简单,缺点是劳动强度大、效率低。模外分型瓣合模可以作成两瓣或多瓣,其外形做成台锥形,装在圆锥形或矩形断面模套中,压缩成型后利用推出机构推出瓣合模,然后分开凹模,取出塑件。

图 7-46 所示为线轴形塑件采用两瓣瓣合模压缩成型,采用手动分型。瓣合模由于塑件有八条垂直的凸筋而被分为八块,为了镶件拼成型腔时相互间不错位,在圆锥形外围加工一条矩形截面的环形槽,并用两个矩形截面的半圆环嵌于环形槽内,为了装拆方便,把半圆环分别固定在两块瓣合模块上,其余模块按顺序嵌入,再一起装于锥形模套内,卸模时瓣合凹模用推杆推出。分型面之间采用小导柱定位。

图 7-47 所示的塑件为带有大小两个侧向方孔的帽罩,小孔采用丝杠脱出,长方形大侧孔采用活动镶块成型,活动镶块带有圆杆和方头,压缩时将活动镶块的圆杆插入凹模旁的侧孔内,拧入小侧型芯 3,塑料进行压缩、成型后先拧出小侧型芯 3,然后在活动镶块方头与上凹模相对的孔中插入一圆柱销,镶块即被固定在凸模上,开模时塑件和镶块被凸模带出,卸下镶块后将带有螺纹的塑件从凸模上拧下。

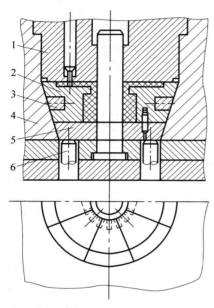

图 7-46　手动模外分型机构

1—凸模;2—瓣合模块;3—半圆环;

4—模套;5—底板;6—推杆

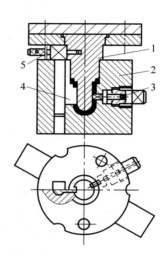

图 7-47　手动抽芯压缩模

1—凸模;2—凹模;3—小侧型芯;

4—活动镶块;5—圆柱销

图 7-48 所示的固定式压缩模成型的塑件两侧均带有异形侧孔,成型侧孔的活动镶块通过 T 形滑槽,从上方牢固地插入凹模两侧。塑件成型后先升起上模,然后利用推杆推出活动镶块,压缩好的塑件被活动镶块带出,并在模外取出。推杆复位后应仔细清除粘在 T 形槽配合面上的溢料,然后再重新装上活动镶块进行压缩。

2. 机动侧向分型与抽芯机构

压缩模的机动侧向分型与抽芯机构可以采用斜滑块、铰链连接瓣合模、斜销、弯销、偏心转轴、模外斜面分型和丝杠抽芯等多种结构形式。

1)滑块分型抽芯机构

瓣合模压缩模锁紧采用各种矩形模套,因此适于采用斜滑块分型机构,如图 7-49 所示的瓣合模块系带有矩形凸耳的滑块,在矩形模套内壁的导滑槽内滑动。为了制造方便,凹模采用镶嵌式结构,导滑槽也采用组合制造,滑块用两端带铰链的推杆推动,随着滑块移动推杆上端向两侧分开,回程时推杆将瓣合模拖回矩形模套,型芯固定板可避免瓣合模块过度下沉。

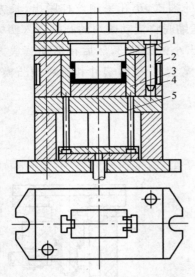

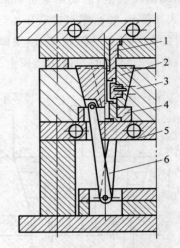

图 7-48   模外抽芯固定式压缩模

1—凸模；2—凹模；3—活动镶件；

4—加热套；5—推杆

图 7-49   斜滑块分型机构

1—凸模；2—瓣合模；3—模套；

4—型芯固定板；5—下加热板；6—铰链推杆

2）铰链连接瓣合模分型机构

如图 7-50 所示的压缩模瓣合模与下模连接块 4 间用铰链连接组合成型腔，下模块中心用螺纹与推出装置的尾杆连接，铰链孔作成椭圆形，使其与铰链间存在着间隙，以免该轴在压缩时承受压力，成型后先抽出上凹模，然后推出瓣合模。由于安装在模套内的分模楔的作用，使瓣合模绕轴左右张开，即可取出压好的塑件。

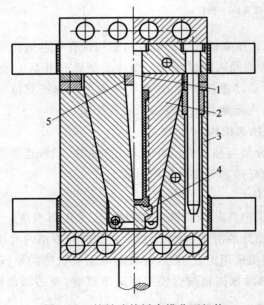

图 7-50   铰链连接瓣合模分型机构

1—凸模；2—瓣合模；3—模套；4—下模连接块；5—分模楔

3）斜销、弯销抽芯机构

图 7-51 所示矩形滑块上有两个侧型芯，上凹模下压到最终位置时，侧型芯的向前运动才会完成，矩形截面的弯销有足够的刚度，而侧型芯的断面积又不大，因此不再采用别的压紧锁，滑块抽芯终止位置由弹簧和挡板定位。这时在侧型芯处不能形成漏料的间隙。

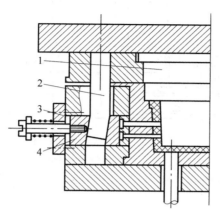

图 7-51　压缩模弯销抽芯机构
1—凸模；2—弯销；3—挡板；4—滑块

4）偏心转轴抽芯机构

图 7-52 为偏心转轴抽芯机构，适用于压缩模的情况，压缩时将侧型芯转到成型位置，成型后扳动手柄抽出侧型芯。

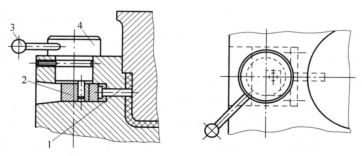

图 7-52　偏心转轴抽芯机构
1—侧型芯；2—滑块；3—手柄；4—带偏心的转轴

5）模外斜面分型抽芯机构

在压缩模模具中还常常采用固定在压力机上的斜面分型抽芯机构。此机构作为附件安装在压力机上，这样可减少模具本身机构的复杂性，并缩小压缩模尺寸，如图 7-53 所示，在压力机两侧装有随上模运动的斜滑槽（或三角形斜楔），在滑槽中运动的圆销通过拉杆和滑块相连，滑块在导滑槽内运动完成侧向分型动作，压缩时应先合模使楔形模套将瓣合模卡紧，然后再适度开模，加料进行压缩。成型后下凸模可沿燕尾槽移出进行脱模。

在注塑模具中讲过的丝杠抽芯机构、齿轮齿条抽芯机构、斜槽抽芯机构等也都能用于压缩模抽侧型芯。

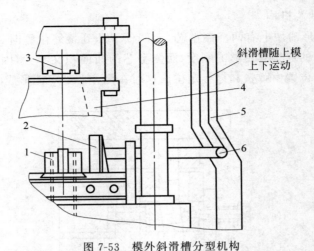

图 7-53　模外斜滑槽分型机构

1—可移出下凸模；2—瓣合模；3—上凸模；4—模套；5—斜滑槽；6—圆销

7.5　加热系统设计

当成型工艺要求模具温度在 80℃以上时,模具中必须设置加热装置。热固性塑料压缩成型,一般在高温高压下进行,以保证迅速交联固化,因此模具设有加热装置。例如,酚醛塑料在 180℃左右成型,氨基塑料在 150℃左右成型,具体见表 7-1。压缩模模具的加热方式有很多,如热水、热油、水蒸气、煤气或天然气加热和电加热等。目前普遍采用的是电加热温度调节系统,电加热有电阻加热和工频感应加热,前者应用广泛,后者应用较少。

1. 对模具电加热的要求

(1) 电热元件功率应适当,不宜过小也不宜过大。过小,模具不能加热到并保持规定的温度;过大,即使采用温度调节器仍难以使模温保持稳定。这是由于电热元件附近温度比模具型腔的温度高得多,即使电热元件断电,其周围积聚的大量热仍继续传到型腔,使型腔继续保持高温,这种现象叫做"加热后效",电热元件功率越大,"加热后效"越显著。

(2) 合理布置电热元件,使模温趋于均匀。

(3) 注意模具温度的调节,保持模温的均匀和稳定。加热板中央和边缘可采用两个调节器。对于大型模具最好将电热元件分为两组,即主要加热组和辅助加热组,成为双联加热器。主要加热组的电功率占总电功率的 2/3 以上,它处于连续不断的加热状态,但只能维持稍低于规定的模具温度,当辅助加热组也接通时,才能使模具达到规定的温度。调节器控制辅助加热组的接通或断开。现在,模具温度多由设备相应的温控系统进行调控。

电加热装置清洁、简单,便于安装、维修和使用,温度调节容易,可调节温度范围大,易于实现自动控制。但升温较慢,不能在模具中轮换地加热和冷却,有"加热后效"现象。

2. 模具加热装置的计算

要准确计算所需的加热功率,必须做压缩模的热平衡计算,考虑反应热、热损失等,计算比较复杂,未知因素多,难于准确计算,且压缩模加热系统都设有温度调节器,因此一般采用简化计算法,使加热功率略有富余,再通过温度调节器进行调节,即能达到所要求的准确温度。首先计算模具加热所需的电功率:

$$P = gG \tag{7-22}$$

式中:P——电功率,W;

　　　G——模具重量,kg;

　　　g——每千克模具加热到成型温度时所需的电功率,W/kg,g 值见表 7-5。

表 7-5　g 值

模具类型	$g/(\text{W} \cdot \text{kg}^{-1})$	模具类型	$g/(\text{W} \cdot \text{kg}^{-1})$
小型	35	大型	25
中型	30		

总的电功率确定之后,可根据电热板的尺寸确定电热棒的数量,进而计算每根电热棒的功率。电热棒及其在加热板内安装如图 7-54 所示。设电热棒采用并联法,则有

$$P_r = P/N \tag{7-23}$$

式中:P_r——每根电热棒的功率,W;

　　　N——电热棒的根数。

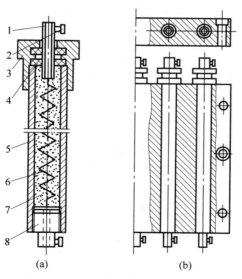

图 7-54　电热棒及其在加热板内的安装
1—接线柱;2—螺钉;3—帽;4—垫圈;5—外壳;6—电阻丝;7—石英砂;8—塞子

根据 P_r 查表 7-6 选择适当的电热棒,也可先选择电热棒的适当功率再计算电热棒的根数。

如果表 7-6 中无合适的电热棒可选,则需要自行设计制造电加热元件。如已知每根加热元件的电功率和电源电压,即可按以下步骤确定电阻丝直径和长度。

表 7-6　电热棒标准

尺寸/mm								
公称直径 d_1/mm	13	16	18	20	25	32	40	50
允许公差/mm	±0.1		±0.12		±0.2		±0.3	
盖板直径 d_2/mm	8	11.5	13.5	14.5	18	26	34	44
槽深 h/mm	1.5	2		3		5		
长度 l/mm	电功率/W							
60_{-3}	60	80	90	100	120			
80_{-3}	80	100	110	125	160			
100_{-3}	100	160	140	160	200	250		
125_{-4}	125	200	175	200	250	320		
160_{-4}	160	250	225	250	320	400	500	
200_{-4}	200	320	280	320	400	500	600	
250_{-5}	250	375	350	400	500	600	800	1000
300_{-5}	300	500	420	480	600	750	1000	1250
400_{-5}			550	630	800	1000	1250	1600
500_{-5}			700	800	1000	1250	1600	2000
650_{-6}				900	1250	1600	2000	2500
800_{-8}					1600	2000	2500	3200
1000_{-10}					2000	2500	3200	4000
1200_{-10}						3000	3800	4750

通过每根电热棒或每组电阻丝的电流为

$$I = P_r/U \qquad (7\text{-}24)$$

式中：I——每根电热棒或每组电阻丝的电流，A；

U——每组电热元件所用电源电压，V，可用低压 30～60V 或直接用 220V。

每组电阻丝或电热棒的电阻为

$$R = U/I = U^2/P_r \qquad (7\text{-}25)$$

式中：R——电阻，Ω。

根据电流 I 查表 7-7 得电阻丝直径，再按式(7-26)算出电阻丝的长度 L：

$$L = R/r \qquad (7\text{-}26)$$

式中：r——加热到 400℃时每米电阻丝的电阻，Ω/m，可查表 7-7。

表 7-7　电阻丝规格

圆形镍铬电阻丝直径/mm	断面积/mm²	最大允许电流/A	当加热至 400℃时每米电阻丝的电阻/($\Omega \cdot \mathrm{m}^{-1}$)	每米电阻丝的质量/($\mathrm{g} \cdot \mathrm{m}^{-1}$)
0.5	0.196	4.2	6	1.61
0.6	0.283	5.5	4	2.31
0.8	0.503	8.2	2.25	4.12

续表

圆形镍铬电阻丝 直径/mm	断面积/mm²	最大允许电流/A	当加热至 400℃时每米 电阻丝的电阻/(Ω・m⁻¹)	每米电阻丝的 质量/(g・m⁻¹)
1	0.785	11	1.5	6.44
1.2	1.131	14	1	9.27
1.5	1.767	18.5	0.61	14.5
1.8	2.545	23	0.45	20.9
2	3.142	25	0.36	25.3
2.2	3.801	28	0.29	31.2

7.6　发泡成型工艺

泡沫塑料是以树脂为基础,内部含有无数微小气孔的塑料,又称为多孔性塑料。现代技术几乎能把所有的热塑性塑料和热固性塑料制成性能各异的泡沫塑料。泡沫塑料也可以说是以气体为填料的复合塑料。

泡沫塑料的品种很多,性能也多种多样,因为它含有大量气泡,因此具有以下共同的特性:

(1) 具有吸收冲击载荷的能力。泡沫塑料受到冲击载荷时,泡沫中的气体通过滞流和压缩,使外来作用的能量被消耗,散逸。泡体以较小的负加速度,逐步终止冲击载荷。

(2) 隔热性能好。由于气体的热导率比塑料的热导率低近一个数量级,所以泡沫塑料的导热系数比纯塑料低得多。泡沫塑料中气体相互隔离,因此,减少了气体中的对流传热,有助于提高泡沫塑料的隔热能力。辐射热能通过泡体中的气体层传递,泡沫塑料对辐射热传递能力主要由塑料对红外线的吸收系数、泡孔大小、泡孔的形状和气体和容积率等因素决定。

泡沫塑料的传热能力应是以上两种传热结果(气体辐射和泡体热传导)的综合。在泡体密度很低时,辐射传热量在总的传热过程中起主要的作用。但在密度高的条件下,泡沫塑料的传热性能主要取决于泡体的热导率。可发性聚苯乙烯(EPS)泡沫具有很低的导热系数,国际规定值≤0.041W/(m・K)。

同时泡沫塑料还具有质轻、防振、防潮、吸湿、防火、吸声隔声等特点。在塑料件中占据重要地位。因此,在建筑上广泛用作隔声材料,例如,比利时 Solvay 公司最近开发了一种悬浮法 PVC,专供生产泡沫板,该泡沫板的密度为 0.5~0.6g/cm³,热导率低,刚性高,隔声吸振,并能钉、锯以及螺栓固定,被视为优质建筑板材;在制冷方面广泛用作绝缘材料;在仪器仪表、家用电器和工艺品等方面广泛用作防振防潮的包装材料;在水面作业时常用作漂浮材料。最近,出现一种微孔泡沫塑料,孔径≤10μm,此种泡沫塑料质轻、隔热隔声、能吸收冲击波,其强度比不发泡塑料高 6~7 倍,疲劳寿命高 4~7 倍,适宜制作薄膜与薄壁塑料。同时,泡沫塑料的应用范围已进入高科技甚至生物医学领域,例如,美国已研制出硅酮泡沫塑料人造血管,其多孔结构足够吸入氧气。

但应当清醒地意识到,现在环境污染严重,塑料垃圾需数百年后才会完全降解,且堆积速度十分惊人,其中泡沫塑料尤甚,被称为"白色污染"。泡沫塑料的生产与使用,应遵守环保条例,另外,还需要大力开展废泡沫塑料的回收处理与变废为宝的科学研究。

泡沫塑料按树脂品种、塑件的软硬程度、密度以及形状可进行不同的分类。

(1) 按树脂品种分类。工业上常用的树脂有聚苯乙烯、聚氯乙烯、脲醛、酚醛、环氧树脂、有机硅等,近年来品种不断扩大,然而产量最大、应用最广的是前五种聚合物的泡沫塑料。

(2) 按硬度分类。泡沫塑料按其软硬程度的不同可分为软质、半硬质与硬质三种类型。聚苯乙烯泡沫塑料、酚醛泡沫塑料、环氧树脂泡沫塑料、部分聚氨酯泡沫塑料都属硬质泡沫塑料;橡胶、弹性聚氨酯和部分聚烯烃的泡沫塑料则属于软质泡沫塑料。

(3) 按密度或发泡倍率分类。泡沫塑料按其密度或发泡倍率可分为低发泡、中发泡与高发泡三种类型。一般来说,低发泡泡沫塑料密度大于 $0.4g/cm^3$;中发泡泡沫塑料密度为 $0.1 \sim 0.4g/cm^3$;高发泡泡沫塑料密度低于 $0.1g/cm^3$ 。发泡倍率是泡沫塑料中的气相与固相体积之比。

7.6.1 泡沫塑料的成型原理

泡沫塑料的成型分为气发泡沫塑料和组合泡沫塑料两种,本章主要介绍气发泡沫塑料的成型。

1. 气发泡沫的成型过程

气发泡沫的成型过程可以分成泡沫的气泡核形成、泡沫的气泡核增长和泡沫的稳定固化等三个阶段。

(1) 泡沫的气泡核形成阶段。合成树脂加入化学发泡剂或气体,当加温或降压时,就会生出气体而形成泡沫,当气体在熔体或溶液中超过其饱和限度而形成过饱和溶液时,气体就会从熔体中逸出而形成气泡。在一定的温度和压力下,溶解度系数的减小将引起溶解的气体浓度降低,放出的过量气体形成气泡。

(2) 泡沫的气泡核增长。在发泡过程中,泡孔增长速率是由泡孔内部压力的增长速率和泡孔率的变形能力决定的。在气泡形成之后,由于气泡内气体的压力与半径成反比,气泡越小,内部的压力越高,并通过成核作用增加了气泡的数量,加上气泡的膨胀扩大了泡沫的增长。促进泡沫增长的因素主要是溶解气体的增加、温度的升高、气体的膨胀和气泡的合并。

(3) 泡沫的稳定固化。如果泡孔增长过程在某一阶段未被中断,一些泡孔可以增长到非常大,使形成泡孔壁的材料达到破裂极限,最后所有泡孔会相互串通,使整个泡沫结构瘫塌,或会出现所有的气体从泡孔中缓慢地扩散到大气中的现象,泡沫中气体的压力逐渐衰减,那么泡孔会渐渐地变小并消失。

在泡沫形成中控制泡孔的增长率和稳定是重要的。这可以通过使聚合物母体发生突然固化或使母体变形性逐渐降低来完成,可降低其表面张力,减少气体扩散作用使泡沫稳定。比如,在发泡过程中,通过对物料的冷却或树脂的交联都能提高塑料熔体的黏度,达到稳定泡沫的目的。

2. 成型机理

1) 气泡核的形成

所谓气泡核就是指原泡,也就是气体分子最初聚集的地方。塑料发泡过程的初始阶段是在塑料熔体或液体中形成大量的气泡核,然后使气泡核膨胀成发泡体。

在高聚物的分子结构中存在着压力为零的自由空间,不同的高聚物具有不同大小的自由空间。有些高聚物具有较大的自由空间,可以容纳某些发泡剂的渗入。一般来说,要同时具备以上两个条件才能形成气泡核。

Hacoard 提供了分子架理论的依据。他以聚苯乙烯为对象,研究了其分子结构。从聚苯乙烯的可压缩性推断出其分子架中存在着自由空间,其内压为零。低于玻璃化温度 θ_g 时,自由空间约占 13%。戊烷进入这些空间的最大量为 6.5%~8.5%。Ringram 和 H. A. Wright 根据上面的论点,用实验证明戊烷在 PS 中的饱和容量是 8%~8.25%,这一数据与上面的推论很接近。

根据分子架理论,形成气泡核必须满足以下条件:

(1) 作为泡沫塑料基体的聚合物,其分子架中应有足够量的自由空间,以供聚集足够量的发泡剂,形成气泡核。

(2) 发泡剂一般采用低沸点的有机液体,在一定条件下能渗入聚合物分子架的自由空间中,并受到较大的作用力,使其不易挥发和散发。另外,还要求发泡剂的沸点必须低于聚合物的软化点。因此,低沸点的有机液体虽然不少,但真正适宜做发泡剂的并不多。

(3) 聚集在聚合物分子架中的低沸点发泡剂,其分子在不停地进行扩散运动。因此,含有低沸点发泡剂的聚合物不应在大气中久放。

2) 气泡的膨胀过程

气泡增长的近似计算式如下:

$$R(t) = KDC_0 t^n \tag{7-27}$$

式中:$R(t)$——随时间 t 变化的气泡半径;

t——时间;

D——气体的扩散系数;

C_0——气体的初始溶液;

K——修正系数(与聚合物黏度和弹性有关)。

3) 气泡的稳定和固化过程

任何一气固或气液相共存的体系,多数是不稳定的。已经形成的气泡可以继续膨胀,也可能合并、塌陷或破裂,这些可能性的实现主要取决于气泡所处的条件。

为了防止气泡破裂,一方面可以从提高熔体的黏弹性入手,使气泡壁有足够的强度,不易破裂;另一方面,控制膨胀速度,兼顾气泡壁应力松弛所需的时间。

热塑性泡沫塑料的固化主要是通过冷却进行的,冷却也是影响固化速度的主要因素。为了使泡体的热量通过各种传热途径,散入周围的空气或冷却介质中,采用较多的是用空气或冷却介质直接或间接冷却泡体的表面。但是,由于泡体是热的不良导体,冷却时常常出现表层的泡体已被冷却固化定型,芯部的温度还很高的现象。这时如冷却定型不够,虽然皮层已固化定型,但是芯部的大量热量会继续外传,使皮层的温度回升,加上芯部泡体的膨胀力,就可能使已定型的泡体形状变形或破坏。因此,发泡制品的冷却固化需要有足够的冷却定型时间和冷却效率来保证。但冷却速度也不宜过快,特别是对收缩率较大的聚合物泡体。

7.6.2 可发性聚苯乙烯的制备

本章以聚苯乙烯树脂为例介绍其制备。

聚苯乙烯泡沫塑料成型方法主要有模压法、可发性珠粒法和挤出发泡法。模压法是采用乳液法聚苯乙烯和热分解型发泡剂的方法制得泡沫塑料,是早期使用的方法,现在很少使用。目前大量使用的方法是可发性珠粒法和挤出发泡法,我国主要使用可发性珠粒法。

在成型泡沫塑料之前,必须先将发泡剂与聚苯乙烯制成易于流动的珠状半透明的可发性聚苯乙烯珠粒。发泡剂为正丁烷、戊烷、庚烷、石油醚或二氯二氟甲烷等,最常用的是戊烷与石油醚。市场销售的可发性聚苯乙烯,发泡剂含量约6%,表面密度为680g/L,珠粒直径为0.25~2mm。

(1) 预发泡。预发泡分为间隙法和连续法两种,其加热设备可使用红外线灯、水浴或蒸汽加热器。实际在生产上大都采用连续法,其主要设备为连续蒸汽预发泡机,如图7-55所示。真空预发泡法被誉为PS泡沫塑料工业的重大突破。其优点是:密度的调节与控制易行,节省原料,缩短或去除陈化时间,缩短模塑周期,避免发泡机内结块,塑件密度小且较均匀。

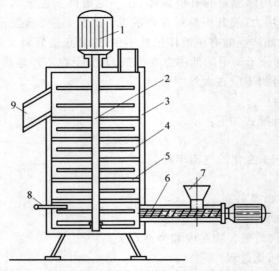

图 7-55 连续蒸汽预发泡机示意图

1—搅拌电机;2—搅拌轴;3—机筒;4—搅拌桨叶;5—固定桨叶;6—螺杆;7—料斗;8—温度计;9—出料口

预发泡前,将发泡剂在聚苯乙烯合成时或聚合后加入,发泡剂含量约6%,然后将含有发泡剂的珠粒状聚苯乙烯加入发泡机,利用蒸汽将其加热到90~105℃,使树脂软化,同时发泡剂汽化造成压力,促使珠粒膨胀40~80倍,以保证成型后的产品达到规定的密度及其均匀性。

(2) 熟化。预发泡后的颗粒在环境温度下自然冷却,需要储存一段时间,具体时间可由实验确定。泡孔内的发泡气体和水蒸气凝成液态,珠内压力减小,形成局部真空状态,这时周围的空气通过泡孔膜渗透入泡中,使气泡内的压力与环境压力达到平衡,这一过程称为熟化。熟化的目的就是防止成型后的收缩。经熟化后的预发泡颗粒具有弹性,由于发泡剂与空气组合,进一步发泡时,预发泡颗粒将会产生更大的膨胀力。

通常熟化处理在布袋或大型网状仓中进行,最适宜的熟化温度为22~26℃,熟化时间根据容量要求、珠粒形状与空气条件等而定,一般室温下熟化8~24h后可放入模具中成型。

7.6.3　聚苯乙烯泡沫塑料的成型工艺

聚苯乙烯泡沫塑料常用的成型方法是蒸汽加热成型法,即聚苯乙烯泡沫塑料在模具内通入蒸汽加热成型。按照加热方式与使用设备的不同,可分为蒸箱发泡成型和泡沫塑料成型机发泡两种。

(1) 蒸箱发泡成型。对于生产小型、薄壁和复杂的塑件,大都采用蒸箱发泡成型,即将填满可发性聚苯乙烯原料的模具合模后通入蒸汽加热成型,蒸汽压力和加热时间根据塑件大小与厚度确定。一般蒸汽压力控制在 0.05～0.25MPa,加热时间为 10～50min。模内的预发泡颗粒受热软化和膨胀就互相熔结在一起,从蒸箱内取出模具,冷却脱模后即制得泡沫塑料产品。该方法所用模具简单,但人工劳动强度较大,难于实现机械化与自动化。

(2) 泡沫塑料成型机发泡。泡沫塑料成型机是国内普遍使用的聚苯乙烯泡沫塑料成型设备,该设备可分为包装成型机和板材成型机两种。厚度较大的泡沫塑料制件或大中型的泡沫塑料制件通常采用泡沫塑料成型机直接发泡成型。模具开有若干个 0.1～0.4mm 直径的通气孔(或槽),在成型前先通入 0.1～0.2MPa 的加热蒸汽,将模具预热 0.5min 后,打开出气口,用气送法将预发泡颗粒注入模具型腔中,闭合出气口,在蒸汽室中通入 0.1～0.2MPa 的蒸汽,使温度升至 110℃ 左右,型腔内的预发泡颗粒就膨胀黏结为一体,关闭蒸汽阀门并保持 1～2mm,然后通冷却水,最后脱模。该发泡法的优点是塑化时间短、冷却定型快、塑件内珠粒熔接良好、质量稳定、生产效率高,能实现机械化与自动化生产。

7.6.4　发泡成型模具设计

泡沫塑料成型模具的结构比较简单。对于小型、薄壁和复杂的泡沫塑料制件或者小批量生产的泡沫塑料制件,常采用蒸箱发泡的手工操作模具;对于大型厚壁或者大批量生产的泡沫塑料制件,常采用带有蒸汽室的泡沫塑料成型机直接通蒸汽发泡模具,对于片材或薄膜产品,常采用挤出发泡成型模具。

(1) 蒸箱发泡手工操作模具。手工操作模具本身没有蒸汽室,而是将整个模具放在蒸箱中通蒸汽加热,成型后移出箱外冷却。在上模、下模和模套上,以及在成型多个塑件时塑件所用的隔板上,均设计有通气用小孔。这种通气孔的孔间距一般在 15～25mm 之间,孔的直径为 0.5～1.5mm,甚至更大一些,但过大时有可能出现堵塞,并影响塑件表面质量。压模的锁紧,采用带有铰链的螺栓通过蝶形螺母来进行。

图 7-56 所示是包装盖手动蒸箱发泡模,一次成型一件。合模时,模套 1 和下模板 3 以圆周定位。为了开模方便,在模具的四周设有撬口 8。上模板 2、下模板 3 和模套 1 上均设有直径为 1～1.8mm 的通气小孔,孔距为 15～20mm。整副模具靠铰链螺栓 6 和蝶形螺母 5 锁紧,铰链螺栓摆动要灵活,并要有足够的强度。

图 7-57 所示为摩托车骑手头盔手动蒸箱发泡模,采用空气通过进料口 11 输送物料,物料装好后,堵上料塞 10。用压机或泡沫成型机进行发泡,蒸汽通过气箱或蒸汽夹套进入模具,对物料实施加热,完成膨胀熔结后,采用冷水进行冷却。

(2) 泡沫塑料成型机直接通蒸汽发泡成型模具。泡沫塑料成型机上的发泡模本身带有蒸汽室,其模具一般由两部分组成。泡沫塑料成机分为立式和卧式两大类。立式发泡成型机可采用同时闭合机构和较高的卸荷速度,其产品主要为中高发泡料塑料成型产品;立式

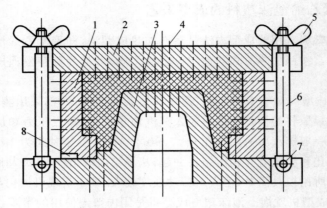

图 7-56　包装盖手动蒸箱发泡模

1—模套；2—上模板；3—下模板；4—通气孔；
5—蝶形螺母；6—铰链螺栓；7—轴；8—撬口

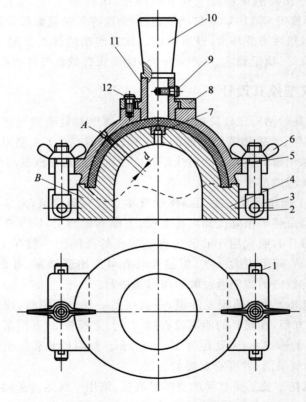

图 7-57　摩托车骑手头盔手动蒸箱发泡模

1—开口销；2—小轴；3—铰链；4—凸模；
5—上模；6—螺母；7—气塞；8—压板；9,12—螺钉；
10—料塞；11—进料口；A—进气口；B—定位台

发泡成型机上设有上、下模,上、下模均设有蒸汽室。合模后,经预发泡的珠粒状聚苯乙烯由喷枪或用气送法从进料口输送到模具型腔内,料满后关闭气阀,然后在动、定模内通入一定蒸汽压力的蒸汽,保持一定时间,接着再保温一段时间,然后在蒸汽室内通入冷却水,冷却后脱模取件。图 7-58 所示为包装盒机动发泡模,适合于在卧式泡沫塑料成型机上生产。为了保证模具的良好密封,在动、定模板及分型面处设有密封环,在定模气室板 5、动模气室板 2 和成型套 9 上均设有孔径为 1～1.8mm 的通气小孔,孔距为 20mm。

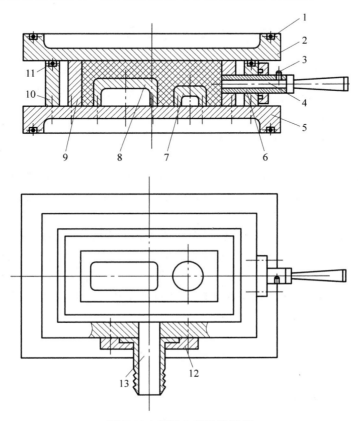

图 7-58　包装盒机动发泡模

1,11—密封环;2—动模气室板;3—挡销;4—料塞;5—定模气室板;6—料套;
7,8—型芯;9—成型套;10—外套;12—压板;13—回气水管

模具设计应注意如下问题。

(1) 型腔壁厚应尽量均匀。虽然泡沫塑料成型模具一般不复杂,但是,由于每一次生产循环都会使模具受冷受热各一次,这样频繁的膨胀与收缩引起的热交变应力对模具的寿命会产生较大的影响,若模具壁厚不均匀,则影响更大,因此,泡沫塑料成型模具要求壁厚尽量一致,一般约为 10mm。

(2) 型腔应考虑脱模斜度。一般型腔深度在 100mm 以内时,脱模斜度取 1°～1.5°;型腔深度在 100mm 以上时,脱模斜度取 2°～3°。蒸箱发泡手工操作的模具一般用手工脱模,因此,脱模斜度应取上限。有蒸汽室的机动泡沫塑料成型模具常采用在蒸汽室内通入压缩空气脱模的方法,受力比较均匀,故脱模斜度可取下限。另外,蒸汽室一定要考虑密封的问题,同时,为了使蒸汽室能均匀冷却,冷却水的通入与排出应能保证型腔均匀地得到冷却,且在蒸汽室中不应积水。

(3) 模具材料。发泡成型的工艺特点决定了泡沫塑料的成型模具必须具有良好的导热性和能够长期经受由热胀冷缩产生的交变应力,还要具有耐蚀性能。在中小批量生产中,一般采用铝合金铸件制造模具;在大批量生产中,可采用青铜等材料。为了保护模具型腔不受腐蚀以及脱模方便,通常型腔表面抛光后涂脱模剂,最常用的脱模剂是硅油。

本章重难点及知识扩展

压缩成型主要适用于热固性塑料的成型。泡沫塑料是以树脂为基础,内部含有无数微小气孔的塑料,塑料的发泡成型就是通过物理发泡剂或化学发泡剂的添加与反应,形成蜂窝状或多孔状结构的过程。本章重点介绍了压缩模的类型与结构组成;压缩模的典型结构;压缩模与压力机的工艺参数校核;压缩模的设计(涉及塑件在模具内施压方向的选择、凸模与凹模配合的结构形式、凹模加料腔的尺寸计算、压缩模脱模机构的设计、侧向分型抽芯机构的设计与装配等);泡沫塑料的成型原理;可发性聚苯乙烯的制备原理以及聚苯乙烯泡沫塑料的成型工艺和发泡成型模具。学习完本章后,要求掌握按结构特征分类的压缩模结构特点、用途,了解与注射模具结构的不同之处;掌握压缩模与压力机有关工艺参数的校核;能读懂压缩模的典型结构图并知晓其工作原理;了解泡沫塑料的成型原理、可发性聚苯乙烯的制备原理以及聚苯乙烯泡沫塑料的成型工艺。本章难点在于压缩模类型的合理选用、成型零件工作尺寸的确定及加料腔的尺寸计算。目前,即使在热固性塑料已有用注射的方法来进行生产的情况下,压缩成型在热固性塑料加工依然是应用范围最广且居主导地位的成型加工方法。

思考与练习

1. 压缩成型有哪些特点?
2. 压缩模按照上、下模配合形式分为哪几种类型?
3. 压缩模加压方向选择原则有哪些?
4. 如何设计压缩模加料室?
5. 挤压面、承压面有何作用?
6. 为何要设计溢料槽和储料槽?
7. 简述常见压缩模抽芯机构的特点。
8. 如何设计压缩模加热系统?
9. 泡沫聚苯乙烯在模具内通入蒸汽加热成型方法可分成哪两种? 分别阐述其工艺条件。

第8章 中空吹塑和热成型工艺与模具设计

塑料的中空吹塑和热成型是指将高弹态（接近于黏流态）的塑料型坯用压缩空气吹成中空容器或抽真空成型壳体的一种工艺方法。与注射、压缩、传递成型相比，其成型压力低，对模具材料要求不高，模具结构简单，成本低，寿命长。中空吹塑成型主要用于制造薄壁塑料瓶、桶以及玩具类塑件；热成型主要用于制造薄壁塑料包装用品、杯、碗等一次性使用的容器。本章内容包括塑料的中空吹塑和热成型的原理、特点及其模具的结构设计。

8.1 中空吹塑成型工艺与模具设计

8.1.1 中空吹塑成型原理与工艺

8.1.1

中空吹塑成型是把塑性状态的塑料型坯置于模具内，压缩空气注入型坯中将其吹胀，使吹胀后制品的形状与模具内腔的形状相同，冷却定型后得到具有一定形状的中空塑件的加工方法。适用于中空吹塑成型的塑料有聚乙烯、聚氯乙烯、纤维素塑料、聚苯乙烯、聚丙烯、聚碳酸酯等。常用的吹塑制品原料是聚乙烯和聚氯乙烯，因为聚乙烯制品无毒，容易加工；聚氯乙烯价廉，透明性和印刷性较好。凡熔融指数为 0.04～1.12 都是比较优良的中空吹塑材料。

1. 中空吹塑成型分类

1）挤出吹塑成型

挤出吹塑成型是成型中空塑件的主要方法。首先挤出机挤出管状型坯；截取一段管坯趁热将其放入模具中，闭合对开式模具的同时夹紧型坯上下两端；向型腔内通入压缩空气，使其膨胀附着模腔壁而成型，然后保压；最后经冷却定型，便可排出压缩空气并开模取出塑件。挤出吹塑成型模具结构简单，投资少，操作容易，适合多种塑料的中空吹塑成型。图 8-1 所示是挤出吹塑成型工艺过程示意图。首先，挤出机挤出管状型坯，如图 8-1(a)所示；截取一段管坯趁热将其放于模具中，闭合对开式模具同时夹紧型坯上下两端，如图 8-1(b)所示；然后用吹管通入压缩空气，使型坯吹胀并贴于型腔表壁成型，如图 8-1(c)所示；最后经保压和冷却定型，便可排出压缩空气并开模取出塑件，如图 8-1(d)所示。

这种成型方法的优点是设备和模具结构简单，投资少，操作容易，适于多种塑料的中空吹塑成型，缺点是型坯厚不均匀，塑件需后加工去除飞边，生产效率低。

2）注射吹塑成型

注射吹塑成型是用注射机在注射模中制成型坯，然后把热型坯移入中空吹塑模具中进行中空吹塑。首先注射机在注射模中注入熔融塑料制成型坯；型芯与型坯一起移入吹塑模

图 8-1
成型工艺

图 8-1
视频

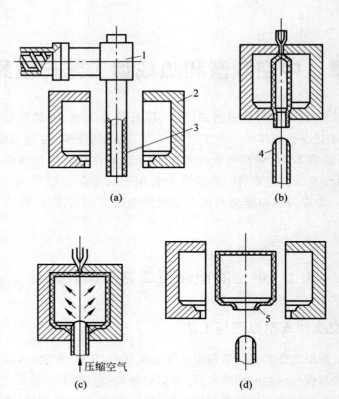

图 8-1　挤出吹塑中空成型

1—挤出机头；2—吹塑模；3—管状型坯；4—压缩空气吹管；5—塑件

内,型芯为空心并且壁上带有孔;从芯棒的管道内通入压缩空气,使型坯吹胀并贴于模具的型腔壁上;保压、冷却定型后放出压缩空气,并且开模取出塑件。其工艺过程如图 8-2 所示。

图 8-2
成型工艺

图 8-2
视频

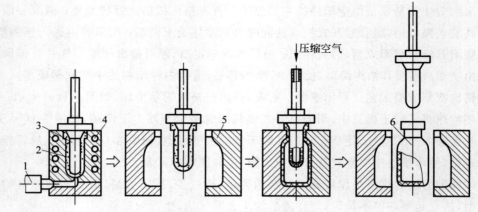

图 8-2　注射吹塑中空成型

1—注射机喷嘴；2—注射型坯；3—空心凸模；4—加热器；5—吹塑模；6—塑件

这种成型方法的优点是壁厚均匀无飞边，不需后加工，由于注射型坯有底，故塑件底部没有拼合缝，强度高，生产效率高，但设备和模具的投资较大，多用于小型塑件的大批量生产。

3）注射拉伸吹塑成型

注射拉伸吹塑是将注射成型的有底坯加热到熔点以下适当温度后置于模具内，先进行轴向拉伸后再通入压缩空气吹胀成型的加工方法。经过拉伸吹塑的塑件透明度、抗冲击强度、表面硬度、刚度和气体阻透性能都有很大提高。注射拉伸吹塑最典型的产品是线性聚酯饮料瓶。

注射拉伸塑成型可分为热坯法和冷坯法两种成型方法。

热坯法注射拉伸吹塑成型工艺过程如图 8-3 所示。首先在注射工位注射成一空心带底型坯，如图 8-3（a）所示；然后打开注射模将型坯迅速移到拉伸和吹塑工位，进行拉伸和吹塑成型，如图 8-3（b）、（c）所示；最后经保压、冷却后开模取出塑件，如图 8-3（d）所示。这种成型方法省去了冷型坯的再加热，所以节省能量，同时由于型坯的制取和拉伸吹塑在同一台设备上进行，占地面积小，生产易于连续进行，自动化程度高。

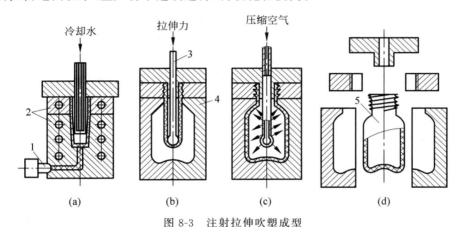

图 8-3　注射拉伸吹塑成型

（a）注射型坯；（b）拉伸型坯；（c）吹塑型坯；（d）塑件脱模

1—注射机喷嘴；2—注射模；3—拉伸芯棒（吹管）；4—吹塑模；5—塑件

冷坯法注射拉伸吹塑成型是将注射好的型坯加热到合适的温度后再将其置于吹塑模中进行拉伸吹塑的成型方法。采用冷坯成型法时，型坯的注射和塑件的拉伸吹塑成型分别在不同设备上进行，因拉伸吹塑之前，为了补偿型坯冷却散发的热量，需要进行二次加热，以确保型坯的拉伸吹塑成型温度，这种方法的主要特点是设备结构相对简单。

4）多层吹塑

多层吹塑是指不同种类的塑料，经特定的挤出机头挤出一个坯壁分层而又黏结在一起的型坯，再经吹塑制得多层中空塑件的成型方法。多层吹塑如图 8-4 所示，模具结构与一般模具结构相同。生产出来塑件的壁是多层且不同种塑料。

发展多层吹塑的主要目的是解决单独使用一种塑料不能满足使用要求的问题。例如单独使用聚乙烯，虽然无毒，但它的气密性较差，所以其容器不能盛装带有香味的食品，而聚氯乙烯的气密性优于聚乙烯，可以采用外层为聚氯乙烯、内层为聚乙烯的容器，气密性好且无毒。

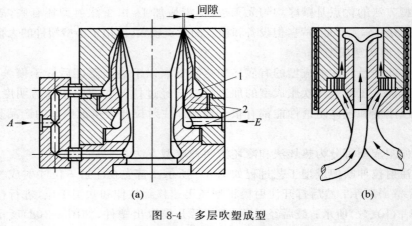

图 8-4　多层吹塑成型

（a）三层吹塑成型；（b）双层吹塑成型

1—料流环槽；2—调节组件

应用多层吹塑一般是为了提高气密性、着色装饰、回料应用、立体效应等，为此分别采用气体低透过率与高透过率材料的复合；发泡层与非发泡层的复合；着色层与本色层的复合；回料层与新料层的复合以及透明层与非透明层的复合。

多层吹塑的主要问题是层间的熔接与接缝的强度问题，除了选择塑料的种类外，还要求有严格的工艺条件控制与挤出型坯的质量技术；由于多种塑料的复合，塑料的回收利用比较困难；机头结构复杂，设备投资大，成本高。

5）片材吹塑成型

片材吹塑成型是将压延或挤出成型的片材再加热，使之软化，放入型腔，合模，在片材之间通入压缩空气而成型出中空塑件。图 8-5（a）所示为合模前的状态，图 8-5（b）所示为合模后的状态。

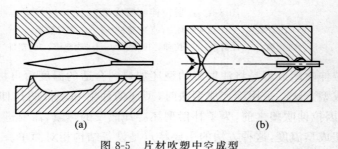

图 8-5　片材吹塑中空成型

2. 吹塑成型工艺参数

1）型坯温度与模具温度

一般来说，型坯温度较高时，塑料易发生吹胀变形，成型的塑件外观轮廓清晰，但型坯自身的形状保持功能较差。反之，当型坯温度较低时，型坯在吹塑前的转移过程中就不容易发生破坏，但是其吹塑成型性能将会变差，成型时塑料内部会产生较大的应力，当成型后转变为残余应力时，不仅削弱塑料制件强度，而且还会导致塑件表面出现明显的斑纹。因此挤出吹塑成型时型坯温度应在高弹态范围内尽量偏向黏流温度；注射吹塑成型时，只要保证型坯转移不发生问题，型坯温度应在高弹态范围内尽量取较高值；注射拉伸吹塑成型时，只要保证吹塑顺利进行,型坯温度可在高弹态区间取较低值,这样能够避免拉伸吹塑取向结构因型坯温度较高而取向,但对于非结晶型透明塑料制件,型坯温度太低会使透明度下降。对于结晶型塑料,型坯温度需要避开最易形成球晶的温度区域,否则,球晶会沿着拉伸方向迅速长大并不断增多,最终导致塑件组织变得十分不均匀。型坯温度还与塑料品种有关,例如,对于线型聚酯和聚氯乙烯等非结晶塑料,型坯温度比玻璃化温度高 10～40℃。

吹塑模温度通常可在 20～50℃ 内选取。模温过高,塑件需较长冷却定型时间,生产率下降,在冷却过程中,塑件会产生较大的成型收缩,难以控制其尺寸与形状精度;模具温度过低,则塑料在模具夹坯口处温度下降很快,阻碍型坯发生吹胀变形,还会导致塑件表面出现斑纹或使光亮度变差。

2）吹塑压力

吹塑压力指吹塑成型所用的压缩空气压力,其数值通常为:吹塑成型时取 0.2～0.7MPa;注射拉伸吹塑成型时吹塑压力要比普通压力大一些,常取 0.3～1.0MPa。对于薄壁、大容积中空塑件或表面带有花纹、图案、螺纹的中空塑件,以及对于黏度和弹性模量较大的塑件,吹塑压力应尽量取最大值。常用塑料吹塑成型所需的压力如表 8-1 所示。

表 8-1　常用塑料吹塑成型时所需的压力　　　　　　　　　　MPa

塑料名称	吹塑压力	塑料名称	吹塑压力
聚碳酸酯	0.6～0.7	聚甲醛	0.7
尼龙	0.2～0.3	聚酚氧	0.28～0.63
高密度聚乙烯	0.3～0.5	聚砜	0.5～0.6
低密度聚乙烯	0.4～0.7	聚四甲基戊烯	0.5
聚丙烯	0.5～0.7	有机玻璃	0.5～0.6
聚氯乙烯	0.3～0.5	聚全氯乙丙烯	0.3～0.5
聚苯乙烯	0.35～0.45	离子聚合物	0.42～0.56
纤维素塑料	0.2～0.35		

8.1.2　中空吹塑制品成型结构工艺性

中空吹塑成型特点决定了中空吹塑制品成型结构工艺性,主要包括对塑件的吹胀比、延伸比、螺纹、圆角、支承面等。中空吹塑成型制品设计需要确定塑件的吹胀比、延伸比、螺纹,以及塑件上的圆角、支承面及外表面等。

1. 吹胀比

吹胀比是指塑件最大直径与型坯直径之比。实践表明,吹胀比越大,塑料瓶的横向强度越高,但只能在一定的范围内,通常取 2～4,但多用 2,过大会使塑件壁厚不均匀,加工工艺条件不易掌握。

吹胀比表示塑件径向最大尺寸和挤出机机头口模尺寸之间的关系。当吹胀比确定以后,便可以根据塑件的最大径向尺寸及塑件壁厚确定机头型坯口模的尺寸。机头口模与芯轴的间隙可用下式确定:

$$z = \delta B_{\mathrm{R}} \alpha$$

式中:z——口模与芯轴的单边间隙;

δ——塑件壁厚;

B_R——吹胀比,一般取 2～4;

α——修正系数,一般取 1～1.5,它与加工塑料黏度有关,黏度大取下限。

另外型坯断面形状一般要做成与塑件的外形轮廓大体一致,如吹塑圆形截面的瓶子型腔截面应是管形;若吹塑方桶或矩形桶,则型坯断面应制成方管状或矩形管状,其目的是使型坯各部位塑料的吹胀情况趋于一致。如图 8-6(a)所示,吹制矩形截面容器时,短边壁厚小于长边壁厚,而用如图 8-6(b)所示截面的型坯可得以改善;如图 8-6(c)所示料坯吹制方形截面容器可使四角变薄的状况得到改善;而图 8-6(d)所示适用于吹制矩形截面容器。

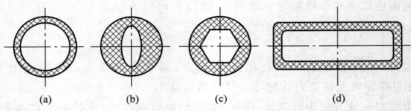

图 8-6　型坯截面形状

2. 延伸比

在注射拉伸吹塑成型中,塑件的长度与型坯的长度之比称为延伸比,图 8-7 所示的 c 与 b 之比即为延伸比。延伸比确定后,型坯的长度就能确定。实验证明,延伸比越大的塑件,即相同型坯长度而生产出壁厚越薄的塑件,其纵向的强度越高。也就是延伸比和吹胀比越大,得到的塑件强度越高。在实际生产中,必须保证塑件的实用刚度和实用壁厚,生产中一般取延伸比 $S_R = (4～6)/B_R$。

3. 螺纹

吹塑成型的螺纹通常采用梯形或半圆形的截面,而不采用细牙或粗牙螺纹,这是因为后者难以成型。为了便于塑件上飞边的处理,在不影响使用的前提下,螺纹可制成断续状,即在分型面附近的一段塑件上不带螺纹,如图 8-8 所示,图 8-8(b)比图 8-8(a)易清理飞边余料。

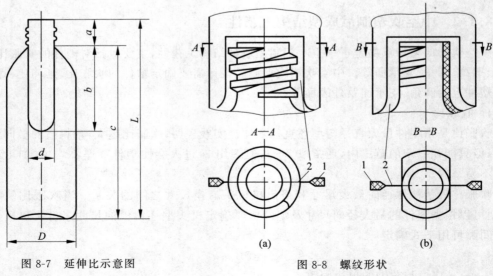

图 8-7　延伸比示意图　　　　图 8-8　螺纹形状

1—余料;2—夹坯口

4. 圆角

吹塑成型塑件的面与面过渡处不允许设计成尖角,如其侧壁与底部的交接部分一般设计成圆角,因为尖角难于成型。对于一般容器的圆角,在不影响使用的前提下,圆角以大为好,圆角大壁厚则均匀;对于有造型要求的产品,圆角可以减小。

5. 塑件的支承面

在设计塑料容器时,不可以整个平面作为塑件支承面。应尽量减小底部的支承面,特别要减少结合缝作为支承面重合部分,因为切口的存在将影响塑件放置平稳,如图 8-9(a)所示为不合理设计,图 8-9(b)为合理设计。

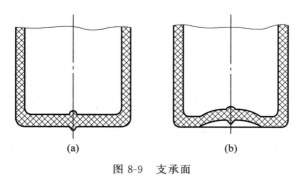

(a)　　　　　　　　　　　　(b)

图 8-9　支承面

6. 脱模斜度和分型面

由于吹塑成型不需要凸模,且收缩大,故脱模斜度即使为零也能脱模。但表面带有皮革纹的塑件脱模斜度必须在 1/15 以上。

吹塑成型模具的分型面一般设在塑件的侧面,对矩形截面的容器,为避免壁厚不均,有时将分型面设在对角线上。

7. 塑件外表面

吹塑件大部分都要求外表面的艺术质量,如雕刻图案、文字和容积刻度等,有的要做成镜面等。这就要求对模具的表面进行艺术加工,其加工方式如下:

(1)用喷砂做成亚光面;

(2)用镀铬抛光做成镜面;

(3)用电铸方法铸成模腔壳体然后嵌入模体;

(4)用钢材热处理后的碳化物组织形状,通过酸腐蚀做成类似皮革纹;

(5)用涂覆感光材料后经过感光显影腐蚀等过程做成花纹。

成型聚氯乙烯塑件的模具型腔表面,最好采用喷砂处理过的粗糙表面,因为粗糙的表面在吹塑成型过程中可以存储一部分空气,可避免塑件在脱模时产生吸真空现象,有利于塑件脱模。并且粗糙的型腔表面并不妨碍塑件的外观,表面粗糙程度类似于磨砂玻璃。

8. 塑件收缩率

通常容器类的塑料制品对精度要求不高,成型收缩率对塑件尺寸影响不大;但对有刻度的定容量的瓶子和螺纹制品,收缩率有相当的影响。

8.1.3　中空吹塑成型模具设计

吹塑模具通常由两瓣合成(即对开式),对于大型吹塑模可以设冷却水通道。模口部分做成较窄的切口,以便切断型坯,推荐尺寸如表 8-2 及图 8-10 所示。由于吹塑过程中模腔压力不大,一般压缩空气的压力为 0.2～0.7MPa,故可供选择做模具的材料较多,最常用的材料有铝合金、锌合金等。由于锌合金易于铸造和机械加工,多用它来制造形状不规则的容器。对于大批量生产硬质塑料制件的模具,可选用钢材制造,淬火硬度 40～44HRC,模腔可抛光镀铬,使容器具有光泽表面。

表 8-2　中空吹塑机头定型　　　　mm

口模间隙($R_k - R_l$)	定型段长度 L
＜0.76	＜25.4
0.76～2.5	25.4
＞2.5	＞25.4

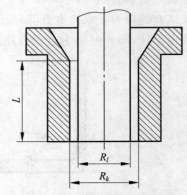

图 8-10　中空吹塑用机头口模

从模具结构和工艺方法上看,吹塑模可分为上吹口和下吹口两类。图 8-11 所示是典型的上吹口模具结构,压缩空气由模具上端吹入模腔。图 8-12 所示是典型的下吹口模具,使用时料坯套在底部芯轴上,压缩空气自芯轴吹入。

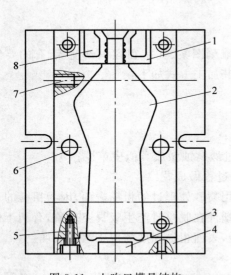

图 8-11　上吹口模具结构

1—口部镶块;2—型腔;3,8—余料槽;4—底部镶块;
5—紧固螺栓;6—导柱(孔);7—冷却水道

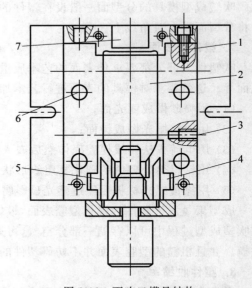

图 8-12　下吹口模具结构

1—螺钉;2—型腔;3—冷却水道;4—底部镶块;
5,7—余料槽;6—导柱(孔)

吹塑模具设计要点如下：

（1）模口。模口在瓶颈板上，是吹管的入口，也是塑件的瓶口，吹塑后对瓶口尺寸进行校正和切除余料。口部内径校正是由装在吹管外面的校正芯棒，通过模口的截断部分，同时进行校正和截断的。

（2）夹坯口。夹坯口也称切口。挤出吹塑过程中，模具在闭合的同时需将型口余料切除，因此在模具相应部位要设置夹坯口。如图 8-13（a）所示。夹料区的深度 h 可选择型坯厚度的 2～3 倍。切口的倾斜角 α 选择 15°～45°，切口宽度 L 对于小型吹塑件取 1～2mm，对于大型吹塑件取 2～4mm。如果夹坯口角度太大，宽度太小，会造成塑件的接缝质量不高，甚至会出现裂缝，如图 8-13（b）所示。切口部分的制造是关键部位，切口接合面的表面粗糙度要尽可能地减小，热处理后要经过磨削和研磨加工，在大量生产中应镀硬铬抛光。

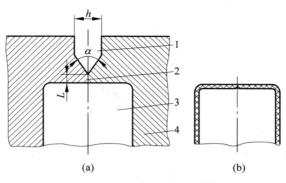

图 8-13　中空吹塑模具夹料区

1—夹料区；2—夹坯口（切口）；3—型腔；4—模具

（3）余料槽。型坯在刃口的切断作用下，会有多余的塑料被切除，它们将容纳在余料槽内。余料槽通常设在切口的两侧，其大小应依型坯夹持后余料的宽度和厚度确定，以模具能严密闭合为准。

（4）排气孔（槽）。模具闭合后，型腔呈封闭状态，应考虑在型坯吹胀时，模具内原有空气的排除问题。排气不良会使塑件表面出现斑纹、麻坑和成型不完整等缺陷。为此，吹塑模还要考虑设置一定数量的排气孔。排气孔一般在模具型腔的凹坑、尖角处，以及最后贴模的地方。排气孔直径常取 0.5～1mm。此外，分型面上开设宽度为 10～20mm、深度为 0.03～0.05mm 的排气槽也是排气的主要方法。

（5）冷却。吹塑模具的温度一般控制在 20～50℃，冷却要求均匀。

（6）锁模力。锁模力的大小应使两个半模闭合严密，应大于胀模力。

（7）模具验收技术要求。可参照《真空成型模技术条件》（GB/T 25143—2010）。

8.2　塑料热成型工艺与模具设计

8.2.1　热成型工艺及特点与应用

热成型工艺过程是把塑料坯材加热至软化温度，将其固定在模具上，然后在坯材一边通入压缩空气来提高压力，或者采用抽真空降低压力，以使坯材紧贴模具成型表面而成为塑件,待塑件冷却定型后,除去压差,取出塑件。热成型主要包括真空吸塑成型和压缩空气成型。现就真空吸塑成型工艺和压缩空气成型工艺及特点与应用分述如下。

1. 真空吸塑成型工艺及特点与应用

真空吸塑成型是把热塑性塑料板、片材固定在模具上,用辐射加热器进行加热至软化温度,然后用真空泵把板材和模具之间的空气抽掉,从而使板材贴在模腔上而成型,冷却后借助压缩空气使塑件从模具中脱出。

真空吸塑成型有如下特点:

(1) 适宜制造壁厚小尺寸大的制品;

(2) 塑料制品与模具贴合的一面,结构上比较鲜明和精细,而且光洁度也较高;

(3) 在成型时间上,凡板材与模具贴合得越晚的部位,其厚度越小;

(4) 生产效率高;

(5) 设备简单,成本低廉,操作简单,对操作工人无过高技术要求;

(6) 不宜加工制品本身壁厚不均匀和带嵌件的制品。

真空吸塑成型方法主要有凹模真空成型,凸模真空成型,凹、凸模先后抽真空成型,吹泡真空成型,柱塞推下真空成型和带有气体缓冲装置的真空成型等方法。

1) 凹模真空成型

凹模真空成型是一种最常用、最简单的成型方法,如图 8-14 所示。把板材固定并加密封在模腔的上方,将加热器移到板材上方将板材加热至软,如图 8-14(a)所示;然后移开加热器,在型腔内抽真空,板材就贴在凹模型腔上,如图 8-14(b)所示;冷却后由抽气孔通入压缩空气将成型好的塑件吹出,如图 8-14(c)所示。

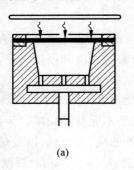 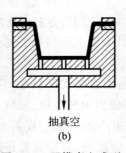 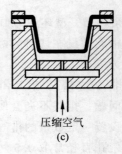

抽真空　　　　　　　压缩空气

(a)　　　　　　　　(b)　　　　　　　　(c)

图 8-14　凹模真空成型

用凹模成型法成型的塑件外表面尺寸精度较高,一般用于成型深度不大的塑件。如果塑件深度很大时,特别是小型塑件,其底部转角处会明显变薄。多型腔的凹模真空成型比相同个数的凸模真空成型节省原料,因为凹模模腔间距可以较近,用同样面积的塑料板可以加工出更多的塑件。

2) 凸模真空成型

凸模真空成型如图 8-15 所示。被夹紧的塑料板在加热器下加热软化,如图 8-15(a)所示;接着软化板料下移,像帐篷似的覆盖在凸模上,如图 8-15(b)所示。最后抽真空,塑料板紧贴在凸模上成型,如图 8-15(c)所示。这种成型方法,由于成型过程中冷的凸模首先与板料接触,故其底部稍厚。它多用于有凸起形状的薄壁塑件,成型塑件的内表面尺寸精度较高。

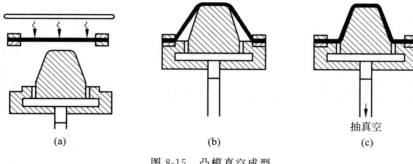

图 8-15　凸模真空成型

3) 凹、凸模先后抽真空成型

凹、凸模先后抽真空成型如图 8-16 所示。首先把塑料板紧固在凹模上加热,如图 8-16(a) 所示;软化后将加热器移开,然后通过凸模吹入压缩空气,而凹模抽真空使塑料板鼓起,如图 8-16(b) 所示;最后凸模向下插入鼓起的塑料板中并且从中抽真空,同时凹模通入压缩空气,使塑料板贴附在凸模的外表面而成型,如图 8-16(c) 所示。这种成型方法,由于将软化了的塑料板吹鼓,使板材延伸后再成型,故壁厚比较均匀,可用于成型深型腔塑件。

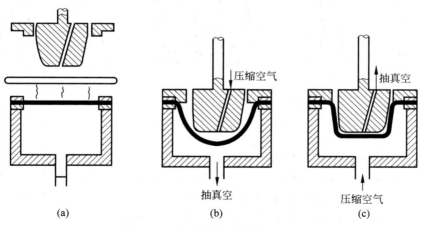

图 8-16　凹、凸模先后抽真空成型

4) 吹泡真空成型

吹泡真空成型如图 8-17 所示。首先将塑料板紧固在模框上,并用加热器对其加热,如图 8-17(a) 所示;待塑料板加热软化后移开加热器,压缩空气通过模框吹入将塑料板吹鼓后将凸模顶起,如图 8-17(b) 所示;停止吹气,凸模抽真空,塑料板贴附在凸模上成型,如图 8-17(c) 所示。这种成型方法的特点与凹、凸模先后抽真空成型基本类似。

5) 柱塞推下真空成型(辅助凸模真空成型)

柱塞推下真空成型如图 8-18 所示。首先将固定于凹模的塑料板加热至软化状态,如图 8-18(a) 所示;接着移开加热器,用柱塞将塑料板推下,这时凹模里的空气被压缩,软化的塑料板由于柱塞的推力和型腔内封闭的空气移动而延伸,如图 8-18(b) 所示;然后凹模抽真空而成型,如图 8-18(c) 所示。此成型方法使塑料板在成型前先延伸,壁厚变形均匀,主要用于成型深型腔塑件。此方法的缺点是在塑件上残留有柱塞痕迹。

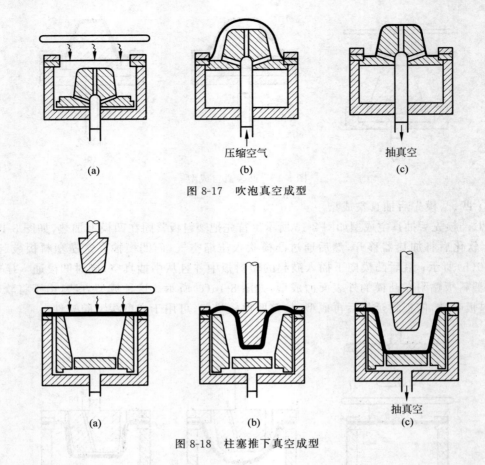

图 8-17　吹泡真空成型

图 8-18　柱塞推下真空成型

6) 带有气体缓冲装置的真空成型

带有气体缓冲装置的真空成型如图 8-19 所示,这是柱塞和压缩空气并用的形式。把塑料板加热后和框架一起轻轻地压向凹模,然后向凹模腔吹入压缩空气,把加热的塑料板吹鼓,多余的气体从板材和凹模的缝隙中逸出,同时从板材的上面通过柱塞的孔吹出已加热的空气,这时板材就处于两个空气缓冲层之间,如图 8-19(a)、(b)所示;柱塞逐渐下降,如图 8-19(c)、(d)所示;最后柱塞内停吹压缩空气,凹模抽真空,使塑料板贴附在凹模型腔上成型,同时柱塞升起,如图 8-19(e)所示。这种方法成型出的塑件壁厚较均匀并且可以成型较深的塑件。

2. 压缩空气成型工艺及特点与应用

塑件压缩空气成型是将塑料板材置于加热板和凹模之间,固定加热板,塑料板材只被轻轻地压在模具刃口上,然后,在加热板抽出空气的同时,从位于型腔底部的空气口向型腔中送入空气,使被加工板材紧贴加热板;这样塑料板很快被软化,达到适合成型的温度。这时加强从加热板进出的空气,使塑料板材逐渐贴紧模具。与此同时,型腔内的空气通过其底部的通气孔迅速排出,最后使塑料板紧贴模具。待板材冷却后,停止从加热板喷出压缩空气,再使加热板下降,对塑件进行切边;在加热板回升的同时,从型腔底部通入空气使塑件脱模后,取出塑件。

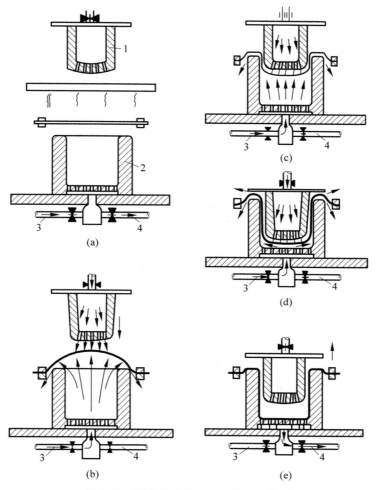

图 8-19　带有气体缓冲装置的真空成型
1—柱塞；2—凹模；3—空气管路；4—真空管路

　　压缩空气成型的原理与真空成型的原理相同，都是使加热软化的板材紧贴模具成型。所不同的是对板材所施加的成型外力由压缩空气代替抽真空。在真空成型时很难达到对板材施加 0.1MPa 以上的成型压力。而用压缩空气时，可对板材施加 1MPa 以上的成型压力。由于成型压力很高，因而用压缩空气时可以获得充满模具形状的塑件及深腔的塑件。

　　其工艺过程如图 8-20 所示，图(a)是开模状态；图(b)是闭模后的加热过程，从型腔通入压缩空气，使塑料板直接接触加热板加热；图(c)为塑料板加热后，由模具上方通入预热的压缩空气，使已软化的塑料板贴在模具型腔的内表面成型；图(d)是塑件在型腔内冷却定型后，加热板下降一小段距离，切除余料；图(e)为加热板上升，最后借助压缩空气取出塑件。

　　压缩空气成型方法与真空吸塑方法不同的是，压缩空气是从塑料坯料正面施压将材料推向凹模一方，而真空吸塑则是在塑料坯料与凹模之间抽真空成型。压缩空气的压力为 0.3～0.6MPa，是真空吸塑成型压力的 3～6 倍，因此，压缩空气成型适用于成型片材厚度较大或制品形状较复杂的塑料制品，其生产效率高，成型速度快。

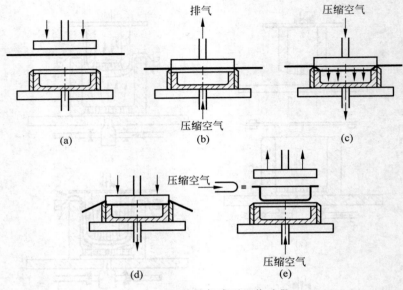

图 8-20　压缩空气成型工艺过程

8.2.2　热成型制品结构工艺性

热成型制品包括真空吸塑成型制品和压缩空气成型制品,由于压缩空气型有很多地方与真空吸塑成型相同,所以这里只介绍真空吸塑制品结构工艺性,压缩空气成型制品结构工艺性可参考真空吸塑制品的设计。

真空吸塑制品结构工艺性是对塑件的几何形状、尺寸精度、塑件的深度与宽度之比、圆角、脱模斜度、加强筋等的具体要求。

(1) 塑件的几何形状和尺寸精度。用真空成型方法成型塑件,塑料处于高弹态,成型冷却后收缩率较大,很难得到较高的尺寸精度。塑件通常也不应有过多的凸起和深的沟槽,因为这些地方成型后会使壁厚太薄而影响强度。

(2) 塑件深度与宽度(或直径)之比。塑件深度与宽度之比称为引伸比,引伸比在很大程度上反映了塑件成型的难易程度。引伸比越大,成型越难。引伸比和塑件的均匀程度有关,引伸比过大会使最小壁厚处变得非常薄,这时应选用较厚的塑料来成型。引伸比还和塑料的品种有关,成型方法对引伸比也有很大影响。一般采用的引伸比为 0.5～1,最大也不超过 1.5。

(3) 圆角。真空成型塑件的转角部分应以圆角过渡,并且圆角半径应尽可能大,最小不能小于板材的厚度,否则塑件在转角处容易发生厚度减薄以及应力集中的现象。

(4) 斜度。和普通模具一样,真空成型也需要脱模斜度,斜度范围在 1°～4°,斜度大不仅脱模容易,也可使壁厚的不均匀程度得到改善。

(5) 加强筋。真空成型件通常是大面积的盒形件,成型过程中板材还要受到引伸作用,底角部分变薄,因此为了保证塑件的刚度,应在塑件的适当部位设计加强筋。

8.2.3　热成型模具设计

以典型的真空成型模具为例,真空成型模具设计包括:恰当地选择真空成型的方法和设备；确定模具的形状和尺寸；了解成型塑件的性能和生产批量，选择合适的模具材料。

1. 模具的结构设计

（1）抽气孔的设计。抽气孔的大小应适合成型塑件的需要，一般对于流动性好、厚度薄的塑料板材，抽气孔要小些，反之可大些。总之需满足在短时间内将空气抽出，又不要留下抽气孔痕迹。一般常用的抽气孔直径是 0.5～1mm，最大不超过板材厚度的 50%。

抽气孔的位置应位于板材最后贴模的地方，孔间距可视塑件大小而定。对于小型塑件，孔间距可在 20～30mm 之间选择，大型塑件则应适当增加距离。轮廓复杂处，抽气孔应适当密一些。

（2）型腔尺寸。真空成型模具的型腔尺寸同样要考虑塑料的收缩率，其计算方法与注射模型腔尺寸计算相同。真空成型塑件的收缩量，大约有 50% 是塑件从模具中取出时产生的，25% 是取出后保持在室温下 1h 内产生的。其余的 25% 是在以后的 8～24h 内产生的。用凹模成型的塑件和凸模成型的塑件相比，其收缩量要大 25%～50%。影响塑件尺寸精度的因素很多，除了型腔的尺寸精度外，还与成型温度、模具温度等有关，因此要预先精确地确定收缩率是困难的。如果生产批量比较大，尺寸精度要求又较高，最好先用石膏模型试出产品，测得其收缩率，以此为设计模具型腔的依据。

（3）型腔表面粗糙度。真空成型模具的表面精糙度太低时，对真空成型后的脱模很不利，一般真空成型的模具都没有顶出装置，靠压缩空气脱模。如果表面粗糙度太低，塑料板黏附在型腔表面上不易脱模，因此真空成型模具的表面粗糙度较高。其表面加工后，最好进行喷砂处理。

（4）边缘密封结构。为了使型腔外面的空气不进入真空室，在塑料板与模具接触的边缘应设置密封装置。

（5）加热、冷却装置。对于板材加热，通常采用电阻丝或红外线。电阻丝温度可达 350～450℃，对于不同塑料板材所需的不同的成型温度，一般是通过调节加热器和板材之间的距离来实现。通常采用的距离为 80～120mm。

模具温度对塑件的质量及生产率都有影响。如果模温过低，塑料板和型腔一接触就会产冷斑或内应力以致产生裂纹；而模温太高时，塑料板可能黏附在型腔上，塑件脱模时会变形，而且延长了生产周期。因此模温应控制在一定范围内，一般在 50℃ 左右。各种塑料板材真空成型加热温度与模具温度见表 8-3。塑件的冷却一般不单靠接触模具后的自然冷却，要增设风冷或水冷装置加速冷却。风冷设备简单，只要压缩空气喷即可。水冷可用喷雾式，或在模内开冷却水道。冷却水道应距型腔表面 8mm 以上，以避免产生冷斑。冷却水道的开设有不同的方法，可以将铜管或钢管铸入模具内，也可在模具上打孔或铣槽，用铣槽的方法必须使用密封元件并加盖板。

表 8-3　真空吸塑成型所用板材加热温度与模具温度　　　　　　　　　　　　℃

温度 ＼ 塑料	低密度聚乙烯（HDPE）	聚丙烯（PP）	聚氯乙烯（PVC）	聚苯乙烯（PS）	ABS	有机玻璃（PMMA）	聚碳酸酯（PC）	聚酰胺-6（PA-6）	醋酸纤维素（CA）
加热温度	121～191	149～182	135～180	182～193	149～177	110～160	227～246	216～221	132～163
模具温度	49～77	—	41～46	49～60	72～85	—	77～93	—	52～60

2. 模具材料

真空成型和其他成型方法相比,其主要特点是成型压力极低,通常压缩空气的压力为 0.3～0.4MPa,故模具材料的选择范围较宽,既可选用金属材料,又可选用非金属材料,主要取决于塑件形状和生产批量。

(1) 非金属材料。对于试制或小批量生产,可选用木材或石膏作为模具材料。木材易于加工,缺点是易变形、表面粗糙度差,一般使用桦木、槭木等木纹较细的木材。石膏制作方便,价格便宜,但其强度较差。为提高石膏模具的强度,可在其中混入 10%～30% 的水泥。用环氧树脂制作真空成型模具,有加工容易、生产周期短、修整方便等特点,而且强度较高,相对于木材和石膏而言,适合数量较多的塑件生产。

非金属材料导热性差,对于塑件质量而言,可以防止出现冷斑;但所需冷却时间长,生产效率低;而且模具寿命短,不适合大批量生产。

(2) 金属材料。适用于大批量高效率生产的模具是金属材料。铜虽有导热性好、易加工、强度高、耐腐蚀等诸多优点,但由于其成本高,一般不采用。铝容易加工,耐用、成本低、耐腐蚀性较好,故真空成型模具多用铝制造。

本章重难点及知识扩展

中空吹塑和热成型都是以气体作为动力介质代替部分模具的成型零部件来成型塑件的方法,与注射、压缩成型工艺相比,气动成型压力低,因此对模具材料要求不高,模具结构简单、成本低、寿命长。其中中空吹塑模具主要用于成型塑料容器,热成型模具主要用于成型精度要求不高的薄片类塑料制件。本章主要介绍中空吹塑和热成型工艺的基本原理,模具的类型、工作原理及其结构特点以及模具零部件的设计要点。

思考与练习

1. 中空吹塑成型有哪几种形式? 分别叙述其成型工艺过程。
2. 挤出吹塑成型与注射吹塑成型有什么不同? 各有什么特点?
3. 在吹塑成型工艺参数中,什么是吹胀比与延伸比? 如何选取?
4. 中空吹塑模具分哪几类? 各自的特点是什么?
5. 简述真空吸塑成型工艺及特点与应用。
6. 真空吸塑制品结构工艺性对制件结构有哪些要求?

第9章　压注成型模具设计

本章主要介绍压注成型的基本原理、压注模的类型、压注模的工作原理及其结构特点以及压注模零部件的设计要点。

9.1　压注成型及压注模概述

压注成型也称传递成型，是用于热固性塑料模塑加工的又一重要方法。用于压注成型的模具称为压注模具，简称压注模。

压注模又称传递模，同压缩模一样主要用于热固性塑料的成型。压注模与压缩模结构的较大区别就是压注模设有单独的加料室(腔)，并通过浇注系统与型腔相连。

压注模与压缩模有许多共同之处，比如两者的加工对象都是热固性塑料，型腔结构、脱模机构、成型零部件的结构及计算方法等基本相同，另外模具的加热方式也相同。

(1) 压注成型原理。在压注成型过程中，先将塑料原料置于加料室内经初步受热塑化后，通过压机驱动压料柱塞施压，熔料在高温高压下转变成黏流态，并以一定速度通过浇注系统进入封闭的模腔内，经保温保压一段时间，塑料发生交联固化，当达到最佳性能时，即可开模取出塑件。

(2) 压注模的结构特点。压注模的典型结构如图 9-1 所示，该模具主要由型腔、加料腔(室)、压料柱塞、浇注系统、导向机构、抽芯机构、脱模机构和加热系统等组成。加料腔为一圆筒，设在上模的中央。开模时塑件与浇注系统连在一起，从上、下模之间的分型面取出。

9.2　压注模的分类及其结构组成

9.2.1　压注模的分类

压注模的分类方式很多，这里主要按压注模中加料室(腔)的固定方式不同将压注模分为移动式压注模、固定式压注模和柱塞式压注模。其中，移动式压注模、固定式压注模可以在普通压力机上进行模塑成型，柱塞式压注模须在专用压力机上使用。

(1) 移动式压注模。移动式压注模是目前国内最为广泛使用的一种压注模，其典型结构为加料室与模具本体是可以分离的，成型后先从模具上取下加料室，再开模取出塑件，并可以分别对压料柱塞和型腔进行清理。可用尖劈(撬板)手工卸模，也可用卸模架进行分型和推出制品。图 9-1 所示为移动式压注模结构。移动式压注模对设备无特殊要求，可在普通压力机上进行模塑成型。模内设有主流道、分流道和浇口，与注塑模类似。压料压力通过压料柱塞作用在物料上，再传递至加料室底面积上。然后通过模板传力，将分型面锁紧，避免分型面胀开溢料，因此要求作用在料腔底部的总压力(锁紧力)必须大于由于型腔内压将分型面胀开的力，一般而言，使料腔的横断面积大于制品和分流道的水平投影面积之和即可。

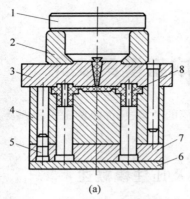
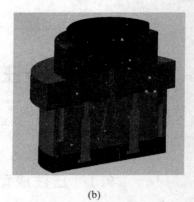

(a)　　　　　　　　　　　　　　(b)

图 9-1　压注模的典型结构

(a)移动式压注模结构图；(b)移动式压注模三维模型

1—柱塞；2—加料腔；3—上模座板；4—凹模；5—导柱；6—下模座板；7,8—型芯固定板

（2）固定式压注模。也称为组合式或三板式压注模，其主要结构特点为装料腔是带底的，并在其下有主流道通向分流道和型腔。如图 9-2 所示，模具设计了由锁紧拉钩、定距拉杆和可调螺杆组成的二次分型机构。加料室、主流道和构成模腔的上模在浮动模板 16 上，该浮动模板与下模闭合构成分流道和模腔。开模时浮动板悬挂在压料柱塞和下模之间。此类压注模既可安装在普通上压式压机上，也可以安装在下压式压机上，进行压注模塑成型。

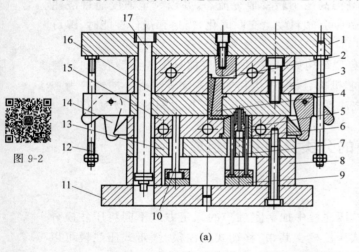

(a)　　　　　　　　　　　　　　(b)

图 9-2　固定式压注模

(a)固定式压注模结构；(b)固定式压注模三维模型

1—上模板；2—压料柱塞；3—加料室；4—浇口套；5—型芯；6—型腔；7—推杆；8—垫块；9—推板；10—复位杆；

11—下模板；12—拉杆；13—支承板；14—拉钩；15—型腔固定板；16—浮动模板；17—定距拉杆

（3）柱塞式压注模。柱塞式压注模的主要结构特点是没有主流道，只有分流道，主流道已扩大成圆柱形的加料室。成型时由于柱塞所施加的挤压力对模具不起锁模的作用，因此柱塞式压注模应安装在特殊的专用压机上。这种压机主要是由两个独立的液压缸操作，一个缸起锁模作用，称为主缸；另一个缸起将物料推入型腔的作用，称为辅缸。为了避免溢料，主缸的压力通常要比辅缸大。这类压注模具有三个特点：

① 可将加料室置于模具之内，压注模结构由三板式简化为两板式，因而生产效率高；

② 由于将主流道扩大为加料室,致使主流道凝料消失,因而可减少原材料消耗,同时也节省了清理加料室的时间;

③ 加料室水平投影面积不再受锁模要求的限制,只要主液压缸吨位大于模腔总压力,就不会发生分型面处闭合不紧的问题。

柱塞式压注模一般为固定式,它可分为多型腔柱塞式压注模和单型腔柱塞式压注模。其中多型腔柱塞式压注又可分为上柱塞式压注模、下柱塞式模和侧柱塞式压注模,其中上柱塞式压注模最常用。

图 9-3 所示为上柱塞式压注模的典型结构。柱塞 6 和加料腔 5 在模具的上方,由液压机的辅助缸自上而下进行压注成型。液压机主缸位于下方,自下而上进行锁模。

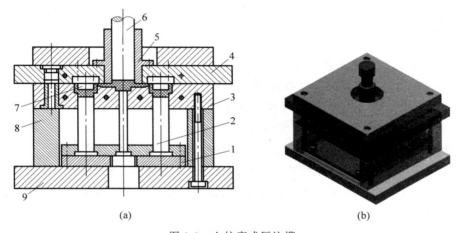

(a)　　　　　　　　　　　　　(b)

图 9-3　上柱塞式压注模

(a) 上柱塞式压注模结构;(b) 上柱塞式压注模三维模型

1—推板;2—推杆;3—上凹模板;4—上模板;5—加料腔;6—柱塞;7—型芯;8—支承板;9—下模板

图 9-4 所示为下柱塞式压注模。将推料柱塞设计在模具的下方,因此辅助油缸安装在压机下方,自下而上完成挤压和推出塑料制品。而主缸必须设置在压力机上方,自上而下完成闭模动作。

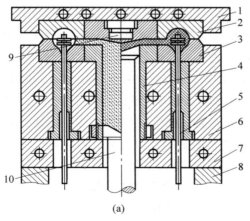

(a)　　　　　　　　　　　　　(b)

图 9-4　下柱塞式压注模

(a) 下柱塞式压注模结构;(b) 下柱塞式压注模三维模型

1—上模板;2—上凹模;3—下凹模;4—加料腔;5—推杆;6—下模板;7—加热板;8—垫块;9—分流锥;10—柱塞

上柱塞式和下柱塞式压注模除了结构上有区别外，它们的工作过程也有区别。上柱塞式压注模是先闭模，再加料，最后挤压。而下柱塞式压注模是先加料，后闭模，最后挤压。

单腔柱塞式压注模较为特殊，既无主流道也无分流道。其结构示意图如图 9-5 所示。该模具为成型齿轮的压注模，上模用螺纹锁紧，原料直接加入加料室和模腔之中。加料室的截面积应小于制品截面积，这样可得到精度高、无飞边的塑料齿轮。

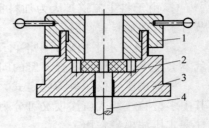

图 9-5　单腔柱塞式压注模
1—上模板；2—上凹模；
3—下凹模；4—加料腔

9.2.2　压注模的结构组成

压注模主要由以下几个部分组成。

(1) 成型零部件：直接与塑件接触的零件，如凹模、凸模和型芯等。

(2) 浇注系统：与注射模相似，主要由主流道、分流道和浇口组成。

(3) 导向机构：主要由导柱、导套组成。

(4) 推出机构：包括推杆、推管、推件板及各种推出结构，与注射模相似。

(5) 加热系统：加热元件主要有电热棒、电热圈等，加料室、上模和下模均需加热。

(6) 侧向分型与抽芯机构：与注射模类似，如果塑件中有侧孔或侧凹，则必须采用侧向分型与抽芯机构。

(7) 加料装置：由加料室和压柱组成，移动式压注模的加料室和模具是可分离的，固定式压注模加料室与模具在一起。

9.3　压注模零部件设计

9.3.1　加料室设计

1. 加料室结构设计

对于在普通压力机上使用的压注模加料室断面形状常见的有圆形和带圆角的矩形。

移动式压注模加料室可独立取下，最常见的是底部呈台阶形的圆截面加料室，如图 9-6(a) 所示。这种结构的加料室一般做成 30° 斜角的台阶，当向加料室内的塑料施加压力时，压力作用在台阶的环形投影面上，这样加料室能够紧紧地压在模具的上模顶板上，以免塑料从加料室底和顶板之间溢出。为了不影响接触面的良好配合，加料室与顶板接触面应光滑平整，不允许设有螺钉孔或其他孔隙。图 9-6(b) 所示的加料室为长圆形截面形状，用于加料室下方有两个或多个流道的模具。

加料室的定位方式如图 9-7 所示。其中 9-7(a) 为无定位要求的加料室，适合作为通用外加料室，使用时注意要使其中心尽量与型腔(凹模)中心基本重合。图 9-7(b) 为导柱定位方式，在顶板和加料室之间增设导柱，这种方式定位精度较高，但有导柱的加料室拆卸不如前者方便。图 9-7(c) 是利用加料室外形定位，这种定位方式不削弱加料室的强度，但其形式

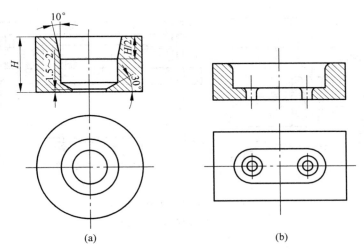

图 9-6　移动式压注模加料室

在加工、操作和清理废料上很不方便。图 9-7(d)为内形锥面定位,这种方式能有效地防止加料室底部溢料,为常用的定位方式。

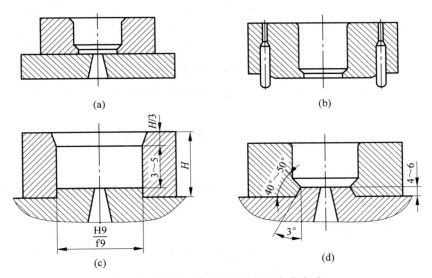

图 9-7　移动式压注模加料室的定位方式

　　固定式压注模的加料室与上模板通过拉杆相连,主流道常采用浇口套的结构形式。通常小型压注模的加料室底部可以开设一个主流道通向型腔,如图 9-8(a)所示。大型压注模的加料室的底部则可开设多个主流道通向型腔,如图 9-8(b)所示的加料室有四个流道。

　　柱塞式压注模加料室断面尺寸与锁模力无关,故直径较小,高度较大。这类压注模的加料室横截面通常为圆形。加料室一般采用衬套形式,按一定方式固定在模板上,图 9-9 为柱塞式压注模加料室在模具上的几种固定方式,其中图 9-9(a)是用螺母锁紧,图 9-9(b)是用台肩固定,图 9-9(c)是用对剖的两个半环锁紧。

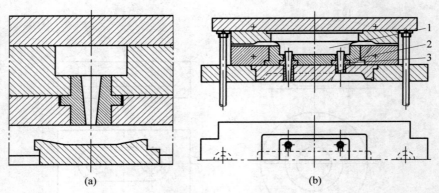

图 9-8　固定式压注模加料室

1—柱塞；2—加料室；3—衬套

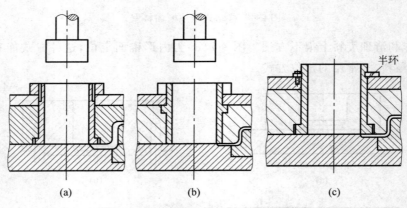

图 9-9　柱塞式压注模加料室的固定形式

2. 加料室位置

加料室在安装的时候,加料室的中心应与模腔在分型面上投影面积的重心重合。

3. 加料室计算

(1) 加料室截面面积的计算。

加料室容积应能保证成型所需的加料量并留有余量,考虑到成型中浇注系统和加料室底部残料对塑料的消耗,加料室上口应留有适当高度的导向段。

从锁模角度出发,要求加料室水平投影面积应大于型腔和浇注系统水平投影面积之和。根据生产实践,对于普通压力机所用的压注模,其加料室水平投影面积必须比塑件和浇注系统投影面积之和大 10%~25%,即

$$A = (1.1 \sim 1.25)S \tag{9-1}$$

式中：A——加料室水平投影面积,cm^2；

　　　S——塑件与浇注系统投影面积之和,cm^2。

对于专用压机所用的压注模,有

$$A = F_{\text{m}}/p \tag{9-2}$$

式中：A——加料室水平投影面积,cm^2；

F_m——压机辅助缸的额定压力,kN;

p——压注成型所需的单位成型压力,MPa,数值可查表 9-1。

（2）确定加料室中塑料所占有的体积。

可按下式计算

$$V = KV'$$ (9-3)

式中：V——所需塑料的体积,cm^3;

　　　K——塑料压缩比;

　　　V'——塑件、浇注系统及残留废料体积之和,cm^3。

（3）确定加料室高度。

可按下式计算

$$h = \frac{V}{A} + (0.8 \sim 1.5)$$ (9-4)

式中：h——加料室高度,cm;

　　　V——所需塑料的体积,cm^3;

　　　A——加料室水平投影面积,cm^2。

表 9-1　压注成型时的单位成型压力

塑 料 名 称	填 料	单位成型压力 p/MPa
酚醛塑料	木粉	58.8～68.6
	玻璃纤维	78.4～117.6
	布屑	68.6～78.4
三聚氰胺塑料	矿物	68.6～78.4
	石棉纤维	78.4～98.0
环氧树脂		3.9～9.8
硅酮树脂		
氨基塑料		68.6
DAP 塑料		49.0～58.8

9.3.2　压柱结构设计

压注模加料室中的压料柱塞又称为压柱,固定式压注模的压柱带有上底板,以便固定在压机上,压柱与底板之间可做成组合式的,如图 9-10(a)所示;或做成整体式的,其头部开有楔形沟槽,其作用是拉出主流道凝料,当有几个主流道时可对应开多个沟槽。图 9-10(b)的压柱还开有环形槽,压制时塑料充满并固化在环形槽中,在后来的压塑时该塑料环能起活塞环的作用,它能有效地阻止塑料溢出。

移动式压注模的压柱一般不带底板,如图 9-10(c)所示,外形为头部倒角的简单圆柱形,当压柱压到底时,压柱底部与上模板之间应留有 0.5mm 的间隙,避免直接压在上模板上。其倒角处也应留 0.3～0.5mm 的间隙。

图 9-11 为柱塞式压注模的压柱。如图 9-11(a)所示,柱塞的固定端带有螺纹,可直接拧在液压机辅助缸的活塞杆上。同样在柱塞上也可加工环形沟槽,或将其头部做成球形凹面,可使物料向中心集中,减少向侧面溢料,如图 9-11(b)所示。这种结构形式适用于大型模具。

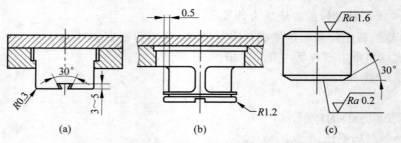

图 9-10　普通压力机用压注模压柱的结构形式

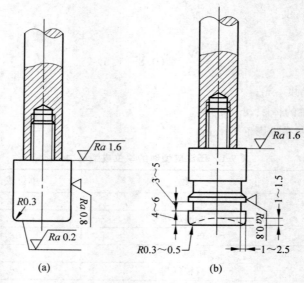

图 9-11　柱塞式压注模压料柱塞

压柱与加料室内壁间宜选用动配合(H9/h9)。但对于玻璃纤维或石棉填充的塑料,这样的配合间隙偏小,最好使单边间隙保持在 0.05~0.1mm 范围内。

9.3.3　浇注系统的设计

压注模浇注系统在结构上类似于注射模浇注系统,它也是由主流道、分流道和浇口组成。

1. 主流道设计

压注模主流道又称主浇道,常见有正锥形主流道、分流锥形主流道以及倒锥形主流道等,如图 9-12 所示。正锥形主流道与注射模具相同,在移动式压注模中广为采用,如图 9-12(a)所示。带分流锥的主流道如图 9-12(b)所示,这种形式可缩短流道长度,降低流动阻力,主要用于塑料制品较大或型腔分布远离模具中心而使浇注系统过长的多型腔模具中。分流锥的形状和尺寸取决于型腔的排列形式及其间距,一般当型腔中心按圆周排列时,其分流锥应设计成圆锥形;当型腔按两排并列排列时分流锥可设计成矩形截锥形。

倒锥形主流道多用于固定式压注模中,当主流道穿过几块模板时,最好设主流道衬套,如图 9-12(d)所示,主流道衬套上端面不应高过加料室底平面,以低 0.1~0.4mm 为宜。当不设主流道衬套时,必须使板与板之间紧密贴合并压紧。同时连接处取不同的直径,直径差为0.4~0.8mm,以补偿两模板间因所开设的流道不同心而造成的脱模困难,如图 9-12(e)所示。

　　当主流道在垂直分型面上时,为制造方便,其断面一般呈矩形,如图 9-12(f)所示,在流道入口处亦呈圆弧过渡或倒角,以减小流动阻力。柱塞式压注模无主流道。

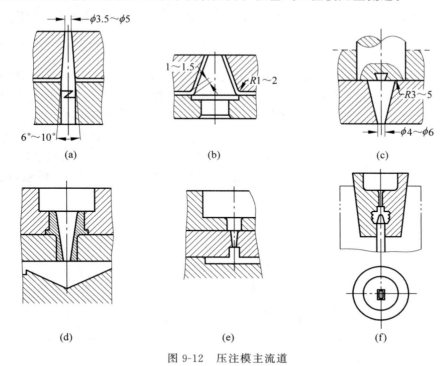

图 9-12　压注模主流道

2. 分流道设计

　　分流道在压注模中又叫分浇道,与注塑模不同的是,为了达到较好的传热效果,使塑料受热均匀,同时又考虑到加工和脱模方便,压注模分流道一般采用比较浅而宽的梯形截面形状,其尺寸如图 9-13 所示。梯形每边应有 $5°\sim15°$ 的斜角,分流道最好开设在塑件留模一边的模板上。也有采用半圆形分流道的,其半径可取 $3\sim4mm$。

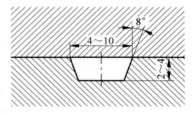

图 9-13　梯形截面分流道尺寸

　　由于热固性塑料的流动性差,因此分流道应尽可能短一些,或者设分流器,如图 9-14(a)所示;或对多腔模采取多流道分别进料,如图 9-14(b)所示。

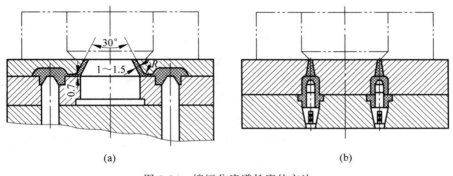

图 9-14　缩短分流道长度的方法

分流道的布置以平衡式为好,同时流道要平直,以减少压力损失。

3. 浇口设计

压注模使用的浇口与注塑模相似,其主要结构形式有圆形浇口、直浇口、侧浇口、扇形浇口、环形浇口和轮辐式浇口等。

1) 浇口尺寸

与塑件直接连接的倒锥形主流道为圆形浇口,其最小尺寸为 $\phi(2\sim4)$mm,浇口台阶长为 $2\sim3$mm,为避免去除流道凝料时损伤塑件表面,对一般以木粉为填料的塑料制品应将浇口与塑件连接处做成圆弧过渡,转角半径 R 为 $0.5\sim1$mm,流道凝料将在细颈处折断,如图 9-15(a)所示。对于以碎布或长纤维为填料的塑料制件,由于流动阻力较大,应放大浇口尺寸,同时由于填料的连接,在浇口折断处不但会出现毛糙的断面,而且容易拉伤塑件表面。为了克服这一缺点,在浇口附近的制件上增加一凸块,如图 9-15(b)、(c)所示,成型后再除去。

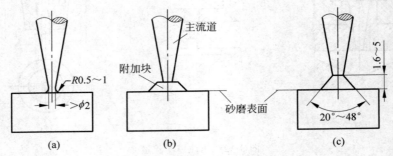

图 9-15　用于倒锥型主流道的直接浇口

通常情况下,热固性塑料流动较热塑性塑料差,故应取较大的浇口断面尺寸。例如中小型塑件的点浇口,最小直径为 $\phi(2\sim4)$mm,而热塑性塑件仅为 $\phi(0.8\sim1.6)$mm;若是以碎布、长纤维等填充的塑料,流动性更差,应增大浇口尺寸。另一方面,为使物料通过浇口时料温有明显提高,以降低黏度,增加流速,达到塑件温度均匀一致和快速固化的效果,压注模的分流道到浇口截面,可采用逐渐减薄的形式,并常采用薄片形浇口。例如用木粉填充的酚醛塑料成型中小型塑件,其最小浇口尺寸为深 $0.4\sim1.6$mm,宽 $1.6\sim3.2$mm。由于纤维状填料的取向会造成各向收缩差异,引起塑件翘曲变形,而采用这种薄片形浇口,可以减少塑件内应力和改善其翘曲变形。

2) 浇口位置

浇口开设位置应遵循以下原则:

(1) 应开设在塑件壁厚最大处,以利于流动和补料。

(2) 与注塑模一样,应避免喷射、蠕动和折叠流。

(3) 由于热固性塑料流动性较差,因而大尺寸塑件应开设多个浇口,以减小流动距离比。一般而言,熔料在模腔内的流动距离最好限制在 100mm 以内,浇口之间的距离也不要超过 $120\sim140$mm,否则熔接缝牢度明显降低。

(4) 应有利于排气。浇口位置决定了熔料最后充满模腔处,应有排气间隙,如分型面、型芯配合间隙、推杆配合间隙等均可利用。

(5) 由于纤维状填料在充模结束时,会沿流动垂直方向取向,从而造成平行于流动方向与垂直于流动方向的收缩率不相等。因此,当浇口位置开设不当时,塑件会发生翘曲变形、内应力增大等现象。为此,大平面塑件的浇口应开设在其端部,圆筒形塑件应采用环形浇口,可明显改善塑件质量。

9.3.4　排气槽设计

1. 排气槽尺寸

压注模设计时,开设排气槽的作用不仅是为了排出型腔内原有的空气,而且还需要排出由于热固性塑料的缩聚反应而产生的大量低分子物如水蒸气等。因此,压注模的排气量要比热塑性塑料注塑模要求高,排气量也大。

开设的排气槽断面尺寸,常见范围是深 $0.04 \sim 0.13$ mm,宽 $3.2 \sim 6.4$ mm,视塑件体积和排气槽数量而定。一般的做法是先开出较小尺寸,再按试模结果去扩大。其断面积可按下式计算:

$$S = \frac{0.05V}{n} \tag{9-5}$$

式中:V——型腔体积,cm^3;

　　　n——排气槽数目;

　　　S——每个排气槽的断面积,其推荐尺寸见表 9-2。

表 9-2　排气槽断面积推荐尺寸

断面积 S/mm^2	断面尺寸 /(宽×深/(mm×mm))	断面积 S/mm^2	断面尺寸 /(宽×深/(mm×mm))
约 0.2	5×0.04	>0.8～1.0	10×0.10
>0.2～0.4	5×0.08	>1.0～1.5	10×0.15
>0.4～0.6	6×0.10	>1.5～2.0	10×0.20
>0.6～0.8	8×0.10		

2. 排气槽位置

排气槽的位置主要是根据其相应的模具结构来确定,通常情况下,压注模中排气槽位置可从以下几点来考虑:

(1)排气槽应开在远离浇口的边角处,即气体最终聚集处;

(2)靠近嵌件或壁厚最薄处及容易形成熔接缝处;

(3)最好开设在分型面上,因为分型面上排气槽产生的溢边很容易清除;

(4)型腔最后充满处。

此外模具上的活动型芯或推杆,其配合间隙可用来排气。应在每次成型后清除溢入间隙的塑料,以保持排气畅通。

图 9-16 所示的模具中,排气槽主要设在分型面上,这是塑料最后充满的地方,塑件有装嵌

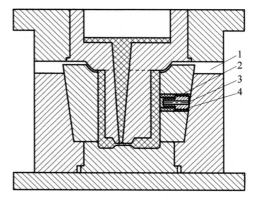

图 9-16　典型压注模排气槽的开设

1—排气槽;2—嵌件;3—排气孔;4—侧型芯

件的侧向凸起,为了排除其中的气体,在固定嵌件的型芯杆中间钻一个小孔,这样有利于塑料不溢入孔中。

本章重难点及知识扩展

压注成型又称传递成型,主要用于热固性塑料的成型。压注成型是将塑料或料坯放入加料室中加热熔融,然后用压柱加压使熔融物料快速通过浇注系统注入并充满已闭合的热模腔内,再经保温保压固化后即可脱模得到制品。这种模具生产出的塑件飞边很薄、尺寸准确、性能均匀、质量较高,可以成型深孔、形状复杂、带有精细或易碎嵌件的塑件。但模具结构相对复杂,制造成本较高,成型压力较大,操作复杂,耗料比压缩模多。另一方面,模具中气体较难排除,一定要在模具上开设排气槽。

本章学习的目的:掌握压注模总体结构、组成零件及动作原理;掌握压注模设计要点;了解压注模常用的结构形式。

思考与练习

1. 移动式压注模与固定式压注模在结构上的主要区别是什么?

2. 压注模加料腔的结构及定位方式有哪些?

3. 压注模浇口形式有哪些?其浇口位置如何确定?

4. 分流道的布置形式有哪些?其截面尺寸如何确定?

5. 如习题 5 图所示,压缩成型一回转体塑件,塑料为粉状酚醛树脂,压缩比取 2.5,计算所需加料室高度尺寸 H。

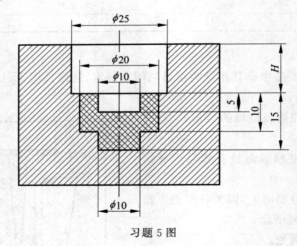

习题 5 图

附　　表

表 A.1　常用热塑性塑料使用性能及用途

表 A.2　常用热固性塑料使用性能及用途

表 A.3　常用热塑性塑料成型特性

表 A.4　常用热固性塑料加工性能

表 A.5　注塑产品常见缺陷分析

表 A.6　塑料成型模具常用名词中英文对照表

参 考 文 献

[1] 俞芙芳.塑料成型工艺与模具设计[M].北京:清华大学出版社,2011.

[2] 屈华昌.塑料成型工艺与模具设计[M].3 版.北京:高等教育出版社,2014.

[3] 黄锐,曾邦禄.塑料成型工艺学[M].北京:中国轻工业出版社,2005.

[4] 王文平,池成忠.塑料成型工艺及模具设计[M].北京:北京大学出版社,2005.

[5] 《塑料模具技术手册》编委会.塑料模具技术手册[M].北京:机械工业出版社,2004.

[6] 申开智.塑料成型模具[M].3 版.北京:中国轻工业出版社,2013.

[7] 齐晓杰.塑料成型工艺与模具设计[M].2 版.北京:机械工业出版社,2012.

[8] 郭广思.注射成型技术[M].北京:机械工业出版社,2002.

[9] 张孝民.塑料模具设计[M].北京:机械工业出版社,2003.

[10] 洪慎章.实用注塑成型及模具设计[M].北京:机械工业出版社,2006.

[11] 李建军,李德群.模具设计基础及模具 CAD[M].北京:机械工业出版社,2005.

[12] 奚永生.塑料橡胶成型模具设计手册[M].北京:中国轻工业出版社,2000.

[13] 刘昌祺.塑料模具设计[M].北京:机械工业出版社,1998.

[14] 黄虹.塑料成型加工与模具[M].2 版.北京:化学工业出版社,2010.

[15] 俞芙芳.简明塑料模具实用手册[M].福州:福建科技出版社,2006.

[16] 李得群,唐志玉.中国模具设计大典:第二卷.轻工模具设计[M].南昌:江西科学技术出版社,2003.

[17] 范有发.塑料先进成型技术[M].北京:机械工业出版社,2014.